출출할 땐, 주기율표

먹고사는 일에 닿아 있는 금속 열전

곽재식 지음

초사흘달

시작하며

이 넓은 세상의 그 복잡한, 많고 많은 모든 것을 단 하나의 표로 정리할 수 있을까? 어릴 적, 집 한편에 굴러다니던, 누가 왜 보던 것인지도 알 수 없던 어느 낡은 책에서 우연히 원소 주기율표를 처음 보았을 때, 나는 바로 그 하나의 표가 세상의 모든 것을 다 담고 있는 것 같다고 느꼈다.

주기율표가 무엇인지 설명을 들으니, 들을수록 정말 그런 것 같기도 했다. 우리가 일상생활에서 접하는 모든 물체는 원자 atom 라고 하는 아주 작은 알갱이들이 굉장히 많이 모여 이루어진 것 이다. 예를 들어 0.000000000001g 정도의 아주 조그마한 물방 울을 크게 확대해서 보면 몇조 개 정도의 산소 원자와 그 2배 정 도 되는 수의 수소 원자들이 규칙적인 모양을 이루며 모여 있다. 세상 모든 것은 이런 식으로 이루어져 있고, 그 재료는 원자이며,

주기율표에는 우리가 아는 모든 원자를 총 118가지로 정리해서 써 두었다. 그리고 그런 원자들 각각의 종류를 원소^{element}라고 부른다.

반대로 이야기하면 주기율표에 있는 원소들을 이리저리 조합하기만 하면 세상 모든 것을 만들어 낼 수 있다는 뜻이다. 숨 쉬는 데 필요한 공기는 질소, 산소, 탄소, 아르곤 같은 원소들을 조합하면 어렵지 않게 만들 수 있다. 모래는 규소와 산소를 조합하면 만들 수 있다. 설탕은 탄소, 수소, 산소를 조합해 만들 수 있다. 이런 식으로 올리브유를 만들 수 있고, 비단을 만들 수 있으며, 나무나 파리, 컴퓨터와 비행기, 사람의 몸도 만들어 낼 수 있다.

물론 주기율표에는 사용할 수 있는 재료가 나열되어 있을 뿐, 어떤 원소를 어떻게 조합해 무엇을 만들 수 있는지 상세히 알려 주지는 않는다. 그런 문제는 예부터 지금까지 수많은 화학자가 날마다 고민하며 풀어 나가고 있는 중요한 과제다.

그래도 주기율표는 원소들이 어떤 성질을 띠는지를 어느 정도까지는 알려 준다. 가장 단순한 주기율표라 해도 성질이 비슷한 원소들끼리는 아래위로 같은 줄에 적혀 있어서 그 원소들이 대략 어떤 성질을 띠는지 짐작해 볼 수 있다. 예를 들면 은 아래에 금이 적혀 있는데, 이것으로 금과 은이 반짝이는 아름다운 금속이라는 비슷한 성질을 가졌음을 알 수 있다. 또 헬륨 아래에 네온이 적혀 있으니, 헬륨이 안정적인 기체인 만큼 네온도 그럴 거라는 사실을 짐작할 수 있다.

왼쪽 위 칸에 적혀 있을수록 대체로 가벼운 원소이고, 오른쪽 아래 칸에 적혀 있을수록 무거운 편이라는 것도 주기율표에서 읽어 낼 수 있는 정보다. 조금 더 세밀하게는 몇 번째 칸에 적혀 있는 원소인지 알면 그 원소의 원자 하나에 전자electron가 몇 개 들어 있는지도 알 수 있다. 가령 철은 주기율표의 스물여섯 번째 칸에 적혀 있는데, 그 말은 철 원자 하나마다 전자가 26개 들어 있다는 뜻이다. 좀 더 복잡하고 많은 정보가 적혀 있는 주기율표를 보면 원소들 각각의 성질에 관하여 더 많은 이야기를 알아낼 수 있다.

나는 어릴 때 주기율표에 관하여 배워 보면 정말 재미있겠다고 생각했다. 원소 하나하나에 관해 알아 가다 보면 결국 온 세상 모든 것에 대해서 알 수 있을 거라고 상상했다. 그러는 과정에서 세상 모든 것이 어떻게 만들어지는지, 어떻게 부서지는지, 그 탄생과 소멸에 대해서도 알 수 있을 거라고 짐작했다. 그렇게 지식을 쌓아 나가다 보면 자연스럽게 무엇이 세상에 이롭고 해로운지 다양한 지식을 얻게 될 거라고 꿈꾸어 보기도 했다.

그런데 막상 학교에서 주기율표를 배워 보니, 수업 내용이 시험 문제를 풀기 위해 꼭 알아야 하는 몇 가지 중요한 지식을 배우는 데만 집중되어 있었다. 그것을 배우고 나면 그 지식을 이용해서 여러 유형의 문제를 어떻게 풀어야 하는지 익히고 또 익힐 뿐이었다. 학교에서 힘들여 가르치는 만큼 그런 방법을 익히는 것도 중요한 경험이었을 거라고 나는 믿는다. 그러나 그렇게 배운

지식은 어린 시절에 꿈꾸었던 세상 모든 것을 다 알 수 있는 표에 관하여 배우는 일과는 한참 거리가 멀었다. 게다가 1번 수소에서 20번 칼슘까지의 원소는 학교에서 외우라고 시키는 경우가 많아서 원소 이름이라도 자주 들을 수 있었지만, 주기율표의 모양이 어그러지기 시작하는 21번 스칸듐부터는 살펴볼 기회조차 많지 않았다. 스칸듐? 스칸듐이 뭔데? 시험에 절대 안 나올 것 같은 낯선 이름 아닌가? 세상에 스칸듐 같은 물질에 신경 쓰는 사람이 있기는 할까?

바로 그 아쉬움 때문에 이 책을 쓰게 되었다.

원소에 대해 살펴보다 보면 세상의 여러 가지 물질에 관해 이야기하면서 그 물질들을 이용해서 우리가 어떻게 살아가고 있는지도 다채롭게 이야기해 볼 수 있다. 그런 만큼 익숙하지 않은 원소, 들어 본 적 없는 원소에 관하여 살펴보는 일은 평소에 접할 일이 없던 사람들의 사연, 관심 없던 분야의 이야기들을 알아볼 기회가 된다. 스칸듐이 그저 낯선 원소 이름으로 머무는 것이 아니라, 세상에는 스칸듐을 사용해 만든 물체를 타고 하늘로 날아올라 목숨 건 임무를 수행하는 사람도 있다는 사실을 깨달을 기회가 된다. 바나듐 같은 생소한 물질이 어느 민족의 상징이 되어 한 나라가 흥하고 망하던 사연과 얽혀 있다는 사실을 알게 되고, 크립톤이 혁명과 무슨 상관이 있는지 알게 된다.

주기율표의 구석구석을 짚어 가다 보면 인생을 사는 중에 내 곁에 없었다는 이유로 모르고 지나간 이야기에 눈길을 돌릴 기회가 열린다. 내가 아는 뻔한 세상, 내 주변 사람들과 비교하고 경쟁하며 마음 졸이는 좁은 세상을 벗어나면, 그 바깥에 얼마나 다른 세상이 펼쳐져 있는지 더 넓게 볼 수도 있을 것이다.

그래서 이 책에서는 대다수 학교에서 여기까지만 외우면 된다고 하는 칼슘까지의 원소들이 아닌, 그다음의 낯선 원소부터 다루어 보았다. 그 원소들이 각기 어떤 원소이고, 어디에 쓰이고, 왜 그런 이름을 갖게 되었는지 차근차근 짚어 보았다. 그러면서 기왕이면 가깝고 생생한 사연들을 들려주고 싶어서 다른 데서 자주 언급되는 과학 이야기보다는 한국의 산업이나 한국사와 각각의 원소가 어떻게 관련되어 있는지를 더 많이 이야기하려고 노력했다. 또 이 책은 먼저 나온 책 《휴가 갈 땐, 주기율표》의 속편 성격도 있어서, 그 책에서 20개의 원소를 다룬 것과 마찬가지로 여기서도 스칸듐에서 지르코늄까지 총 20개의 원소를 차례대로 다루었다. (그래서 본문도 1장부터 시작하지 않고 원자 번호 그대로 21장부터 시작한다.)

이런 기준으로 책에 소개할 원소를 정하고 보니, 이름부터 생소한 원소들에 관한 이야기가 많으면서도 철이나 구리같이 일상생활에서 굉장히 쉽게 볼 수 있는 익숙한 원소들도 같이 다룰 수 있었다. 이 역시 흔한 물질과 흔하지 않은 물질을 같이 다루면서 세상의 다양한 모습을 살펴본다는 취지에 잘 맞는 것 같아 썩 마음에 든다.

아울러 원소들을 가깝게 느낄 수 있도록 모든 원소를 우리가 먹는 음식과 관계 지어 이야기를 풀어 보았다. 철분이 든 음식을 많이 먹으라고 하는 의사를 자주 볼 수 있고, 아연이 든 영양제가 시중에 팔리는 것처럼, 어떤 원소들은 정말로 음식의 중요한 성분이기도 하다. 그래서 그것을 왜 먹어야 하는지, 먹으면 몸속에서 무슨 일이 일어나는지 긴 이야기를 풀어 보기도 했다. 그런가 하면 음식을 만들 때 사용하는 도구나 장비에 꼭 필요한 원소들도 있고, 가끔은 그 원소 때문에 특정 음식이 피해를 보는 일도 있었던 만큼 그런 이야기들도 모아 보았다. 이렇듯 여러 가지 방식으로 갖가지 원소들이 그야말로 다양한 형태로 우리가 먹고사는 일에 닿아 있음을 보여 주고 싶었다.

이 책에서 다룬 원소들은 대부분 금속이다. 그중 10여 가지 원소에 관한 내용은 《고교독서평설》에 금속 열전이라는 꼭지 이름으로 연재했던 글을 확장하고 보강한 것이다. 좋은 잡지에 글을 실을 기회를 주시고, 같이 일하면서 고생하신 《고교독서평설》의 남궁경원 편집자님께 감사의 말씀을 드린다.

— 울산역에서, 곽재식

차례

금속
원소

준금속
원소

비금속
원소

23 **V** 생수 맛을 음미하며 47	24 **Cr** 쌀밥을 한술 뜨며 65	25 **Mn** 깻잎나물을 무치며 81	26 **Fe** 도다리쑥국을 기다리며 99

		27 **Co** 김밥을 말며 117

35 **Br** 어묵탕을 끓이며 245	36 **Kr** 포장마차 앞에 서서 259	28 **Ni** 초콜릿을 조심하길 135

34 **Se** 조기를 구우며 229		29 **Cu** 꽃게를 손질하며 151

33 **As** 곶감 사건을 생각하며 213	32 **Ge** 도라지무침을 먹으며 197	31 **Ga** 쌈 채소를 씻으며 181	30 **Zn** 굴전을 부치며 167

야구장 간식을
고르며

21	Sc
	스칸듐

야구장에서 간식으로 먹으면 유난히 맛있는 음식들이 있다. 나는 나초나 감자칩 같은 주전부리가 좋은 선택이라고 생각한다. 아예 양념치킨을 사다 먹는 사람들도 심심찮게 있다. 야구는 비교적 긴 시간 진행되는 스포츠인지라 느긋하게 펼쳐지는 경기를 관람하며 간식을 먹다 보면 이상하게 기분도 여유로워질 때가 있다. 내가 응원하는 팀이 실수를 자꾸 하더라도 "뭐, 그럴 수 있지, 오늘은 좀 안 풀리네" 하며 좀 투덜거리다 보면, 세상만사에 이것저것 힘든 일이 있어도 조금 툴툴거리는 정도로 넘어갈 수 있는 것 아닌가 싶은 생각이 든다는 이야기다.

나는 고등학교 때 야구장 근처 동네에 살았다. 경기가 7회쯤 진행되면 야구장 외야석을 열어 돈을 안 내더라도 누구나 들어가 관람할 수 있게 해 줄 때가 있었는데, 그때를 기다렸다가 공짜로 야구 구경을 한 적이 많았다. 야구장에 가지 않고 집에 있을 때도 관중이 많이 모이는 날에는 몇백 미터 떨어진 집까지 소리가 들렸다. 홈런이 나오거나 훌륭한 안타가 나오면 함성이 더욱 선명하게 들려서 어떨 때는 야구 중계를 보지 않아도 이겼는지 졌는지 알 수 있었다.

야구와 관련 깊은 독특한 금속으로 스칸듐scandium이라는 물질이 있다. 스칸듐은 희귀한 물질인 데다가 사용되는 곳이 많지도 않아서 일상생활에서는 별로 언급되지 않는다. 그나마 과학책이나 신문 기사에서 이 물질을 다룰 때 자주 등장하는 것이 야구장의 조명이다.

운동 경기장의 전등은 넓은 범위를 강한 빛으로 오래 비춰야 한다. 보통 전등으로 그 정도 밝은 빛을 내려면 수천 개는 달아야 할 것이다. 그래서는 전기 요금도 많이 들고 전선을 연결하는 일도 대단히 복잡해진다. 전등이 수천 개 달려 있으면 확률상 매번 한두 개씩은 계속 고장이 날 텐데, 그걸 그때그때 수리하는 것도 피곤한 일이다. 그러니 이런 용도의 조명으로는 다른 방식의 장치를 사용해야 한다.

가장 흔하게 쓰이던 방식은 아크방전arc discharge이라는 현상을 이용하는 장치다. 아크방전은 강한 전기로 마치 번개가 치는 것같이 번쩍이는 불빛을 만들어 내는 방식이다. 진짜 번개와는 원리가 조금 다르지만, 강한 전기를 써서 센 빛을 만들어 낸다는 점은 닮은 데가 있다. 아크방전으로 전등 하나하나를 밝히는 데는

많은 전기가 든다. 그 대신 전등 하나가 내는 빛이 굉장히 세기 때문에 적은 수의 장치로 넓은 범위를 밝히기에는 유리하다.

역사를 거슬러 올라가 보면 백열등이라고 부르는 보통 전등보다 오히려 아크등이 먼저 개발되었다. 하지만 아크등은 강한 전기를 써서 매우 밝은 빛을 내는 장치였기에 일반 가정에서 방을 하나씩 밝히는 목적으로 사용하기에는 적당하지 않았다. 그래서 집집이 보급될 수가 없었다. 그러다 세월이 흘러 토머스 에디슨^{Thomas A. Edison}의 회사에서 아크등이 아닌 백열등을 사업화하는 데 성공하면서 가정용 전기가 빠르게 퍼져 나가 전기를 두루 사용하는 세상이 된 것이다.

그렇지만 몇몇 분야에서는 아크등이 유리할 때가 있다. 현대에는 전등에서 나오는 빛의 색깔을 자연스럽고 보기 좋게 하려고 전등 안에 여러 가지 물질을 아주 조금 섞어 넣곤 한다. 이런 목적으로 집어넣는 물질은 대개 금속과 할로젠^{halogen, 할로겐}이라는 몇 가지 물질로 만든다. 그래서 이런 등을 흔히 메탈할라이드등^{metal halide lamp}이라고 한다. 스칸듐이 바로 메탈할라이드등을 제조하는 데 종종 사용된다. 야구장 근처 동네에 살던 고등학교 시절, 야간 경기가 있는 날에 창밖을 내다보면 야구장 위로 환한 빛이 하늘로 뿜어져 나오는 듯한 모습이 보였다. 그 빛이 바로 스칸듐이 만들어 내는 불빛이었을 것이다.

요즘은 반도체를 이용하는 발광다이오드^{light-emitting diode, LED} 조명의 성능이 아주 빠르게 발전하고 있어 야구장 조명도 LED로 바뀌는 추세다. 잠실 구장에서는 외야수들이 공을 잡으려고 달려가다 보면 너무 센 메탈할라이드등 불빛이 갑자기 눈에 정면으로 비칠 때가 있다고 한다. 그러면 눈이 부셔서 공을 잘 보지 못해 어처구니없는 실수를 할 수 있다. 잠실 구장을 홈구장으로 사용하는 팀 선수들은 이런 것에 익숙한 편이라 글러브로 메탈할라이드등 빛을 살짝 가리는 수법을 쓴다는 이야기도 읽어 본 적이 있다. 이런 이유로 잠실 구장의 조명도 빛이 덜 강한 LED로 바꾸어야 한다는 의견이 점차 설득력을 얻고 있다. 이미 국내 경기장 중에 LED 조명을 택한 곳이 많이 있으며 앞으로 그 비율은 더 늘어날 것이다. 그러다 보면 스칸듐의 용도를 설명하면서 야구장 조명을 예로 드는 일도 점점 줄어들 것이다.

그래도 나는 야구와 스칸듐이 전혀 상관없어지지는 않을 것으로 생각한다. 스칸듐 방망이를 좋아하는 사람들이 있기 때문이다.

원래 야구 방망이는 나무로 만든다. 한국 프로야구에서는 반드시 나무 방망이만 사용해야 한다. 그러나 연습용 방망이 중에는 금속으로 된 제품이 있다. 그래서 정식 프로야구 경기가 아니라면 약속하기에 따라 금속제 방망이를 써도 된다. 어린이나 학생 선수가 연습할 때는 무게가 가볍고 때릴 때의 감은 더 좋은 금속제 방망이를 쓰는 편이 낫다고 주장하는 사람들도 있다. 무엇보다 금속제 방망이는 나무 방망이보다 덜 부러지고 오래가기 때문에 연습용으로 꾸준히 쓰기에 유리하다.

금속제 야구 방망이의 주재료는 대개 알루미늄이다. 그러나 순수한 알루미늄 덩어리로 만드는 것보다 다른 금속을 살짝 섞어 주면 방망이의 성능이 더 좋아진다. 더 튼튼하고 가볍게 만드는 것은 물론이고, 물체가 부딪혔을 때 튕겨 내는 성능을 더 좋게 하는 것도 생각해 볼 수 있다. 이런 목적으로 한 가지 금속만 사용하지 않고 둘 이상의 금속을 같이 녹인 뒤에 그것을 섞어 한 덩어리로 굳혀 만든 재료를 흔히 합금合金이라고 부른다. 예부터 널리 사용되던 재료 중에도 합금이 흔하다. 청동은 구리와 주석의 합금이고, 양철은 철과 주석의 합금이다.

합금을 만들면 왜 성능이 좋아질까? 그 이유를 알려면 금속 덩어리가 무엇으로 이루어졌는지 생각해 보아야 한다. 세상의 모든 물체처럼 금속 덩어리도 크게 확대해 보면 원자라는 아주 작은 알갱이들이 모여 이루어졌다. 철 조각은 아주 작은 알갱이인 철 원자가 수억의 수억 배보다도 훨씬 더 많은 막대한 양으로 모여 있는 것이다. 이런 원자 하나하나는 보통 수천만분의 1mm 단위로 크기를 재야 할 정도로 아주 작다.

그렇다면 그 원자들은 왜 낱낱이 흩어지지 않고 그렇게 덩어리 지어 붙어 있을까? 간단히 이야기하면 원자 속에 있는 전자 때문이라고 할 수 있다. 원자 속에는 전자라고 하는, 더욱더 작은 물질이 들어 있는데, 전자는 ⊖전기를 띤다. 바로 그 전자가 이리저리 돌아다니면서 두 원자가 달라붙게 해 준다. 전자 하나가 두 원자를 휘감아 돌고 있으면 두 원자는 그 전자의 움직임 때문에 서로 붙어 있으려고 할 것이다. 원자의 중심부 핵에는 ⊕전기가 있으니 ⊖전기를 띤 전자에 잘 이끌릴 수밖에 없다. 상황에 따라서는 이와 반대로 원래 붙어 있던 원자들이 전자의 움직임 때문에 떨어질 수도 있다.

대체로 원자들이 잘 붙어 있느냐, 떨어지기도 하느냐 하는 문제는 전자의 움직임에 따라 달라진다. 그리고 원자가 어떻게 붙어 있느냐에 따라 물질의 성질이 바뀌는데, 화학은 바로 그런 변화를 연구하는 일이다. 그러니까 화학 연구도 보기에 따라서는 전자를 잘 조절해서 원자를 움직이고, 그렇게 해서 원하는 성질의 물질을 만들어 내는 일이다. 이렇게 생각하면 화학도 전자공학 못지않게 전자를 다루는 기술이라고 볼 수 있다.

원자의 종류가 무엇이냐에 따라 하나의 원자 속에 있는 전자의 개수가 다르고, 전자가 들어 있는 모양도 다르다. 수소에는 원자 하나당 전자가 1개 있고, 헬륨에는 원자 하나당 전자가 2개 있고, 알루미늄에는 원자 하나당 전자가 13개 있으며, 스칸듐에는 원자 하나당 전자 21개가 있다. 또한, 그 전자들이 주로 원자의 겉면 쪽을 돌아다니는지, 아니면 원자의 중심부 쪽을 돌아다니는지도 원자의 종류에 따라 다르다.

그러므로 서로 잘 맞는 성질을 가진 원자들을 적절히 섞어 놓으면 원자 사이를 밀고 당기며 돌아다니는 전자들이 원자들을 최대한 잘 묶어 놓을 것이다. 이렇게 하면 튼튼한 합금이 만들어진다. 필요하다면 원자들이 잘 들러붙지 않는 조합으로 합금을

만들어서 쉽게 녹이고 가공하기 편리한 재료를 얻을 수도 있다. 이렇듯 원자 각각에 들어 있는 전자의 개수와 돌아다니는 모양, 전자가 돌아다니며 차지하는 공간의 크기를 절묘하게 고려해서 원자가 모여 있을 때 전자들이 어떻게 움직일지 따져 보는 일은 좋은 합금을 개발하는 한 가지 방법이다.

학자들은 알루미늄에 스칸듐을 약간 더해서 잘 섞어 주면 그냥 알루미늄 덩어리보다 더 성능이 뛰어난 재질이 되는 것을 발견했다. 그리고 이런 재질로 만든 야구 방망이를 좋아하는 사람들은 그것으로 공을 때리면 좀 더 쉽게 공을 멀리 보낼 수 있다고들 한다. 이런 야구 방망이를 흔히 스칸듐 방망이라고 하는데, 사실은 스칸듐 덩어리로 만든 것이 아니라 알루미늄 덩어리에 스칸듐을 조금 섞은 것이므로 스칸듐 합금 방망이라고 해야 정확할 것이다. 스칸듐은 무척 희귀한 금속이다. 그러니 통째로 스칸듐으로 만들어진 야구 방망이가 있다면 어지간한 보석보다 훨씬 더 비싼 보물인 셈이다.

그렇다고 스칸듐이 예부터 귀금속이라고 부르던 물질은 아니다. 다만 현대 사회에서는 요긴하게 사용할 만한 곳이 있는데도 구하기가 쉽지 않다. 이 때문에 현대 산업에서 특히 가치를 높게 평가하는 희토류 광물에 스칸듐도 포함할 때가 많다. 귀금속으로 불리는 황금과 스칸듐을 비교해 보자면, 전 세계의 금광과 재활용 시장에서 황금은 1년에 3,000t이 넘게 공급된다. 그러나 스칸듐은 전 세계에서 나오는 양이 1년에 40t이 채 안 된다. 단순히 구하기 어려운 정도로 따지면 스칸듐이 황금보다 15배 이상 귀한 셈이다. 그렇지만 아직은 황금을 원하는 사람들이 스칸듐을 좋아하는 사람들보다 훨씬 더 많아서 스칸듐 가격이 황금보다는 싸다.

독특한 금속과 광물을 생산하는 데 세계에서 가장 앞서 있는 중국에서 세계 스칸듐의 절반 이상이 생산된다. 중국 다음으로 스칸듐을 많이 생산하는 나라는 러시아다. 그래서인지 과거 러시아가 소련이던 시절에는 스칸듐을 이용해 좋은 재료를 만드는 기술이 자주 쓰이는 듯한 기미가 있었다. 군사 기밀이라 정확한 자료가 많지 않지만, 20세기 소련에서 전투기를 만드는 데 스칸듐을 사용했다는 이야기가 있다.

항공기 재료로 알루미늄이 많이 쓰이는 것에서 짐작해 보면, 소련에서도 알루미늄과 스칸듐을 섞어 합금을 만드는 방식으로 가볍고 튼튼한 전투기를 만들려고 했던 것 같다. 전투기가 가벼우면 더 빨리 움직일 수 있고 더 많은 무기를 싣고 다닐 수 있으며, 튼튼해야 적의 공격을 받아도 잘 버틸 수 있으므로 싸우는 데 훨씬 유리해진다. 한국에서 알루미늄과 스칸듐이라고 하면 야구 방망이를 떠올리는 정도지만, 소련에서 알루미늄과 스칸듐은 핵전쟁의 승리를 위한 전투기의 재료였던 것이다.

도는 이야기로는 20세기 중반에 개발된 소련의 전투기 MiG-21에 스칸듐을 이용한 재질이 꽤 쓰였다고 한다. MiG-21은 원

통형의 길쭉한 몸체에 삼각형 날개가 달린 독특한 모습을 한 작은 전투기다. 한창 많이 생산될 때는 비교적 저렴하게 만들 수 있으면서도 성능이 괜찮은 편이라고 평가받았다. 그 때문에 20세기 중반에 소련과 가까운 나라들에 이 전투기가 많이 보급되었다. 북한은 아직도 MiG-21이 전투기 중 다수를 차지한다.

비교해 보자면 현재 생산되는 한국산 전투기 중에서 작고 저렴한 전투기의 대표로 자주 꼽히는 것은 FA-50이다. 그렇지만 FA-50에 스칸듐이 특별히 많이 쓰였다고는 볼 수 없다. 그 대신 탄소섬유와 같은 21세기의 재료가 사용됐다. 훨씬 나중에 개발된 신형 전투기인 만큼 FA-50의 성능은 MiG-21을 가볍게 압도하는 수준으로 평가받는다.

MiG-21 이후에 등장한 더 뛰어난 고성능 소련 전투기 중에는 MiG-29에 스칸듐 재료가 많이 사용되는 편이라는 이야기가 퍼져 있다. 물론 MiG-29도 지금 기준으로는 최신형 전투기보다 성능이 떨어진다고 평가받곤 한다. 폴란드 공군은 너무 오래된 MiG-29 전투기를 사용하지 않기로 하고, 대신에 저렴한 한국산 FA-50 전투기를 사기로 계약을 체결했을 정도다.

그러나 2022년, 한 대의 MiG-29 전투기가 세월을 뛰어넘고 성능을 초월하여 놀라운 성과를 보여 주며 세계를 떠들썩하게 만든 적이 있다. 바로 러시아-우크라이나 전쟁에 등장한 키이우의 유령 이야기다.

키이우의 유령은 정체불명의 전설적인 우크라이나 공군 조종사를 일컫는 별명이다. 러시아군이 우크라이나를 침공했을 때, 세계 대다수 나라는 우크라이나가 러시아와 제대로 맞설 수 있다고 보지 않았다. 러시아는 세계에서 핵무기를 가장 많이 갖고 있으며, 현격한 격차로 유럽에서 군사력이 가장 강한 나라다. 영토 역시 세계에서 가장 넓고 인구도 무척 많다. 이런 강대국이 작심하고 우크라이나를 공격하면 우크라이나는 변변히 싸워 보지도 못하고 힘없이 무너질 거라는 전망이 우세했다.

그런데 우크라이나의 수도 키이우 상공에 러시아 공군의 전투기들이 떼로 몰려온 전쟁 발발 직후, 우크라이나군의 MiG-29 한 대가 놀라운 실력을 발휘하기 시작한다. 대단히 뛰어난 조종 실력으로 러시아 공군의 첨단 전투기 사이를 묘기 부리듯 움직이며 싸움을 벌인다. 그는 너무나 불리한 상황에서도 끈질기게 적을 막아 낸다. 혼자서 러시아 전투기 여섯 대를 격추했다는 놀라운 기록이 언급되기 시작하고, 그 신비로운 조종 실력을 목격했다는 이야기도 전설처럼 퍼져 나간다. 그리고 누구인지 알 수 없는 그 놀라운 전투기 조종사를 가리키는 별명, 키이우의 유령이라는 말이 생겼다. 키이우의 유령은 우크라이나와 러시아를 넘어 전 세계에 유명해졌다. 떠도는 이야기 중에는 이후 전쟁이 진행되는 동안 키이우의 유령 혼자서 40대가 넘는 러시아 공군 비행기를 격추했다는 말도 있다.

과연 키이우의 유령은 누구일까? 이야기는 어디까지가 사실일까? 불리한 상황에서 혼자 그 정도의 기록을 세울 가능성은 희박

하다는 분석이 정설인 듯하다. 다시 말해 키이우의 유령이라는 조종사는 실제로 없다. 그저 절망적인 상황에서 우크라이나 국민이 "우리도 러시아군과 맞서 싸울 수 있다"는 희망을 품고자 만들어 낸 이야기일 뿐이라는 것이다. 키이우의 유령이라는 소문이 파다했던 우크라이나 공군 조종사 스테판 타라팔카 소령이 전사한 후, 우크라이나 공군은 "그는 키이우의 유령이 아니며, 40여단 조종사 모두가 키이우의 유령이다"라고 발표하기도 했다.

그렇다고 해서 키이우의 유령이 무의미하지는 않았다. 우크라이나가 절대 러시아를 당해 낼 수 없을 거라고 다들 속단하던 전쟁 초기, "대통령도 여기 있습니다, 총리도 여기 있습니다, 장관도 여기 있습니다"라고 말한 볼로디미르 젤렌스키 우크라이나 대통령의 영상과 함께 키이우의 유령 이야기는 대단히 큰 역할을 했다. 키이우의 유령과 대통령의 연설은 우크라이나 국민과 전 세계 사람들에게 우크라이나가 쉽게 무너지지 않는다는 생각을 심어 주는 데 군사력이나 경제력 못지않게 큰 몫을 했다. 그렇게 해서 분위기를 바꾸고 우크라이나가 긴 시간 러시아군을 막아 내는 저력이 되었다. 정확한 진실은 여전히 알 수 없지만, 이 전쟁에서 키이우의 유령이 단 한 대의 스칸듐 합금 전투기로 그어떤 전투기보다 큰 공을 세웠다고 말해 볼 수는 있을 것이다.

전투기 외에도 여러 가지 무기에 스칸듐이 사용된다. 권총 부품에서 핵탄두까지, 가볍고 튼튼한 재료가 필요한 곳에 스칸듐을 살짝 섞은 금속이 유용하게 쓰일 때가 있다고 한다. 1980년대

미군의 전략방위계획Strategic Defense Initiative, SDI에서 스칸듐을 많이 사용할 예정이었다는 소문도 있다. SDI는 우주에 설치해 놓은 거대한 인공위성에서 레이저 무기로 적의 미사일을 요격한다는 구상으로, 영화 제목을 따서 스타워즈 계획이라는 별명으로도 불렸다. 이런 장치는 현실화하기에는 어려움이 많은 꿈 같은 기술이다. 그런데도 당시 로널드 레이건 미국 대통령은 충격적일 정도로 많은 예산을 쏟아부어서라도 그런 무기를 완성해 내고야 말겠다는 정책을 밀어붙여서 상대인 소련 정부가 질겁하게 만들었다.

전쟁 말고 일상생활에 가까운 용도로는 자전거 부품이나 전자부품을 만드는 데 스칸듐 합금이 사용되기도 한다. 2000년대 후반에는 한국의 전자 회사에서 가볍고 튼튼한 제품을 만들기 위해 스칸듐 합금을 사용한 휴대전화를 내놓은 적이 있다.

스칸듐은 원소 주기율표의 발전사에도 한몫한 금속이다. 현대의 주기율표는 러시아의 화학자 드미트리 멘델레예프Dmitrii I. Mendeleev가 만든 주기율표에서 시작되었다고 보는 것이 보통이다. 주기율표는 여러 가지 물질을 일정한 규칙에 따라 배열하면 성질이 비슷한 물질끼리 줄 맞춰 정리할 수 있다는 생각에서 탄생했다. 멘델레예프 이전에도 비슷한 시도를 한 학자들이 있었고 어느 정도 성과를 거두기도 했지만, 지금 우리가 사용하는 주기율표는 멘델레예프의 방식을 발전시켜 개선한 것이라고 봐도

무리가 없다. 멘델레예프는 자신이 고안한 표에 원자의 무게를 기준으로 물질을 늘어놓으면 일정한 주기로 비슷한 성질을 가진 물질들이 배치되는 규칙성을 발견했다. 그래서 그런 표를 주기율표라고 부른다. 현대의 주기율표에서는 아래위로 같은 열에 적혀 있는 원자들끼리는 대체로 성질이 비슷하다.

그런데 멘델레예프의 시대에는 주기율표에 순서대로 물질을 써넣다 보면 가끔 규칙성이 깨지는 부분이 있었다. 즉, 주기율표가 얼추 들어맞는 것 같다가도 특정 부분 이후로는 다 틀려 버린다는 뜻이다. 그렇다면 일부 물질들이 규칙성을 보인 것은 그냥 우연이나 환상일 뿐이었을까? 멘델레예프는 규칙이 안 맞는 부분은 과감하게 건너뛰고 맞는 부분만 정리하기로 했다. 그리고 건너뛴 부분은 그때까지 과학 기술이 발달하지 못해서 그 자리에 들어갈 물질을 발견하지 못했을 뿐, 미래에 기술이 발달하면 새로운 물질을 발견해 빈자리를 채우고 자신이 만든 표대로 모든 물질을 깔끔하게 분류할 수 있을 거라고 예언했다.

멘델레예프가 미래에 발견하게 될 거라고 예언한 물질 중 하나는 에카보론eka-boron이었다. 여기서 보론boron은 붕소를 뜻하는 말인데, 붕소와 성질이 비슷한 물질이 세상에 하나 더 있어야 자신이 생각한 표가 맞아떨어질 것으로 보고, 미래에 언제인가 그 물질이 등장할 거라고 주장한 것이다.

신라의 승려 원효는 자신의 사상을 설명하면서 일미관행一味觀行이라는 말을 쓴 적이 있다. 심오한 말이지만 간단히 직역해 보자면, 현상을 관찰하면서 딱 한 가지 맛으로 되어 있는 깨달음을 얻으라는 뜻이다. 일미라는 말은 사해일미四海一味, 즉 세계의 모든 바다가 넓디넓지만 다 통해 있어 그 맛은 한 가지라는 말에도 사용된다. 여기서 한 가지 맛이라는 말은 고대 인도에서 사용하던 언어인 산스크리트어의 에카라사eka-rasa라는 말을 한문으로 번역한 것으로, 에카가 바로 일一이라는 뜻이고, 라사가 미味라는 뜻이다. 그러므로 멘델레예프가 사용한 에카보론이라는 말의 에카 역시 하나라는 뜻이다. 그러니까 붕소, 즉 보론의 한 칸 뒤에 적힐 원소라는 뜻으로 에카보론이라는 이름을 지은 것이다.

러시아의 화학자인 멘델레예프가 어째서 고대 인도에서 사용되어 인도 철학이나 불교에서 자주 쓰이던 산스크리트어 표현을 화학에 사용했는지는 정확히 알 수 없다. 아마 19세기 유럽에 인도와 아시아 문화를 깊이 연구하는 유행이 한창일 때, 인도 문화를 연구하던 같은 대학의 동료 학자와 멘델레예프가 친했기 때문에 그런 말을 쓰지 않았을까 짐작해 볼 따름이다.

돌덩이와 흙먼지가 나뒹구는 풍경을 보고 있으면 이 세상은 본래 온갖 것들이 무질서하게 섞여 있는 상태인 것 같다. 그런데 멘델레예프의 생각대로 물질들을 특정 방식으로 늘어놓으면 성질이 비슷한 것끼리 배열되는 놀라운 규칙이 정말로 있는 것일까? 만약 컴퓨터 게임의 세계라면 게임 속 세계에 여섯 가지 속성이 있고, 속성별로 레벨 1에서 레벨 10까지 각각 10단계에 걸쳐 보물이 한 가지씩 있어서, 이것을 표로 정리할 수 있다는 생각을 해

볼 수는 있을 것이다. 그런데 실제 세상의 많은 물질을 주기율표 방식으로 구분하면 정말로 그렇게 컴퓨터 게임에 나오는 보물처럼 딱 맞아떨어지게 정리될까?

1879년, 멘델레예프가 자신의 주기율표가 맞는다면 에카보론이라는 물질이 세상 어딘가에 있어야만 한다고 이야기한 지 10년 만에, 스웨덴의 화학자 라르스 닐손Lars F. Nilson은 실제로 그 물질을 발견했다. 닐손은 그 물질을 에카보론이라고 부르는 대신에 자신의 나라 스웨덴이 스칸디나비아반도에 있고, 그 물질이 스칸디나비아반도에서 캔 돌에서 발견된 점을 반영하여 스칸듐이라는 이름을 새로 붙였다.

참고로 현대 화학에서는 스칸듐과 붕소를 직접 연결해서 설명하지는 않는다. 그렇지만 주기율표가 이런 식으로 하나하나 확인되면서 학자들은 또 다른 연구를 통해 물질의 성질이 규칙적으로 나타나는 이유가 양자이론과 관련 있다는 사실을 알아낼 수 있었다. 그러니까 야구장에서 간식을 먹는 관중들의 머리 위를 밝히는 스칸듐이 세상 모든 물질의 가장 원초적인 성질을 밝히는 이론을 만드는 데 한때는 상당히 중요한 역할을 한 셈이다.

외계인 초코볼을
집어 들며

22

타이타늄

전에는 티타늄이라고 했지만, 요즘에는 좀 더 영어 발음에 가깝게 타이타늄^{titanium}이라고 표기하는 이 원소는 사실, 초코볼과 특별히 관련 깊은 물질은 아니다. 그러나 딱히 관련이 없다고 할 수도 없다. 왜냐면 우리가 먹는 수많은 과자, 식재료, 식품 중에는 타이타늄이 든 물질을 일부러 뿌려서 만든 것들이 무척 많기 때문이다. 굳이 초코볼로 이야기를 시작한 것은 예전에 외계인이 등장하는 초코볼 광고가 외국에서 유명했던 적이 있는데, 마침 편의점에서 그 초코볼이 내 눈에 가장 먼저 띄었기 때문이다. 알록달록한 색깔이 선명한 과자 중에는 타이타늄 재료를 살짝 이용한 것들이 상당히 많다. 편의점에서 본 이 초코볼도 그렇지 않을까 짐작해서 뒷면의 성분표를 봤더니, 아니나 다를까 생각했던 대로 타이타늄 계통의 성분이 들어 있었다.

원소의 이름에 관해 어느 정도 아는 사람이라면 좀 이상하다는 생각이 들지도 모르겠다. -윰, -늄, -륨과 같은 발음으로 끝나는 말은 대개 금속 원소의 이름인 경우가 많다. 타이타늄이 뭔지 잘 몰라도 금속이겠거니 하고 짐작은 해 볼 수 있다. 금속이면 딱딱하고 날카로운 재료 아닌가? 그런데 도대체 왜 그런 재료를 과자에 집어넣는 것일까?

과자에 넣는 타이타늄은 순수한 타이타늄 덩어리는 아니다. 타이타늄 한 덩어리에 산소 두 덩어리씩 붙어 있는 물질, 즉 이산화타이타늄이 과자에 종종 들어간다. 이산화타이타늄을 TiO_2로 쓰고, 이것을 그대로 영어 단어처럼 읽어서 현장에서는 흔히 "티-아이-오-투"라고 부를 때도 많다. 산화티탄이라는 별칭도 꽤 널리 쓰인다. 그런데 타이타늄 원자는 산소 원자보다 훨씬 더 무거워서 이산화타이타늄을 무게 비율로 따져 보면 대략 타이타늄 3g에 산소 2g씩이 단단히 붙어 있다. 그러니 주재료가 타이타늄이라고 해도 아주 이상한 말은 아니다.

어떤 원소에 산소가 조금 붙는 것만으로 성질이 확 바뀌는 일은 화학에서 흔하다. 탄소만 하더라도 순수한 탄소 덩어리는 숯과 비슷한 검은 덩어리지만, 탄소와 산소가 정확하게 붙어 있는 물질은 이산화탄소다. 이산화탄소는 숯과는 전혀 닮아 보이지 않는다. 이산화탄소는 눈에 보이지 않고 냄새도 나지 않으며 공기 중을 떠다니는 기체다.

타이타늄과 이산화타이타늄의 관계도 이와 비슷하다. 순수한

타이타늄은 깨끗한 금속이지만 이산화타이타늄은 하얀 가루 형태로 되기 쉬운 물질이다. 그리고 하얀 가루 형태로 되기 쉽다는 바로 그 점이 이산화타이타늄의 가장 중요한 성질이다.

왜냐면 이산화타이타늄이 흰색을 내는 용도로 가장 널리 쓰이기 때문이다. 다시 말해 이산화타이타늄은 흰색 색소로 쓰기에 아주 좋은 재료다. 페인트, 물감, 흰색 플라스틱 조각, 심지어 하얀 종이를 만드는 데도 이산화타이타늄이 사용될 수 있다. 일상생활에서 보는 물건 중에 깨끗한 흰색을 칠해 둔 것이 있다면 무엇이든 이산화타이타늄이 들어가지 않았을지 의심해 봐도 좋다. 흰색을 띠는 물질은 이산화타이타늄 외에도 여러 종류가 있으니 모든 흰색 물질이 이산화타이타늄인 것은 아니다. 하지만 원래 흰색과는 거리가 먼데 색을 입혀서 말끔한 흰색을 띠게 된 제품이 있다면 제조 과정에서 이산화타이타늄을 이용했을 가능성이 크다.

미국에서 취미 삼아 그림을 그리는 사람들 사이에는 밥 로스라는 화가 이름이 잘 알려져 있다. 한국에서도 밥 로스가 그림 그리는 법을 알려 주는 텔레비전 프로그램이 1990년대에 EBS에서 방영되었다. 아마 그 시절을 기억하는 한국 사람들도 밥 로스를 꽤 알고 있을 것이다. 멋진 그림을 그리는 것도 어렵지 않다고 말하면서 캔버스에 물감을 쓱쓱 칠하다 보면 어느새 그림이 완성되곤 했다. 밥 로스가 훌륭한 실력을 한참 자랑한 후에 "참 쉽죠?"라고 말한 것은 요즘 농담 소재로도 자주 사용되었다.

나 역시 그 프로그램을 여러 번 봤던 기억이 있다. 그림 그리는 방법을 배우기 위해 봤다기보다는 멋진 그림을 뚝딱 그려 내는 솜씨 자체가 신기하고 멋져서 재미있게 보았다. 게다가 조용한 목소리로 내용을 설명하면서 차분하게 깊은 산 속이나 호숫가 풍경을 그려 나가는 모습을 보고 있으면 어느새 그 고요한 풍경이 바로 내 앞에서 만들어지는 느낌이 들면서 마음이 평화로워졌는데, 그런 느낌도 좋았다. 많은 사람이 비슷했으리라 생각한다.

밥 로스는 미국 알래스카의 공군 기지에서 긴 세월 군인으로 생활했다. 그래서 눈 덮인 풍경에 친숙했고 그런 풍경을 즐겨 그렸다. 자연히 눈을 표현하는 흰색 물감을 자주 사용했다. 그중에서도 특히 자주 사용했던 것이 바로 티타늄화이트라고 하는 흰색 물감이다. EBS에서 프로그램을 방영할 때도 정확한 색깔 이름을 전하기 위해서 티타늄화이트라는 말을 그대로 사용했으니 많은 사람이 그 말을 들어 봤을 것이다. 그 당시 나는 티타늄은 금속일 텐데 왜 흰색이라고 할까, 궁금했다. 여기서 말하는 티타늄이 바로 이산화티타늄, 즉 이산화타이타늄이다. 이산화타이타늄 색소가 흰색을 내니까 그 색깔을 티타늄화이트라고 부른 것이다.

이산화타이타늄은 밥 로스의 흰색 외에도 온갖 색깔을 내는 여러 제품에 굉장히 많이 사용되고 있다. 꼭 흰색이 아니어도 원하는 색깔을 선명하게 내려면 원래 재료의 색깔을 없애거나 가릴 필요가 있을 것이다. 바로 그럴 때 이산화타이타늄을 사용한다. 거무죽죽한 돌에 빨간색 색소를 그냥 입히면 검붉은색으로 보이기 쉽지만, 먼저 하얀 이산화타이타늄을 바르고 그 위에 빨간색 색소를 입히면 선명한 빨간색이 잘 드러난다. 알록달록한 과자나 간식에 이산화타이타늄이 쓰인 것도 색을 선명하게 내는 데 도움이 되기 때문이다.

아울러 위험성이 낮다는 장점도 있다. 이산화타이타늄은 쉽게 녹아내리거나 기체로 변해서 날아가는 물질도 아니고, 다른 물질을 녹이거나 폭발하는 물질과도 거리가 멀다. 그렇다 보니 과거부터 먹어도 안전한 것으로 취급되어 온갖 용도로 많이 사용되었다. 각종 과자에 이산화타이타늄이 자주 사용된 이유 역시 먹어도 안전하다는 믿음이 있었기 때문이다. 그래서 화장품 종류와 자외선 차단제에도 자주 쓰였다. 또 알약을 만들 때는 약을 쉽게 구분할 수 있게 하는 것이 중요한데, 이런 목적으로 색깔이 선명한 알약을 만드는 데도 이산화타이타늄이 종종 쓰였다.

이렇게 다양한 곳에 많이 쓰이다 보니 사람들은 그만큼 철저히 이산화타이타늄을 연구하게 되었다. 그 결과, 먼지처럼 날리는 가루 상태의 이산화타이타늄을 사람이 들이마시면 호흡기에 좋지 않을 수 있다는 이야기가 여기저기서 언급되었다. 그래서 지금은 이산화타이타늄을 사람이 먹으면 위험하지 않겠냐는 의견이 유럽을 중심으로 나온 상태다.

2022년 초, 유럽 당국은 이산화타이타늄을 먹는다고 해서 당장 탈이 나는 것은 아니지만 이 물질을 오랫동안 먹어도 안전하다고 확신할 만한 증거는 부족하므로, 일단 이산화타이타늄을 식품에 사용하는 것을 제한하겠다고 발표했다. 환경이나 독성과 관련된 문제는 유럽이 세계에서 앞서 나가는 경향이 있다. 그만큼 관련된 연구에 투자를 많이 하고, 화학의 넓은 분야를 깊이 연구하는 전통도 살아 있기 때문이다. 어쩌면 유럽에서 시작된 이산화타이타늄 금지 바람을 타고 나중에는 다른 나라에서도 비슷한 조치를 시작할지 모를 일이다. 세월이 더 흐르면 전 세계의 거의 모든 과자나 식재료에 이산화타이타늄 사용이 금지되고, 사람들은 "옛날 과자는 색깔이 더 선명했는데"라고 말하게 될지도 모른다.

한 가지 짚어 볼 점은 유럽 화학업계는 이런 환경 문제와 독성 문제를 사업의 기회로 활용하는 데도 능하다는 사실이다. 보통 유럽 당국에서 어떤 물질이 해로운 것 같다고 판단해 그것을 금지할 즈음이 되면, 기술이 뛰어난 유럽의 화학 회사들은 그 흐름에 민첩하게 대응해서 자신들만의 무기가 될 새로운 물질을 개발해 놓는 경우가 많다. 예컨대 구식 황금색 색소가 위험하니 금지한다고 발표할 무렵이라면, 유럽의 선진 화학 회사들은 위험하지 않은 신식 황금색 색소를 이미 개발해서 판매할 준비가 되었다는 뜻이다.

유럽 당국에서 구식 황금색 색소를 금지하면, 이후부터 전 세계 기업들은 황금색 색소를 입힌 제품을 유럽에 수출하기 위해 유럽 회사에서 개발해 놓은 신식 황금색 색소를 사 갈 수밖에 없다. 시간이 흐르면 다른 나라들도 유럽 제도를 따라가는 경향이 있으므로 얼마 지나지 않아 전 세계에서 구식 황금색 색소는 금지되고, 유럽 회사는 유럽을 넘어 전 세계에 신식 황금색 색소를 팔아서 막대한 돈을 벌 수 있다.

요컨대 유럽의 선진 회사는 사람들의 건강을 더 세심하고 철저하게 챙긴다는 점을 유럽 각국에 자랑할 수 있고, 동시에 신식 색소를 외국에 팔아서 돈도 많이 벌 수 있다. 이 모든 것은 환경과 독성을 따지는 분야에서 유럽 기술이 전 세계가 참고할 만큼 앞서 있기에 가능하다. 나는 이렇게 기술을 앞세우고 그 기술을 이용하는 데 유럽 당국과 산업계가 발맞춰 가는 모습에서 배울 점이 많다고 생각한다.

이산화타이타늄 말고 순수한 타이타늄 덩어리를 얻으려면 어떻게 해야 할까?

쉽지는 않다. 타이타늄이 돌 속에 많이 있긴 하지만, 특별히 타이타늄끼리 많이 모여 있는 곳이 흔하지 않은 데다가 대부분 이산화타이타늄처럼 다른 원자와 붙은 형태로 들어 있다. 따라서 일단 이산화타이타늄을 많이 구한 다음에 거기서 다시 산소를 뜯어내는 방법을 써야 한다. 화학 이론으로 생각해 본다면 철광석에서 철을 뽑아내는 제철소의 공정 중에서 산화철의 산소를 뜯어내 순수 철을 얻는 환원 반응과 비슷하다.

이산화타이타늄으로 환원 반응을 일으켜 순수 타이타늄을 얻는 일은 산화철에서 철을 얻기보다 더 어렵다. 철을 뽑아내서 도구를 만들어 쓰는 철기 시대가 시작된 것은 한반도에서도 2,000년이 넘었다. 하지만 타이타늄을 잘 뽑아내는 방법을 수지 타산이 맞게 개발한 것은 전 세계에서도 100년이 될까 말까다.

현재 사용되는 타이타늄 환원 반응은 룩셈부르크 출신의 재료공학자 윌리엄 크롤William Kroll이 20세기 중반에 개발한 방법으로, 크롤 공법이라고 한다. 염소와 마그네슘 등의 물질을 여러 단계에 걸쳐 사용하는 상당히 복잡한 방법이다. 결정적인 과정만 단순화해서 설명하자면, 산소보다 훨씬 더 독하다고 할 수 있는 염소를 이용해서 이산화타이타늄을 태우듯이 처리하는 것이다. 원래 뭔가를 태운다는 것은 산소와 반응시킨다는 뜻인데, 이산화타이타늄은 산소를 이용해 봐야 불이 잘 붙지 않으니, 염소를 이용해서 분해해 버린다고 보면 대강 비슷하다.

크롤 공법을 이용하면 지저분하게 생긴 타이타늄 덩어리가 생긴다. 회색 바탕에 여기저기 그을린 이상한 빛깔에다 모양도 별로 깔끔하지 않다. 이렇게 만든 타이타늄 덩어리를 흔히 스펀지 타이타늄이라고 한다. 타이타늄 덩어리가 급하게 필요한 작업이 있으면 스펀지 타이타늄을 이용해도 어느 정도는 쓸모가 있을 것이다. 하지만 정밀하고 순수한 처리가 중요한 현대 공업에서는 스펀지 타이타늄을 다시 깨끗하게 정제해서 반짝거리는 쇳덩이 모양으로 만들어서 활용하는 경우가 많다. 이렇게 만든 깔끔

한 타이타늄 덩어리를 타이타늄 잉곳^{ingot}이라고 부른다.

타이타늄 잉곳은 어디에 사용할까? 고생고생해서 기껏 순수한 타이타늄 덩어리를 얻었건만, 가장 널리 사용되는 용도는 순수한 타이타늄을 다시 다른 물질과 섞어서 새로운 재료를 만드는 것이다. 철이나 철을 주재료로 한 다른 금속에 타이타늄을 섞는 일이 흔하다.

색소를 사용하는 분야에서 타이타늄이라고 하면 보통 흰색을 띠는 이산화타이타늄을 일컫는 경우가 많듯이, 금속 재료를 사용하는 분야에서 타이타늄이라고 하면 순수한 타이타늄을 일컫기도 하지만 타이타늄 합금을 줄여서 말한 것일 때도 많다. 타이타늄 합금 재료의 용도는 상상외로 넓다. 골프채 같은 운동기구에서 군사용 무기까지 "우리 제품은 타이타늄으로 만들어서 성능이 좋습니다"라고 광고하는 상품이 있다면, 그 재료는 다른 재료와 타이타늄을 섞어서 성능을 높인 타이타늄 합금일 가능성이 있다.

나는 티타늄이라는 말을 언제 어디서 처음 들었는지 똑똑히 기억한다. 바로 1980년대에 나온 폴 버호벤 감독 연출의 인기 SF 영화 〈로보캅〉이었다. 로보캅은 사람 반, 로봇 반인 경찰을 부르는 말로, 바로 이 영화의 주인공이다. 나는 〈로보캅〉 전부를 본 것이 아니라 그 내용을 소개해 주는 자료 화면을 잠깐 보았는데, 심하게 다친 경찰을 반쯤 로봇으로 개조해서 되살리는 장면이었다. 그 수술 장면에서 기술진은 로봇이 아주 좋은 재료로 만들어졌다는 이야기를 하면서 "케블라에 티타늄으로 코팅한 거예요"라고 말한다. 수술 성공 후, 어마어마하게 튼튼한 몸을 얻은 로보캅은 악당들이 아무리 권총을 쏘아서 명중시켜도 까딱하지 않고 총탄을 다 튕겨 내며 활약한다. 나는 어린 마음에 "티타늄이라는 것이 엄청나게 튼튼한 물질이구나" 하고 생각했다.

케블라Kevlar는 탄소, 질소, 산소, 수소 등의 원자를 절묘하게 섞어서 만든 플라스틱 소재인데, 실제로 방탄복 재료로 오랜 세월 널리 쓰였다. 그리고 코팅했다는 티타늄은 아마도 타이타늄 합금을 말하는 것으로 보인다. 타이타늄 합금이 그토록 대단한 재료로 영화에 등장한 이유는 타이타늄이 정말로 엄청나게 튼튼해서라기보다는 무게로 따졌을 때 가벼워도 얼마든지 튼튼하다는 특징 때문이다. 게다가 철같이 흔한 재료와 타이타늄을 잘 섞으면 양은 적어 보이면서도 강도는 아주 뛰어난 재료를 만들 수 있다. 심지어 타이타늄 재료는 녹이 스는 문제도 적고, 몹시 희귀한 물질도 아니어서 가격도 적당하다.

그래서 타이타늄 합금은 기계 부품 중 가벼우면서 오래 버텨야 하는 부분에 대단히 요긴하게 사용된다. 비행기를 타 본 사람이라면 착륙하는 순간 바닥에 비행기 바퀴가 닿을 때 꽤 크게 덜컹거리는 느낌을 받은 적이 있을 것이다. 수백 명의 승객을 태우고 빠른 속도로 땅에 닿으며 덜컹거리는, 비행기라는 거대한 쇳덩어리를 지탱하려면 비행기 바퀴는 대단히 튼튼해야 한다. 바로 이런 부류의 부품을 만들 때 타이타늄 합금이 아주 요긴하게 사용된다. 요즘 운항 중인 많은 여객기에는 대량의 타이타늄 합금이 사용된다.

냉전 시기 미국 무기 기술의 극치를 보여 준 비행기로 SR-71이 있다. 이 비행기는 아주 높은 곳에서 상상 이상으로 굉장히 빠르게 날 수 있어서 무슨 외계인이 타고 다니는 비행접시를 개조했나 싶을 정도였다. 이 비행기 역시 타이타늄 합금 재료를 아낌없이 여러 부분에 사용했다는 이야기가 꽤 퍼져 있다.

〈로보캅〉에서는 적의 총알을 튕겨 내는 정도가 엄청난 첨단 기술인 것처럼 묘사됐는데, 전쟁터에서는 총알 정도가 아니라 적의 대포알을 튕겨 내야 할 때도 있다. 특히 탱크는 적이 치열하게 맞서 싸우는 곳을 돌파하는 것이 목적이므로 어지간한 공격은 튼튼한 몸체로 버틸 수 있어야 한다. 여기에도 타이타늄이 종종 쓰인다.

현대의 탱크는 여러 가지 재료를 겹쳐서 만든 복합 장갑裝甲이라는 방어 판을 달아 적의 공격을 효과적으로 막아 낸다. 복합 장갑에는 세라믹 재료라고 하는, 돌덩이 내지는 도자기 같은 재료도 같이 사용될 때가 많다. 타이타늄이 돌에 흔히 들어 있는 물질인 만큼 타이타늄을 이용해서 돌덩이나 도자기 같은 느낌이 나는 세라믹 재료를 만들 수 있고, 이런 재료도 복합 장갑에 쓰인다. 군사 무기여서 정확한 자료를 찾기는 쉽지 않지만, 한국 육군의 주력 탱크인 K-2 흑표 전차도 복합 장갑을 달고 있으니 여기에도 타이타늄 재료가 많이 쓰이지 않았을까 추측해 본다.

가볍고 튼튼하며 녹이 잘 슬지 않는 타이타늄은 사람 몸과 관련된 부품을 만드는 데도 많이 사용된다. 수술로 사람 몸에 장치하는 부품이 쉽게 상한다면 수리나 교체를 하느라 거듭 수술을 해야 할 것이므로 그런 일이 없도록 처음부터 튼튼하게 만들어야 한다. 동시에 너무 무거우면 사람이 움직이는 데 힘이 들므로 가벼울 필요도 있다. 아울러 사람 몸은 60% 이상이 수분으로 되어 있으니 물과 산소가 닿더라도 쉽게 녹슬지 않아야 한다. 이런 재료를 찾기란 쉽지 않은데, 다행히 타이타늄을 잘 이용하면 그런 소재를 만들 수 있다.

뼈가 부러지거나 상한 사람이 금속 부품을 끼워 넣어 뼈를 지탱하게 하는 수술을 받았다는 이야기를 가끔 들을 수 있다. 요즘에는 이런 용도로도 타이타늄 계열 재료가 많이 사용된다. 뛰어난 신체 능력으로 다양한 몸 재주를 보여 주어 인기를 끈 코미디언 김병만 씨는 2017년에 스카이다이빙을 연습하다가 뼈를 다친 적이 있는데, 그때 타이타늄으로 만든 재료를 뼈에 끼워 넣었다는 기사가 났다.

큰 부상이 아니더라도 사람 몸속에서 타이타늄 재료로 만든 부품이 쓰이는 예가 더 있다. 한국에서 가장 흔한 것이라면 상한 이를 대신하는 치아 임플란트가 아닐까 싶다. 치아 임플란트에서 가짜 이를 잇몸에 고정하는 뿌리 부분을 타이타늄을 이용해서 만들곤 한다. 또 관절염이 심한 노인들이 무릎 수술로 끼워 넣는 인공관절에 타이타늄 계열 재료를 일부 사용하기도 한다.

1980년대 영화 〈로보캅〉에서는 마약 밀매범과 총격전을 벌이는 무적의 로봇 경찰이 몸에 타이타늄을 두르고 나왔는데, 실제 타이타늄 기술이 발전한 2020년대에 주로 타이타늄 부품을 몸에 달고 지내는 사람은 오히려 노인들이다. 이런 상황은 예상했던 기술 발전의 방향이 실제로는 어떻게 달라지는지 돌아보게 한다. 최근에는 안경테, 낚싯대, 자전거 등 가볍고 튼튼하고 오래가는 부품이 필요한 소비자 제품에 타이타늄 계열 재료를 사용했다는 광고를 어렵지 않게 찾아볼 수 있다.

그런 제품이라면 빠질 수 없는 또 한 가지가 바로 형상기억합금 제품이다. 형상기억합금이란, 철사 같은 재료를 이용해 이리저리 모양을 잡아 놓은 것을 임의로 구부리고 휘어 놓더라도 약간 따끈하게 열을 가해 주면 원래의 모양으로 되돌아가는 물질을 말한다. 처음 만들어 놓은 그 형상을 마치 기억하는 것처럼 원래대로 돌아간다는 뜻에서 붙인 이름이다. 현재 널리 활용되는 형상기억합금으로는 니켈에 타이타늄을 섞은 니티놀nitinol이라는 재료가 있다.

니티놀로 어떤 부품을 만들면 그 부품이 찌그러지더라도 따뜻해지기만 하면 원래 상태로 돌아간다. 어찌 보면 몸에 피로가 쌓여도 따뜻한 아랫목에서 한숨 자는 동안 점차 회복되어 원래 상태로 돌아가는 사람과 비슷한 느낌이다. 그렇게 저절로 회복될 필요가 있는 여러 부품에서 니티놀은 제 몫을 하고 있다.

1980년대 일본에서는 니티놀을 이용한 브래지어가 개발되어 크게 인기를 끌었다. 가슴의 모양을 유지해 주는 것도 브래지어의 한 가지 역할이라고 본다면 활동 중에 브래지어의 모양이 찌부러져서는 곤란하다. 그럴 때마다 사용자가 원래 모양대로 다시 펼치려면 번거롭기도 하거니와 정확히 원래 모양으로 되돌렸는지 확인하기도 어렵다. 바로 이런 문제를 니티놀로 해결했다. 브래지어에 들어가는 와이어를 니티놀로 만들어 활동 중에 모양이 좀 바뀌더라도 체온에 의해 원래대로 되돌아가게 한 것이다. 그 장점 덕택에 형상기억합금 와이어 브래지어는 꾸준히 관심을 끌었고, 요즘은 한국 회사에서도 종종 생산된다. 옛날 르네상스 시대의 화가 중에 인체 곡선의 아름다움에 관심을 가진 사람들이 많았는데, 현대에는 브래지어 속 타이타늄이 누구보다 가까이에서 정확하게 몸의 곡선을 기억하고 있다.

2022년, 한국의 오일권 교수 연구팀은 형상기억합금을 이용해 로봇 근육을 만드는 기술을 발전시켰다는 재미난 연구 결과를 발표했다. 철사처럼 가느다란 다리가 달린 로봇 곤충을 생각해 보자. 그 가느다란 다리를 오그라든 모양의 형상기억합금으로 만든다면 어떨까? 로봇 곤충을 가만히 내려놓으면 무게 때문에 다리 모양이 쭉 펴질 것이다. 그때 열을 가하면 원래대로 구부러져 접힌 모양으로 되돌아온다. 이것을 반복하면 다리를 폈다 접었다 하면서 움직이게 만들 수 있을 것이다. 따뜻해질 때마다 형상기억합금이 원래 모양대로 수축하게 한다면, 실제 생물이 움직이고 싶을 때마다 근육이 수축하는 것을 흉내 낼 수 있다는 뜻이다. 이런 움직임을 빠르고 강하게 하려면 열을 빠르게 주고 또 빨리 식힐 수 있어야 하는데, 오일권 교수 연구팀은 바로 이런 기술을 발전시켰다.

미래에는 이 기술을 이용해서 타이타늄 합금 재료로 사람이 입는 옷을 만든다는 전망도 나와 있다. 윗도리와 바지가 스스로 접혔다 펴졌다 하면서 사람의 팔다리 움직임을 도와주는 시대를 상상한 것이다. 그러면 팔로 무거운 것을 들 때 소매가 접히면서 힘을 더해 주고, 빨리 달리려고 할 때 바지가 접혔다 펴지면서 다리를 밀어 줄지도 모른다. 미래에 그런 옷을 입고 활동하는 사람이 나타난다면 로보캅까지는 아니더라도 요즘 기준으로는 어지간한 초능력자처럼 보일 수는 있을 것 같다.

타이타늄은 땅에 있는 웬만한 금속 중에서도 양이 무척 풍부한 편이다. 우주 전체로 보면 세상에서 가장 풍부한 원소는 수소인데, 지구의 땅에는 수소보다도 타이타늄이 더 풍부한 것으로 추정된다. 타이타늄이라는 이름은 18세기 말에 독일의 화학자 마르틴 클라프로트Martin H. Klaproth가 제안했다. 그는 "이 물질은 땅에 있는 금속이니 그리스 신화 속 땅의 여신 가이아의 자식이자 거인족인 티탄Titan, 영어식으로는 타이탄의 이름을 따서 금속 이름을 붙이자"고 제안했다. 그래서 탄생한 이름이 티타늄, 즉 타이타늄이다. 그리스 신화에서, 땅 위에 서서 하늘을 떠받치고 있는 거인 아틀라스가 바로 대표적인 타이탄족이다. 영어 단어에서는 세계지도를 아틀라스라고 부르기도 하니, 땅속에 풍부한 금속의 이름이 타이타늄이 된 것은 그런대로 어울린다.

이 외에 화학 분야에서 대단히 유명한 치글러-나타^{Ziegler-Natta} 촉매가 타이타늄을 가공해서 만든 물질이라는 사실도 기억해 둘 만하다. 치글러-나타 촉매는 화학을 하는 사람들에게는 매우 친숙하지만, 일반에는 거의 알려지지 않은 물질이다. 내 생각에 치글러-나타 촉매를 들어 본 적이 있느냐 없느냐로 화학을 아는 사람이냐 모르는 사람이냐를 구분해도 될 정도다.

치글러-나타 촉매가 중요한 이유는 이것이 바로 플라스틱을 대량 생산할 수 있는 핵심이기 때문이다. 석유를 가공해서 뽑아내는 에틸렌이라는 기체에 치글러-나타 촉매를 조금만 떨어뜨려 주면 에틸렌 기체가 마법처럼 서로 엮여 굳으면서 플라스틱으로 변한다. 이렇게 해서 만드는 물질이 비닐봉지부터 볼펜까지 흔하게 쓰이는 대표적인 플라스틱 폴리에틸렌^{polyethylene}이다. 치글러-나타 촉매를 개발한 카를 치글러^{Karl Ziegler}와 줄리오 나타^{Giulio Natta}는 당연하게도 노벨상을 받았다. 타이타늄은 세상을 플라스틱으로 덮어 버리는 계기가 된 물질이라고 할 수도 있겠다. 이렇게 보아도 타이타늄은 막강한 거인 타이탄족과 어울리는 듯하다.

타이타늄의 가장 큰 단점은 가공하기 어렵다는 것이다. 땅속에 타이타늄이 그렇게나 많지만, 순수한 타이타늄을 뽑아내기도 쉽지 않고, 순수 타이타늄을 가공해서 여러 가지 모양으로 만드는 것도 꽤 어려운 기술이다. 철은 비교적 쉽게 깎고 구부리고 잘라서 여러 가지 모양을 만들 수 있지만, 타이타늄을 철처럼 다루면 깨지고 부서지기 쉽다. 어찌 보면 너무 튼튼하고 강해서 생기는 문제라고 볼 수도 있다. 그래서 타이타늄 재료를 생산하고 가공하는 기술을 더 많이 개발할 필요가 있다. 강철을 다루는 기술이라면 한국 업체도 상당히 뛰어나 세계 최고 수준에 다가서고 있지만, 타이타늄을 다루는 기술은 아직도 일본 같은 전통적인 선진국 업체들의 기술이 한참 앞서 있는 편이다.

타이타늄은 철이나 다른 금속과 섞어서 합금으로 사용할 때가 많다. 그렇다 보니 철을 다루는 기술이 발달한 한국도 이제는 타이타늄 기술을 같이 키워 나가야 하지 않겠냐는 이야기가 가끔 관심을 끈다. 심지어 타이타늄이 미래 한국 산업계에 유망하다는 분위기를 타다 보면, 강원도 어느 지역에 묻혀 있는 타이타늄을 캐내는 것이 꽤 쏠쏠한 사업이 될 거라는 소식이 퍼져 나올 때도 있다. 얼마나 현실적인 이야기인지 판단하는 것은 내 능력 밖이지만, 강원도의 타이타늄 광산 개발 이야기는 실제로 2022년 주식 시장에서 잠깐 화제가 되었다.

땅의 거인 타이탄이 언젠가는 강원도에서 행운의 여신이 될 수 있을까? 지켜볼 만한 일이다.

생수 맛을
음미하며

23

V

바나듐

제주도는 원래 물이 귀한 섬이었다. 그나마 물이 나오는 곳 근처에 사람들이 모여 사는 마을이 생길 정도였다. 옛날 제주도에서는 물을 길어 나르는 항아리를 허벅이라고 했는데, 제주도 여성들이 집에서 사용할 물을 길어 담은 허벅을 먼 데서 지고 오는 모습은 과거 고단한 삶의 상징으로 자주 언급되기도 했다.

그런데 현대의 과학 기술을 이용해 지하수를 대량 개발할 수 있게 되면서 상황이 완전히 바뀌었다. 1990년대 후반, 제주 땅속 420m 아래까지 구멍을 뚫어 그곳에 있는 지하수를 뽑아내는 기술이 실용화되면서 생수 공장이 건설되었다. 그리고 그 지하수를 먹는 샘물 제품으로 만들어 팔기 시작해 굉장한 인기를 끌었다. 제주도의 이 생수는 1998년 출시 3개월 만에 한국의 모든 생수 중에서 가장 많이 팔리는 점유율 1위 제품이 되었고, 그 후로

20여 년이 더 지난 지금까지 단 한 번도 1위 자리에서 내려온 적이 없다.

2022년 7월의 보도를 보면 그해 1분기 기준 제주도 생수의 시장 점유율은 44%가 넘었다고 한다. 긴 세월 동안 물이 부족해 그 많은 사람이 고생하며 살아왔건만, 과학 기술이 불러온 변화 덕택에 이제 제주도는 한국인이 마시는 생수의 거의 절반을 공급하는 곳이 되었다.

나도 생수 중에서 제주도의 이 제품을 가장 좋아한다. 집에서 생수를 사려고 하면 항상 이것만 사자고 한다. 그런 나에게 가족들은 "그냥 적당히 싼 물 아무거나 사면 되지 물을 그렇게 따지냐"며 유난스럽다고 한 적도 있는데, 나는 어째 이 물을 마셔야 갈증이 잘 해소되는 느낌이다. 이런 것은 과학의 영역이라고 할 수는 없지만, 어쩌다 입맛이 이쪽으로 익숙해져서 나에게는 이 물의 맛이 가장 상쾌하게 느껴진다.

마시는 물에는 흔히 미네랄이라고 부르는 광물 성분이 아주 약간씩 녹아 있다. 흘러 다니는 물에는 돌이나 자갈에서 녹아 나오는 성분이 조금씩 포함되게 마련이기 때문이다. 예를 들어 서울 수돗물 1kg 속에는 0.02g이 좀 못 되는 정도의 칼슘이 녹아 있다고 한다. 그 외의 다른 성분은 이보다도 더 적게 들어 있는 것이 보통이다.

이 정도로 적은 양이라면 그것 때문에 맛이나 향이 확 달라지기는 어렵다. 하지만 사람은 물맛을 워낙 익숙하게 느끼기 때문

에 광물 성분의 작은 차이를 묘하게 감지할 때가 있다. 광물 성분이 달라지면 무엇인가 다르다는 느낌이 든다. 예를 들어 어지간한 사람이라면 보통 한국 생수와 프랑스 에비앙 지역에서 생산된 생수를 비교해 맛의 차이를 느낄 수 있다. 환경공학에서 수질을 따질 때는 광물 성분이 많을수록 그 물이 "딱딱하다", 즉 경도가 높다고 말하는데, 프랑스 에비앙 지역의 생수는 경도가 비교적 높은 편이고, 한국 생수들은 대개 그보다 경도가 낮다. 그렇다면 내가 제주도 생수 맛을 좋아하는 것은 광물 성분의 양은 적더라도 그 종류나 배합이 나에게 상쾌하다는 느낌을 주기 때문인지도 모르겠다.

제주특별자치도 개발공사의 자료를 보면 하늘에서 떨어진 빗물이 스며들어 두꺼운 땅을 천천히 통과하며 지하수가 되는 데 평균 18년이 걸린다고 한다. 화산이 만든 독특한 지형 속을 돌아다니는 18년 세월 동안에 화산 성분 중 일부가 천천히 물에 녹아들 것이다. 그리고 그 성분들이 제주도 생수 특유의 물맛에 영향을 미칠 것이다.

이 생수를 제조하는 회사에서는 제주도 물의 독특한 광물 성분으로 바나듐vanadium을 꼽는다. 바나듐은 한때 영양제 성분으로도 꽤 관심을 모았던 물질이다. 바나듐을 많이 섭취할 필요는 없지만 아주 적은 양이 몸에 들어오면 건강에 이로울 수도 있다는 이야기가 있었다. 한국에서는 당뇨병과 관련하여 언급된 적이 많다. 한 예로 2010년대 초반에 제주대학교 병원의 고광표 교수가 제주도 생수와 서울 물을 먹은 환자들을 구분해서 혈당을 비교했는데, 제주도 생수가 당뇨에 도움이 될 수 있다는 쪽으로 결과가 나와서 논문으로 발표했다. 그래서인지 일전에는 제주도 생수를 소개하는 신문 기사에서도 바나듐이 많다는 점을 강조한 적이 있었고, 그렇게 바나듐이 화제가 된 후 2019년에 참외로 유명한 성주의 한 농장에서 바나듐 성분이 많은 참외를 기르는 데 성공했다는 소식이 나온 적도 있다.

당뇨병은 몸을 돌아다니는 핏속에 당분이 지나치게 많아서 그 당분이 몸 이곳저곳에서 엉뚱한 화학반응을 일으키는 병이다. 그런 엉뚱한 화학반응 때문에 망막이 망가져 시력을 잃거나 신장이 망가져서 투석을 받지 않으면 살 수 없게 되는 증상이 대표적인 당뇨병의 피해다. 당뇨병은 환자 수가 대단히 많고 앞으로도 늘어날 추세라 전 세계적으로 고민거리인데, 이런 병을 예방하는 데 그저 물속에 들어 있는 약간의 바나듐이 효과가 있다면 관심을 끌 수밖에 없다.

2000년대 후반에는 스페인 바르셀로나의 안토니오 소르사노 Antonio Zorzano 박사 연구진이 바나듐 계통의 물질이 인체에서 어떤 역할을 할 수 있을지 의견을 발표한 적도 있다. 연구진은 혈액 속 당분을 없애 주는 호르몬인 인슐린과 비슷한 역할을 우리 몸이 해내도록 이끄는 데 바나듐 계통의 물질이 도움이 되지 않겠나 하고 추정했다.

그렇다고 바나듐이 만병통치약이라고 볼 수는 없다. 아직은 바

나듐과 건강의 관계에 대해 공개된 과학 연구 자료가 많지 않다. 그런 만큼 바나듐이 몸에 어떻게 좋은지, 몸속에 들어와 어떤 화학반응을 일으키기에 도움이 될 수 있다는 것인지, 어떤 사람에게 얼마나 필요한지 등에 관하여 더 섬세하게 연구가 진행되어야 할 것이다. 혹시 바나듐을 연구하는 과정에서 사람 몸속의 당분을 조절하는 새롭고 명쾌한 원리를 발견한다면 바나듐 덕분에 수많은 당뇨 환자들이 기력을 되찾을지도 모른다.

원래 바나듐은 금속 제품의 재료를 만들 때 조금씩 섞어 넣는 물질로 유명했다. 지금도 이 용도로 가장 많이 쓰인다. 금속 공업이 발달한 한국에서는 매년 8,000t 이상의 바나듐을 수입한다.

특히 널리 사용되는 금속인 철 제품을 만들 때 바나듐을 조금 섞으면 철이 더 튼튼해지고 충격을 잘 흡수하며 열에도 강해진다고 알려져 있다. 20세기 초, 프랑스의 경주용 자동차를 만드는데 바나듐을 섞은 강철이 사용되는 것을 미국의 자동차 회사 포드Ford 사람들이 보고는 대량 생산용 자동차에도 바나듐을 쓰기로 한 뒤부터 이 물질이 많이 쓰이게 되었다는 이야기가 꽤 알려져 있다. 보통 강철에 바나듐을 1% 정도만 섞어도 성질이 확 좋아진다고 하는데, 한국지질자원연구원의 이현복 선생이 쓴 글에 따르면 고속도공구강high speed steel이라는 재료는 "바나듐이 없으면 존재할 수 없다"고 할 정도로 바나듐이 중요한 역할을 한다고 한다.

고속도공구강은 다른 금속을 깎고 자르는 도구를 만들기 위한 강철 재료를 말한다. 즉, 바나듐을 섞은 강철 덕분에 좋은 공구를 만들 수 있고, 그런 공구로 금속 재료를 세밀하고 정교하게 가공할 수 있다는 뜻이다. 따라서 바나듐이 있어야만 세밀하고 정교한 금속 부품을 만들 수 있고, 나아가 그런 부품이 들어가는 정교한 기계도 만들 수 있다. 반대로 바나듐이 없다면 부품을 가공할 방법이 없어서 여러 가지 첨단 장비를 만들기가 어려워진다.

이런 특징 때문에 어떤 나라에 다른 나라들이 경제 제재를 가할 때 바나듐을 사지 못하도록 막는 경우가 있다. 바나듐이 없어도 당장 먹고사는 문제에는 큰 지장이 없다. 하지만 성능 좋은 기계를 만들 수 없게 된다. 다시 말해 바나듐을 막으면 그 나라 국민이 단순히 생존은 할 수 있겠지만, 기술을 발전시키거나 첨단 무기를 만들 수는 없게 된다. 실제로 북한은 경제 제재 때문에 다른 나라에서 바나듐을 수입하지 못할 때가 있다. 그래서 2009년 7월에는 중국 당국이 북한으로 밀수되던 바나듐 70kg을 압수한 사건이 있었다. 유리병에 바나듐을 넣고 그 유리병을 과일 상자에 담아서 트럭에 싣고 압록강을 건너려 했는데 그것을 막은 것이다. 이 소식을 두고 중국이 과연 북한을 얼마나 압박하려는 것인지 여러 가지 분석이 나왔던 기억이 난다.

거슬러 올라가 보면 먼 옛날에도 금속 제품을 만들 때 바나듐을 사용한 사례가 있었다. 다만 바나듐을 쓰면서도 그것이 바나듐인 줄 모르고 사용했을 뿐이다.

대표적인 것으로 다마스쿠스강Damascus steel이 있다. 다마스쿠스강은 유럽인들이 십자군 전쟁 등으로 중동 지역에 왔다가 목격한 유명한 금속 재료였다. 중동 사람들이 쓰는 다마스쿠스강이라는 재료로 칼을 만들면 굉장히 강해서 어떤 칼보다도 뛰어나다는 전설이 생겼을 정도다. 떠도는 이야기 중에는 다마스쿠스강으로 만든 칼은 바위를 마음대로 자를 수 있다더라, 유럽 기사들이 입은 갑옷을 찌르면 그냥 막 뚫린다더라, 그렇게 좋은 칼을 만드는 비법을 알아내려면 악마에게 영혼을 바쳐야 한다더라, 별별 말이 다 있었다.

사실, 다마스쿠스강은 다마스쿠스에서 생산된 강철도 아니었다. 하지만 유럽인들 사이에 다마스쿠스가 이슬람권의 도시로 유명하다 보니 그냥 다마스쿠스강이라고 이름 붙인 것이다. 다마스쿠스강으로 만든 칼에는 미묘한 물결무늬가 생기는데, 그게 보기 좋아서 지금도 중동이나 근동 지역의 기념품 가게 중에 그 비슷한 모양으로 만든 단도를 파는 곳이 꽤 있다.

다마스쿠스강은 이슬람권 서쪽의 유럽뿐 아니라 동쪽 지역으로도 어느 정도 알려졌던 것 같다. 중국에서는 서쪽 먼 나라 사람들이 쓴다는 훌륭한 철을 예로부터 빈철賓鐵이라고 불렀다. 중앙아시아 지역과 자주 교류했던 거란족의 경우, 거란이라는 이름 자체가 세상에서 가장 강한 재료, 빈철을 뜻한다는 말이 있을 정도다. 이것은 조선 시대 선비들 사이에까지 알려진 이야기였다. 《조선왕조실록》 1430년 음력 7월 17일 편에는 명나라에서 서울에 온 사신이 조선의 세종 임금에게 명나라 황제가 주는 선물이라며 빈철로 만든 단도를 주었다는 기록이 있다. 어쩌면 중국인들이 중앙아시아를 통해 중동 지역에서 수입한 다마스쿠스강으로 만든 단도 한 자루가 조선까지 건너온 것인지도 모른다.

현대의 과학자들은 지금 남아 있는 옛 칼의 성분을 분석해서 다마스쿠스강이 왜 그렇게 좋았는지 어느 정도 답을 추측하고 있다. 과거에 다마스쿠스강을 만들던 사람들이 쓰던 재료에 우연히 바나듐 같은 몇몇 재료가 딱 알맞은 비율로 섞여 있었고, 가공 방법도 그 특성을 잘 살릴 수 있는 방식을 택했기 때문이라는 것이다. 이 추측이 맞는다면 현대에 고속도공구강을 만드는 작업을 중세의 중동 사람들이 해냈던 셈이다. 그렇다면 거란족의 나라인 요나라는 어떻게 보면 다마스쿠스강의 제국, 바나듐의 제국인 셈이고, 귀주대첩에서 거란족을 물리친 고려의 강감찬은 그 바나듐의 제국을 막아 낸 사람이라고 이야기를 풀어 볼 수도 있겠다.

살펴보면 한국에서 만든 옛날 철 제품에도 바나듐이 포함된 경우가 없지는 않다. 지금은 철 제품을 만든다고 하면 산에서 캔 철광석을 녹여서 철을 얻는 방법을 생각하지만, 과거에는 모래에 섞여 있는 철 성분을 모으고 녹여서 철을 만들기도 했다. 그렇게 모래에 섞여 있는 철을 사철少鐵이라고 하는데, 사철로 철 제품을 만들면 모래 속에 같이 있던 타이타늄이나 바나듐 성분이 섞여 드는 일이 많다고 한다. 그래서 현대 학자들은 금속에 들어 있는

바나듐과 타이타늄의 양을 따져서 그 제품이 사철로 생산되었는지 아닌지를 알아보기도 한다. 단, 사철로 만든 조선 시대 철 제품에 설령 바나듐이 들어 있다 하더라도 과거에는 그 양을 정확히 조절할 수가 없었던 탓에 사철로 만든 제품은 모두 질이 좋다든가 하는 평가는 보이지 않는다.

이와 비교해 사무라이의 칼을 중요하게 여긴 일본에서는 특별한 모래에서 사철을 구해 그것으로 좋은 칼을 만들었다든가, 심지어 좋은 모래에서 구한 재료로 철 주전자를 만들었더니 그 주전자에 끓인 물로 우린 차는 맛이 특별하다든가 하는 등의 신비로운 이야기가 가끔 돌기도 한다. 요즘 한국에서도 보이차 같은 차를 좋아하는 사람 중에 사철 주전자를 굳이 구해서 물 끓이는 데 사용하는 사람들이 있다고 한다. 과연 그렇게 만든 주전자에 바나듐 등 특별한 성분이 얼마나 들었는지, 이에 따라 주전자의 성능은 실제로 얼마나 달라졌는지 한번 연구해 보면 재미있을 것 같다는 생각도 든다.

그저 좋은 모래를 찾아 그걸로 철을 만들면 좋다는 수준이었던 옛 기술과 비교하면, 정확하게 바나듐의 양을 조절하는 현대의 금속 기술은 상상 이상으로 발전해 있다. 예를 들어 2021년에 정임두 교수 연구팀이 사람의 뼈에 그대로 끼워 넣을 수 있는 인공 뼈를 3D 프린터를 이용해 자유자재로 만드는 기술을 발표한 적이 있는데, 여기에 사용되는 재료가 바나듐을 이용한 것이었다. 뼈에 암이 생기면 문제가 되는 부분을 도려내는 수술을 할 때가 있다. 그럴 때 이 기술을 이용하면 도려낸 부분에 꼭 맞는 인공 뼈를 정확하게 만들어 그 부분의 역할을 대신할 수 있다.

인공 뼈는 아주 튼튼해야 하므로 플라스틱 같은 재료로 아무렇게나 만들어서는 안 된다. 그리고 도려낸 곳에 맞춰 넣으려면 모양도 정확해야 하는데, 쇳덩어리를 적당히 깎아 만드는 정도로는 부족하다. 그래서 연구팀은 3D 프린터를 이용해 원하는 모양대로 정확하게 인공 뼈를 만들기로 했다. 연구팀이 사용한 재료는 타이타늄, 알루미늄, 바나듐을 섞은 합금을 고운 쇳가루로 만든 것인데, 그것을 뭉쳐서 원하는 모양으로 만들면서 강력한 전자빔을 쏘아 순간적으로 쇳가루가 녹았다가 굳으면서 모양이 잡히도록 했다. 이 방식을 전자빔 용해법_{electron beam melting, EBM}이라고 한다. 이렇게 만든 인공 뼈는 몸에서 가장 많은 힘을 받는 다리뼈에 끼워 넣어도 충분히 버틸 정도로 튼튼하다고 한다.

바나듐은 금속 제품과 전혀 다른 요긴한 화학물질을 만들어 내는 데도 쓸모가 있다. 화학물질이 서로 반응을 하고 안 하고는 물질에 들어 있는 전자가 어떻게 움직이는지에 따라 달라지곤 한다. 바나듐은 금속인 만큼 잘 움직이는 전자를 꽤 많이 품고 있어서 잘만 사용하면 독특한 화학반응을 일으킬 수 있다. 게다가 희귀한 물질도 아니어서 다방면에 활용할 수 있다.

여러 분야에 널리 쓰이는 산성 용액 중에 황산이 있다. 황산을 얻으려면 황과 산소가 화학반응을 일으켜 서로 달라붙게 해야

하는데, 이때 황이 들어 있는 물질 옆에 바나듐을 이용한 물질을 같이 넣어 주면 좋다. 정확하게는 바나듐 원자 2개와 산소 원자 5개가 붙어 있는 물질인 오산화바나듐을 넣어 주면, 이것이 촉매 역할을 해서 훨씬 쉽게 황산을 만들 수 있다.

자동차 매연이나 굴뚝 연기 성분 중에 이산화황이라는 해로운 물질이 있다. 이산화황은 몸에 좋지 않은 스모그의 원인이자 산성비의 주원인으로도 지목되는 물질이다. 1990년대만 해도 전국 각지의 도시마다 산성비 문제가 심각하다고 각종 언론에서 자주 보도했다. 그렇다 보니 그 시절 SF물 중에는 30년 후인 2020년대에 산성비가 너무 심해져서 비가 내리면 무슨 독이라도 되는 것처럼 다들 비를 피하려고 애쓴다는 내용도 있었던 것으로 기억한다.

하지만 정작 2020년대가 되자 오히려 상황이 개선되었다. 산성비가 문제가 된다는 사실을 알고 과학기술인들이 피해를 줄일 방법을 개발하고, 공기 오염을 줄이기 위해 여러 방법으로 노력했기 때문이다. 그렇게 시도했던 많은 방법 가운데 하나가 굴뚝을 통과하는 연기를 공기 중에 바로 내뿜지 않고 물에 한 번 적셔서 그 속의 오염 물질인 이산화황을 잡아채는 장치를 설치하는 것이었다.

그런데 이런 식으로 매연 속에서 이산화황을 계속 빼낸다고 생각해 보자. 그러면 버릴 곳도 마땅치 않은 오염 물질이 점점 쌓이게 된다. 이 많은 이산화황을 어쩌면 좋을까? 이럴 때, 모아 놓은 이산화황에 오산화바나듐을 넣어 화학반응을 일으키면 황산을 만들 수 있다. 그렇게 만든 황산 또는 이산화황 계통의 성분을 빼내고 남은 물질은 그 물질이 필요한 곳에 돈을 받고 팔 수 있다. 다시 말하면 공기 오염을 막기 위해 억지로 제거해야 했던 골칫거리이자 비용일 뿐이었던 이산화황을 오산화바나듐을 이용해 가치 있는 제품으로 바꾸어 수익을 낼 수 있다는 이야기다.

나는 환경 오염을 막기 위해 지구를 사랑하는 마음이나 착한 일을 해야 한다는 의무감을 강조하는 것 못지않게 환경 보호를 위한 조치가 이득으로 연결되는 길을 찾는 것도 대단히 중요하다고 생각한다. 오산화바나듐을 사용하는 기술처럼 환경 보호 활동을 이득과 연결해 놓으면 그때부터는 정부에서 강제로 시키고 단속하지 않아도 사람들이 이익을 얻기 위해 스스로 나서서 그 일을 하게 될 것이다. 이렇게 환경을 보호하면서 이익도 얻는 것을 나는 "꿩 먹고 알 먹고 방법"이라고 부르는데, 바나듐은 바로 꿩 먹고 알 먹고 방법 중에서도 대표로 내세울 만한 중요한 역할을 하고 있다. 우리가 산성비의 공포에서 벗어나게 된 데도 바나듐의 역할이 작지 않았다.

바나듐 속 전자의 특성을 잘 이용하면 충전이 잘 되는 배터리를 만드는 데 활용할 수 있다. 배터리 분야에서 바나듐을 활용하는 기술에 대한 전망은 한 번쯤 짚어볼 만하다. 요즘 가장 인기 있는 배터리는 전기를 띤 리튬으로 만드는 리튬이온배터리인데,

바나듐으로 바나듐이온배터리를 만들면 리튬이온배터리를 넘어설 수 있다는 이야기가 인기를 얻고 있기 때문이다.

바나듐은 리튬보다 10배 이상 무겁다. 그렇기에 가벼운 배터리를 만들고자 한다면 주재료 무게만 따져 봐도 바나듐이온배터리가 불리할 수 있다. 그렇지만 바나듐이온배터리는 수명이 길고 리튬이온배터리보다 훨씬 안전하다. 2020년대 들어 많은 관심을 받은 전기자동차 화재 사건 중에는 리튬이온배터리 때문에 불이 난 자동차에 물을 아무리 쏟아부어도 불이 꺼지지 않아 다 탈 때까지 마냥 기다리는 수밖에 없었던 일이 몇 차례 있었다. 바나듐이온배터리는 화재에 강한 편이다. 바나듐이온배터리를 개발하는 어떤 회사는 드릴로 배터리를 뚫어 보이면서 "이래도 불이 안 납니다" 하고 강조하기도 한다.

튼튼하다고는 해도 배터리가 너무 무거우면 쓸모가 없지 않을까? 그런데 미래에는 자동차가 아니라 건물이나 커다란 바윗덩이와 같은 형태로 거대한 배터리를 쌓아 두는 곳이 많이 건설될 거라는 꿈을 꾸는 사람들이 있다.

기후 변화의 원인인 이산화탄소를 줄이고 석유와 석탄을 사용하지 않으려면 전기를 만들 때 재생에너지를 써야 한다는 주장이 요즘 인기다. 하지만 그나마 실용적인 재생에너지인 태양광과 풍력에는 큰 문제점이 있다. 전기를 꾸준히 만들 수 없다는 것이다. 태양광은 밤이 되면 전기를 만들 수 없고, 풍력은 바람이 불지 않으면 바람이 다시 불 때까지 기다려야 한다. 이 문제를 해결하기 위해서 사람들은 조건이 좋을 때 전기를 충분히 만들어 그것을 커다란 배터리에 저장해 놓자는 생각을 하고 있다. 이런 목적으로 전기를 저장하는 커다란 배터리를 에너지저장장치energy storage system, ESS라고 한다.

ESS는 움직이며 돌아다니는 자동차 같은 것이 아니다. 그냥 태양광발전소나 풍력발전소 옆에 많은 배터리 설비를 갖춰 두는 것이다. 그러니 배터리가 무겁다고 해서 아쉬울 게 없다. 그 대신 거대한 배터리가 한군데 모여 있는 만큼 불이 나지 않아야 한다. 그리고 ESS는 자동차처럼 몇 년 타고 다니다가 신형으로 바꾸는 장비가 아니므로 수명이 길어야 한다. 이 모든 조건이 바나듐이온배터리와 잘 들어맞는다. 심지어 바나듐은 리튬과 달리 세계 곳곳에서 널리 생산되는 편이라 오래도록 구하기 쉬울 거라는 장점도 있다.

이런 이유로 한국에서 바나듐이온배터리를 연구하는 사람들이 꽤 있다. 미국에서 열리는 전자제품전시회Consumer Electronics Show, CES에 한국의 화학 분야 대기업이 2023년에 처음으로 참가했는데, 여기서 바나듐이온배터리를 활용한 ESS를 발표했다. 그밖에 중소기업에서 배터리를 연구하는 사람 중에서도 김부기 대표 같은 기업인은 자기 회사에서 개발하는 바나듐이온배터리를 홍보하려고 괜히 바나듐 영양제를 먹고 다닌다는 인터뷰를 한 적이 있다.

과연 바나듐이 현대인의 바람대로 석유와 석탄 없이 태양광과

풍력으로 모든 기계를 움직이는 세상을 만들어 낼 수 있을까? 두고 볼 일이다.

바나듐을 처음으로 발견한 인물은 멕시코의 과학자 안드레스 델리오Andrés M. del Rio였다. 그는 1801년, 납과 바나듐이 든 광물을 연구하다가 거기에 지금까지 과학자들이 알지 못한 새로운 금속이 있는 것 같다고 추측했다. 그런데 몇 년 후 프랑스 과학자 콜레-데스카틸이, 델리오는 새로운 금속을 찾은 것이 아니라 크로뮴이 약간 섞여 있어서 생긴 변화를 착각한 것일 뿐이라고 주장했다. 델리오는 그 주장을 받아들여 자기가 새로운 금속을 찾아냈다는 생각을 접었다. 지금 생각해 보면 델리오가 좀 더 용기와 확신을 지녔어도 됐을 일이다.

그로부터 다시 20여 년이 흐른 1831년, 스웨덴의 화학자 닐스 세프스트룀Nils G. Sefström이 다른 광물을 연구하다가 자신이 정말로 새로운 금속을 찾아냈다고 발표했다. 그리고 얼마 지나지 않아 독일의 전설적인 화학자 프리드리히 뷜러Friedrich Wöhler가 세프스트룀이 찾아낸 금속은 옛날에 델 리오가 찾아낸 금속과 같다는 사실을 밝혔다. 이런 사연으로 바나듐을 처음 발견한 사람이 델 리오라는 사실은 인정하고 있지만, 금속의 이름은 나중에 세프스트룀이 붙인 것을 사용하고 있다.

북유럽 사람인 세프스트룀은 북유럽 신화 속 아름다움의 여신 바나디스Vanadis의 이름에서 바나듐이라는 원소 이름을 따왔다.

바나디스는 프레이야[Freyja] 여신의 별명인데, 금요일을 뜻하는 영어 단어 Friday가 프레이야 여신에서 따온 것이라는 말이 있다. 그렇다면 바나듐을 금요일의 금속, 불금의 금속이라고 할 수도 있을 것이다. 불금의 금속이라고 하니 많은 신의 가슴에 불을 지핀 아름다움의 여신 바나디스에게 어울린다는 생각도 든다.

세프스트룀이 바나듐을 보고 아름다움의 여신을 떠올린 것은 그가 연구했던 바나듐이 든 물질의 색깔이 다채로운 경우가 많았기 때문이다. 아닌 게 아니라 멍게 같은 몇몇 바다 생물의 울긋불긋한 색을 내는 화려한 색소에 바나듐이 들어 있다고 한다. 한국에서 멍게라고 하면 아름답다기보다는 못생긴 생물로 꼽히는 편인데, 정작 그 멍게의 겉모습을 만들어 내는 물질은 아름다움의 여신에게서 이름을 따온 금속, 바나듐이다. 멍게를 먹을 때마다 아름답고 못난 것이 사실은 이렇게 함께 있다고 생각해 봐도 재미있겠다.

쌀밥을
한술 뜨며

24   Cr

크로뮴

《열하일기》는 18세기 조선의 작가 박지원이 중국에 다녀오면서 보고 들은 여러 가지 일들을 상세하게 기록한 책이다. 그 내용 중에는 〈곡정필담〉이라고 해서, 곡정이라고 부르던 중국 사람과 이런저런 이야기를 주고받은 내용을 써 놓은 대목도 있다. 그런 갖가지 잡담까지도 기록해 놓은 책이어서 다른 곳에서는 찾아보기 어려운 일상생활의 풍경도 엿볼 수 있다는 점이 재미있다. 가령 중국에서 밥을 먹는데 젓가락만 주고 숟가락은 주지 않더라는 내용이 이 글에 나온다. 숟가락이 없어서 당황한 박지원은 국물을 뜨는 국자 용도로 사용하는 도구를 가지고 밥을 먹어 보려고 하지만 불편해서 포기한다.

한국인이 사용하는 식사 도구는 한식 문화를 연구하는 사람들에게는 재미있는 주제다. 젓가락을 이용해서 식사하는 문화는 동아시아 여러 나라에 널리 퍼져 있다. 그런데 한국은 밥을 먹을 때 숟가락을 사용한다는 점이 특이하다. 이웃 일본이나 중국에서는 밥을 먹을 때도 주로 젓가락을 이용할 뿐 숟가락은 쓰지 않는다. 왜 한국만 숟가락을 꼬박꼬박 사용하는 것일까? 이런 문제를 탐구해 나갈 때, 《열하일기》에 실린 잡담 기록은 18세기에도 이미 이런 차이가 있었다는 좋은 증거 자료가 되므로 연구에 많은 도움을 준다.

한국인이 식사할 때 쓰는 도구의 더욱 특이한 점은 숟가락과 젓가락의 재질이다. 중국이나 일본에서는 거의 나무로 된 젓가락을 사용한다. 대나무를 이용하기도 하고 아름답게 치장한 다른 나뭇가지를 이용하기도 하며 요즘에는 나무만큼 가벼운 플라스틱을 쓰기도 한다. 그렇지만 한국인들이 사용하는 숟가락과 젓가락은 대체로 금속 재질이 많다.

이 때문에 한국에서 식사하는 중국인이나 일본인은 대체로 익숙해하면서도 한편으로는 한국 젓가락이 좀 특이하다고 느끼곤 한다. 쇠로 만들어서 무게도 무겁고 모양도 살짝 다르기 때문이다. 나무로 만든 중국과 일본의 젓가락은 나뭇가지의 모양처럼 동글동글하면서 길쭉하거나 네모반듯하면서 길쭉한데, 한국의 쇠젓가락은 대개 납작하다. 그러니 쇠로 만든 숟가락과 젓가락은 어찌 보면 한국의 중요한 개성이라고 할 수 있다. 이런 개성은 언제 탄생했을까?

금속으로 만든 식사 도구는 중국의 고대 유물에서도 발견되는

것으로 보아 역사가 아주 오래됐다고 할 수 있다. 옛날 임금님이 식사할 때 은수저를 사용하는 장면은 지금도 사극에서 흔히 볼 수 있다. 그러니 금속으로 된 숟가락, 젓가락이 아주 드물지는 않았을 것이다. 그런데 무슨 이유에서인지 한국에서는 그것이 일상적으로 굉장히 널리 쓰였다. 18세기에 유득공이 서울의 풍속을 기록한 《경도잡지》라는 책을 보면, 당시 서울에서는 일상생활 도구와 식기를 놋쇠로 만드는 것이 대단히 유행했다고 한다. 그렇다면 모르긴 해도 아마 18세기 무렵에는 놋쇠로 만든 숟가락, 젓가락이 이미 한식 문화에 자리 잡았을 것이다. 지금도 격식을 갖춘 한정식집 등에서는 놋쇠로 만든 그릇과 수저를 갖추어 사용하는 경우가 꽤 있다.

놋쇠 수저 문화는 20세기에 들어 다시 한번 크게 바뀐다. 놋쇠보다 훨씬 더 값싸고 쓰기 좋은 소재가 개발되어 일상생활에 널리 퍼졌기 때문이다. 바로 스테인리스강stainless steel이다.

놋쇠는 구리, 즉 동銅을 주재료로 만든 합금인데, 가장 흔한 금속인 철과 비교하면 구리는 강도가 약한 편이고 그렇게 흔하지도 않다. 그러니까 철로 숟가락, 젓가락을 만들면 훨씬 튼튼하고 가격도 쌀 것이다. 그런데도 오랫동안 철로 만든 숟가락이 널리 쓰이지 않은 것은 철이 가진 최악의 단점, 바로 녹이 잘 슨다는 문제 때문이다. 다른 용도로 사용할 때는 최대한 물에 닿지 않도록 하거나 기름칠을 해서 녹스는 것을 피해 볼 수 있겠지만, 항상 음식물에 닿고 입에 넣고 빨아야 하는 숟가락, 젓가락은 그런 방법을 쓸 수가 없다. 이 때문에 철은 여러 가지 장점이 있는데도 식기를 만드는 데는 잘 쓰이지 않았다.

그런데 20세기 초쯤에 유럽의 과학기술인들이 철에 크로뮴 chromium이라는 금속을 조금 섞어 철과 굉장히 비슷하면서 녹이 슬지 않는 합금을 만들었다. 그 기본 원리는 철에 녹이 슬기 직전에 크로뮴 성분이 먼저 녹슨 상태로 변하면서 미세하게 철을 뒤덮는 현상을 이용하는 것이다. 이렇게 하면 아주 얇은 크로뮴 막이 철을 감싸서 철이 공기나 물과 닿아 녹스는 것을 막아 버린다. 녹이 스는 문제만 해결되면 철은 숟가락, 젓가락에도 얼마든지 쓰일 수 있다.

그 덕택에 20세기 중반 이후, 한국의 금속 식기는 놋쇠에서 스테인리스강으로 빠르게 바뀌어 갔다. 지금은 어느 식당, 어느 집에서도 스테인리스강으로 만든 숟가락, 젓가락을 쉽게 찾아볼 수 있다. 밥그릇이나 냉면 그릇 같은 다양한 그릇도 스테인리스강 제품이 아주 흔하다. 원래 유럽 회사에서는 튼튼한 총이나 대포를 만들기 위해 스테인리스강을 개발했다고 하는데, 그것이 한국으로 건너오자 한국인들은 대포 만드는 재료로 숟가락을 만들어 쌀밥을 떠먹은 셈이다.

철에 녹이 슬어서 얼룩덜룩하게 변하는 것을 영어로 스테인 stain이라고 하니, 스테인리스강이라는 말은 녹이 없는 강철이라는 뜻이다. 한국에서는 간혹 스테인리스강이라는 말을 줄여서 "스텐" 또는 "스덴"이라고 부르기도 하는데, 이렇게 하면 정반대

로 녹이라는 뜻이 되므로 이상한 말이 된다. 그렇지만 다른 한편으로 보면 애초에 스테인리스강이 녹스는 것을 막는 데는 크로뮴이 빨리 녹스는 현상이 핵심이다. 그러니 까짓거, 스테인리스강을 녹을 뜻하는 스텐이라고 불러도 나름대로 의미 있는 줄임말이라는 생각도 든다.

그런데 철이 녹슬지 않는다는 것은 가만히 생각해 보면 대단히 신기한 일이다. 충청남도 공주의 마곡사에 있는 오층 석탑 꼭대기에는 모양이 특이한 금속 장식이 붙어 있다. 그 모양이 특이해서인지, 이 금속 장식이 풍마동이라는 신비의 재료로 만들어졌으며 그 값은 어마어마하게 비싸다는 전설이 있었다. 풍마동이라는 말은 바람을 맞으면 녹이 스는 대신 오히려 잘 갈고 닦아 놓은 것처럼 점점 더 반짝거리는 구리라는 뜻이다. 다시 말해 세월이 지나도 녹이 슬지 않는다는 뜻인데, 옛사람들에게는 이 정도면 대단히 신비한 보물이었던 셈이다. 실제로 1956년에 이 오층 석탑의 풍마동을 훔쳐 간 절도 사건이 발생하기도 했다.

과학 기술이 발전한 덕분에 흔하디흔한 스테인리스강 숟가락만 해도 풍마동과 같은 성질을 띠는 시대가 되었다. 철로 만들어야 하는 물건 중에 물과 공기에 닿아 녹스는 문제를 걱정해야 한다면 일단은 스테인리스강을 쓰고 본다고 할 정도다. 주방에서 사용하는 프라이팬이나 냄비, 칼이나 뒤집개 같은 조리 도구에도 스테인리스강은 널리 쓰인다. 나아가 자동차나 기차를 만드는 데도 흔히 쓰이는 재료인 만큼, 스테인리스강은 제철과 제강 산업이 발달한 한국에서 대량으로 생산된다.

　스테인리스강의 핵심 재료인 크로뮴 또한 세계 곳곳에서 한국에 수입되어 쓰인다. 한국 금속 업체들은 크로뮴 생산량이 많은 남아프리카공화국에 회사를 설립해서 그곳의 크로뮴을 한국으로 부지런히 가져오기 위해 애쓰고 있다. 그런 만큼 남아프리카공화국의 정치나 경제 상황이 달라지면 한국의 스테인리스강 생산에도 영향이 간다. 전형적인 한국 숟가락에는 인삼 모양이나 태극 마크 같은 것이 새겨져 있기 마련인데, 이처럼 아주 한국적인 스테인리스강 숟가락을 잘 생산하려면 멀리 남아프리카공화국의 정세에도 관심을 기울여야 한다는 이야기다. 이것이 현대 산업 사회의 특징이다.

　크로뮴이라는 말은 크로마ΧΡώμα라는 그리스어 단어에서 온 말이다. 크로마는 색깔이라는 뜻으로, 크로뮴 원자가 들어 있는 물질이 다채로운 색깔을 띠는 경우가 많아서 이런 이름이 붙었다. 동영상을 만들 때 컴퓨터 그래픽으로 영상을 합성하면서 배경에 설치해 둔 그린 스크린이나 블루 스크린의 초록색 또는 파란색을 지우고, 그 부분을 다른 영상으로 바꾸어 보여 주는 기술을 흔히 크로마키chroma key라고 한다. 이 역시 크로마라는 같은 뿌리에서 나온 말이다. 또 복잡하게 섞인 잡다한 물질을 분리하는 기술 중에 크로마토그래피chromatography라고 하는 방법이 있는데, 이것도 여러 가지가 혼합된 색소를 분리하는 용도로 개발된 방법이

어서 크로마라는 말이 쓰인 것이다.

크로뮴 원자가 든 물질은 지금도 여러 가지 색소와 물감에 쓰이거니와 과거에도 여러 색깔을 내는 용도로 널리 쓰였다. 산화크로뮴이라는 물질은 크로뮴 원자 하나에 산소 원자가 셋씩 짝지은 형태로 수없이 모여 덩어리를 이룬 것인데, 이 물질은 초록색을 내는 것으로 유명하다. 그래서 크롬그린 또는 크로뮴그린이라는 이름으로 불릴 때도 많다.

크로뮴으로 만들 수 있는 색소 중에는 크로뮴의 발견 자체와 관련 있는 물질도 있다. 18세기 말, 프랑스의 화학자 루이 보클랭Louis N. Vauquelin이 크로뮴산납 계통의 물질이 든 광물을 살펴보다가 이 물질이 노란색을 내는 색소로 좋다는 사실을 알게 되었고, 이후 물질을 분석하던 중 여기에 그때까지 과학자들이 알지 못했던 새로운 원소인 크로뮴이 있다는 사실을 알게 되었다.

지금까지도 크로뮴산납 계통의 물질로 노란색 물감과 페인트를 만드는데, 듣자 하니 인상파 화가 빈센트 반 고흐가 바로 이 크로뮴산납 계통의 노란 물감을 즐겨 사용했다고 한다. 국내 한 전자 회사의 홍보 자료에 따르면 크로뮴산납 계통의 노란 물감은 자외선을 받으면 물질이 변하면서 색도 좀 달라지는 특성이 있다고 한다. 그러니까 현대인들이 보는 고흐 그림의 노란색은 원래의 색깔이 아니라 크로뮴산납이 자외선을 받아 반응을 일으킨 색깔이라는 것이다. 고흐의 그림 중에는 강렬한 노란색을 뽐내는 해바라기 그림이 유명하다. 어쩌면 그 해바라기의 노란빛도 원래 고흐가 칠했던 색깔과는 다른 빛깔인지 모른다. 고흐의 해바라기 중에는 노란빛이 좀 칙칙해 보이는 것들도 있는데, 어쩌면 원래는 더 환한 색깔이었을 수도 있다는 이야기다.

그렇다면 해바라기 그림의 노란빛을 컴퓨터를 이용해서 고흐 생전인 19세기 후반의 색깔로 수정한 그림을 보는 것이 진짜에 더 가까운 고흐의 해바라기를 감상하는 방법일까, 아니면 크로뮴산납이 조금씩 변해서 색깔이 달라진 지금 상태의 그림을 보는 것이 세월의 흐름과 함께 새로운 가치를 얻은 그림을 감상하는 뜻깊은 방법일까? 고흐는 살아생전에 그렇게까지 인기 있는 화가가 아니었지만, 지금은 전 세계에서 손꼽히는 유명한 화가가 되었다는 점을 생각하면 세월에 따른 색깔의 화학반응을 어떻게 평가할 것인가 하는 문제가 더 복잡해질 수도 있겠다는 생각이 든다.

크로뮴은 크로뮴 덩어리 그 자체로도 보기 좋은 은빛이 나고, 색깔이 잘 변하지 않아서 다른 물체에 크로뮴을 입혀 반짝이는 금속광택을 내는 용도로도 자주 사용한다. 이렇게 크로뮴을 살짝 입히는 작업을 가리켜 크로뮴 도금을 한다고 하며, 크로뮴 도금을 했을 때 나타나는 번쩍거리는 금속 느낌을 종종 크롬 빛, 크롬 색, 크로뮴 색깔 등으로 부른다.

플라스틱 장난감이나 장식품을 보면 분명히 전체 재질은 플라스틱인데 겉면 색깔만은 광택이 뚜렷한 금속처럼 보이는 것들이 꽤 있다. 이런 것을 흔히 "크롬 색으로 칠했다"라거나 "크로뮴 코

팅을 했다"고 하는데, 실제로 이런 제품을 만들 때 크로뮴을 입히는 경우가 적지 않다. 전자 제품 역시 모양을 쉽게 잡고 무게를 가볍게 하면서 금속 재질의 반짝이는 느낌도 내고 싶을 때, 플라스틱을 가공해서 제조한 뒤에 크로뮴을 입히기도 한다.

금속 질감을 잘 이용하면 멋을 살릴 수 있는 자동차나 모터사이클에도 크롬 색을 쓰는 일이 흔하다. 가령 자동차 색깔이 전체적으로 빨간색이라서 빨간색 페인트를 칠했으나 헤드라이트만은 은빛 금속 색깔이 분명히 드러나게 하고 싶다면, 그 부분은 크로뮴을 입히는 것이다. 자동차의 앞쪽에 붙이는 회사 표지라든가 자동차 뒷면에 붙이는 상표명 같은 것들도 흔히 금속 빛깔이 나도록 만드는데, 이런 것에도 크로뮴을 입힌다. 그래서 자동차 공장에서 멀지 않은 지역에 크로뮴 도금 공장이 있는 것을 쉽게 찾아볼 수 있다. 모터사이클 역시 그 몸체에는 여러 가지 색깔을 칠하거나 다양한 무늬를 그려 넣지만, 엔진이나 머플러, 배기관 등은 오히려 번쩍거리는 금속 느낌이 살도록 크롬 빛으로 남겨 두는 것이 보통이다.

요즘에는 인터넷 웹브라우저 종류 중 하나인 크롬Chrome 때문에 이 금속의 이름을 들어 본 사람도 적지 않을 것이다. 공식 설명이 어디 게시되어 있는 것은 아니지만, 웹브라우저 이름 크롬도 장식용으로 입히는 번쩍이는 금속 색깔에서 유래했다는 말이 여기저기 퍼져 있다. 초창기 크롬 개발진들은 화려한 장식을 붙이기보다는 단순하면서 빠른 웹브라우저를 만들기로 의견을 모았다고 한다. 즉, 크로뮴 장식을 주렁주렁 다는 것과 같은 일은 최대한 피하기로 한 것이다. 그래서 개발 중에 사업 계획을 "크롬"이라고 부르면서 크롬 칠을 하지 말자는 뜻을 늘 기억하려고 했다는데, 하다 보니 그게 처음 의도와 달리 공식 제품명으로 굳어 버렸다는 이야기다. 한국에서는 화려한 장식을 뜻하는 표현으로 흔히 "금칠을 한다"는 말을 쓰는데, 겉면에 금칠만 하지 말고 내실을 튼튼히 하자는 뜻에서 "금칠, 금칠" 구호를 외치며 제품을 만들다 보니, 거기에 너무 익숙해져서 제품 이름이 금칠이 되었다는 이야기인 셈이다.

크로뮴은 철에 섞어서 스테인리스강을 만드는 핵심 재료인 만큼 금속에 녹이 슬지 않도록 하는 용도로 많이 쓰인다. 가령 사람 손이 자주 닿는 필기구는 전체를 금속으로 만들 수도 있지만, 플라스틱으로 만든 뒤에 크로뮴을 입혀서 겉모습은 금속 느낌을 내면서도 무게가 가볍고 비용이 덜 들게 만들기도 한다. 땀이 많이 묻기 마련인 운동 기구나 아령 등에도 크로뮴을 입히는 경우가 있다. 수도꼭지처럼 욕실에서 사용되는 부품에도 크로뮴이 흔히 사용된다. 처음부터 크로뮴이 들어간 스테인리스강으로 만든 부품도 있고, 구리와 같은 다른 금속으로 만든 뒤에 겉면에만 크로뮴을 입힌 제품도 많다.

무기 분야에도 크로뮴을 입힌 부품이 많이 쓰인다. 무기는 오래되어도 튼튼해야 하고 위급한 순간에도 믿음직스럽게 작동해야 한다. 만에 하나 적을 만나서 목숨 걸고 싸우는 상황에 맞닥뜨

렸는데 무기가 녹슬어서 생각대로 작동하지 않는다면 목숨을 잃게 된다. 이런 일을 막으려면 크로뮴을 입히는 등의 방법을 써서 화약이 터지고 불길이 치솟으며 그을음이 자욱하게 끼는 상황에서도 무기의 부품에는 최대한 녹이 슬지 않도록 해야 한다.

《국방일보》기사에 따르면 한국 육군의 대표적 무기인 K2 소총 역시 총열에 크로뮴을 입힌 형태로 생산된다고 한다. 총열은 총의 앞부분에서 총알이 나가는 통로 역할을 하는 부분을 말한다. 육군 훈련소에 처음 입소하고부터 제대할 때까지 한국 육군 병사라면 누구나 K2 소총과 함께하기 마련이므로 군 생활 내내 크로뮴과 같이 지내는 셈이다.

현대의 소총은 보통 냉전 시대 자본주의 진영의 미국에서 개발된 AR-15, M16 계통의 소총과 공산주의 진영의 소련에서 개발된 AK-47 계열 소총에 뿌리를 두고 발전했다고들 이야기한다. 한국의 전라북도에는 소총 부품을 만드는 회사가 있는데, 이 회사는 AR-15 계통의 소총 부품과 AK-47 계통의 소총 부품을 모두 판매한 것으로 알려져 있을 만큼 세계적으로 유명하다. 이 회사 역시 별도의 공장을 건설해서 부품에 크로뮴을 입히는 작업을 따로 하고 있다.

철에 녹이 슨다는 것은 물기가 있을 때 철이 산소와 반응해서 다른 물질로 변해 버린다는 뜻이다. 녹스는 현상과 관련이 깊은 크로뮴은 잘만 활용하면 산소와 아주 잘 반응하는 약품을 만드는 재료로 사용할 수 있다. 잘 알려진 약품이 중크롬산나트륨이라고도 부르는 중크로뮴산소듐, 중크롬산칼륨이라고도 부르는 중크로뮴산포타슘이다. 이런 물질을 이용하면 불붙듯이 빠르게 일어나는 화학반응이나 무엇인가를 녹이는 화학반응을 교묘하게 일으킬 수 있다. 과학 시간에 인기 있는 화산 폭발 실험에서 폭발하는 듯한 화학반응을 일으킬 때 쓰는 물질이 바로 중크로뮴산소듐이다.

중크로뮴산포타슘은 생명체의 성분을 녹이는 듯한 화학반응을 일으키는데, 이런 특징 덕분에 가죽이나 목재를 가공하는 데 자주 사용되었다. 환경 분야에서는 이 특징을 이용해 더러운 물에 중크로뮴산포타슘을 넣어서 그 물속에 있는 성분이 얼마나 파괴되는지 측정하는 실험을 자주 한다. 물속에 파괴될 것이 아무것도 없으면 화학반응이 전혀 일어나지 않고, 파괴될 것이 많으면 화학반응이 활발하게 일어날 것이다. 따라서 화학반응이 활발할수록 그만큼 물이 더럽다는 뜻이다. 이렇게 측정한 결과를 수치로 표시한 것을 화학적 산소 요구량chemical oxygen demand, COD이라고 한다. COD 값은 수질이 얼마나 더러운지를 표시하는 중요한 실험 결과다.

수질을 측정할 때, 원래는 물속에 사는 미생물들이 더러운 성분을 얼마나 먹어 치우는지 알아보는 실험을 더 자주 하며, 그 측정값을 생물학적 산소 요구량biochemical oxygen demand, BOD이라고 한다. 상황에 따라 이렇게 미생물을 이용해 BOD 값을 알아보기도

하고, 중크로뮴산포타슘을 이용해 COD 수치를 알아보기도 하는 것이다. 비유하자면 COD 실험에서는 크로뮴으로 만든 약품이 마치 생명체가 음식을 먹는 것을 흉내 내는 역할을 한다고 볼 수 있겠다.

아주 적은 양의 크로뮴은 우리 몸속에 들어와 꼭 필요한 용도로 사용된다. 따라서 크로뮴은 신체를 연구하기 위해 따져 볼 가치가 있는 원소다. 하지만 몸에 유용하게 쓰인다는 말은 어떤 식으로든 몸에 영향을 끼친다는 뜻이므로, 양이 너무 많거나 특이한 형태로 들어오면 오히려 몸에 해로울 수 있다.

크로뮴이 안전한지 위험한지 따져 보는 단순한 방법은 크로뮴 원자의 전자를 살펴보는 것이다. 물질을 이루고 있는 작은 알갱이인 원자는 주변의 원자와 달라붙기 위해 대개 그 원자 속에 들어 있는 전자를 이용한다. 그중에서도 주변 원자와 달라붙는 데 특히 요긴하게 활용되어서 그 원자의 성질을 따질 때 잘 살펴봐야 하는 전자들을 원자가전자valence electron라고 부른다. 크로뮴 원자 하나가 다른 원자와 연결되어 덩어리를 이룰 때는 크로뮴 원자 속에 있는 전자 3개가 쓰이기도 하고, 6개가 쓰이기도 한다. 다시 말해 크로뮴은 원자가전자가 3개일 때도 있고, 6개일 때도 있다. 화학자들은 크로뮴의 원자가전자가 몇이냐에 따라 사람 몸에서 일으키는 반응이 뚜렷이 달라진다는 사실을 알아냈다.

전자 3개를 이용해서 주변의 다른 원자와 연결된 크로뮴을 "3가 크로뮴"이라고 하고, 전자 6개를 이용해서 다른 원자와 연결된 크로뮴은 "6가 크로뮴"이라고 표현한다. 기호를 이용해 짧게 Cr_3^+, Cr_6^+라고 쓰기도 한다. 여기서 Cr_6^+라는 말은 크로뮴 원자 하나가 ⊖전기를 띤 전자 6개를 소모해서 주변의 원자들과 달라붙었기 때문에, 원래 상태보다 ⊖전기가 6만큼 부족해졌고, 이에 따라 ⊕전기를 6만큼 띠게 되었다는 뜻이다. 간단히 말하자면 Cr_3^+는 3가 크로뮴이라는 뜻이고, Cr_6^+는 6가 크로뮴이다.

둘 중에 몸에 병을 일으킬 수 있어서 나쁜 중금속 물질로 손꼽히는 것은 6가 크로뮴이다. 혹시 어떤 시험 자료를 보았는데 거기에 Cr_6^+ 농도가 높게 표시되어 있다면, 그 물질에 주의해야 할 중금속인 6가 크로뮴이 많다는 뜻이라고 보면 된다. 해로운 중금속인 6가 크로뮴은 제품 생산 과정에서 사용하지 못하도록 아예 금지하고 있는 경우도 많고, 우연히 6가 크로뮴이 많이 들어간 물질도 사람이 사용하면 안 된다고 판정될 때가 많다.

일상에서 접하는 많은 크로뮴은 3가 크로뮴이어서 6가 크로뮴처럼 위험하게 취급되지는 않는다. 그러나 크로뮴을 많이 다루는 곳에서는 혹시라도 6가 크로뮴이 생겨날 가능성이 있기에 항상 경계하기 마련이다. 그러다 보니 가끔은 6가 크로뮴이 두려워서 아예 크로뮴 자체를 쓰지 않으려고 하는 곳도 있다. 이에 관하여 전설처럼 도는 이야기가 있다. 어느 공장에서 스테인리스강과 비슷한 재료로 만든 가공 장비를 이용해서 제품을 만들다가 우연히 그 장비의 부스러기가 제품에 아주 조금 섞여 들어갔는데, 그것 때문에 제품에 크로뮴이 아주 조금 들어 있다는 판정이

Cr 쌀밥을 한술 뜨며

나왔고, 그러자 혹시나 6가 크로뮴이 섞여 있을까 봐 그때 만들어진 제품을 전부 버렸다는 사연이다.

　조금 더 현실적으로는 크로뮴을 도금하는 공장이나 크로뮴이 들어간 물질을 사용하는 곳에서 사람들이 크로뮴을 조금씩 접하거나 들이마시는 일이 발생하는데, 그중에 6가 크로뮴이 있지 않을까 걱정할 수 있다. 한편으로는 크로뮴을 이용해서 만든 제품을 태우거나 부술 때 거기서 크로뮴이 나오고, 그것이 6가 크로뮴으로 변하지 않을까 걱정하는 곳도 있다. 이런 곳에서는 공기나 물속에 크로뮴이 녹아 나올 때가 있다. 혹시라도 그중에 6가 크로뮴이 있다면 공기나 물이 중금속에 오염된 것으로 판정된다. 그러면 사람이 피해를 볼 수 있다는 것까지 생각해야 한다.

　최근에는 몇몇 재활용 제품에서 이런 식으로 크로뮴 성분이 발견되어 고민거리가 된 적이 있다. 크로뮴은 원래 자연에도 많이 있는 물질이고 온갖 제품에 널리 사용된다는 점을 생각하면, 쓰레기로 버린 어떤 제품을 재활용할 때 약간의 크로뮴이 섞여 나오는 일은 생길 수밖에 없다. 그런 만큼 끊임없이 측정하고 관리해서 설령 6가 크로뮴이 나온다고 해도 그 양을 매우 적게 유지하고 주변에 피해가 없다는 것을 확인할 수 있도록 정부와 공공 당국에서 계속해서 좋은 방안을 개발해야 한다.

깻잎나물을
무치며

25 | **Mn**
망가니즈

　예로부터 자주 도는 유령 이야기 중에 무서운 우물에 관한 것들이 있다. 우물에서 유령이 나온다든가, 저주받은 우물 근처에 유령이 돌아다니며 근방에 있는 사람들을 모두 망하게 한다든가 하는 이야기 말이다. 좀 더 구체적인 장면 묘사가 곁들여진 이야기도 들어본 적이 있다. 누가 우물 주변을 지나가는데 우물가에 사람인지 유령인지 모를 형체가 나타나 괴상하게 웃으면서 손짓을 하더라는 것이다. 이것 말고도 우물에 누가 빠진 뒤로 무서운 일이 일어나기 시작했다든가, 우물을 매운 뒤에 무시무시한 일이 벌어졌다는 식의 이야기도 꽤 많다. 조선 전기를 대표하는 이야기책이라고 할 수 있는 《용재총화》에는 귀신이 산다는 우물을 매워 버렸더니 거기서 소가 우는 것 같은 소리가 나더라는 내용도 있다. 요즘 우리는 무서운 귀신이라고 하면 영화나 만화에서 본 이런저런 흉측한 모습을 쉽사리 떠올리지만, 그런 게 없던 조선 시대에는 먼 데서 들려오는 소 울음소리가 무척 무섭게 느껴졌나 보다.

이런 괴담을 단순히 유령 이야기의 하나로 취급하고 넘어갈 수도 있다. 하지만 우물과 관련된 이야기라면 그 원인을 짐작해볼 만하다는 생각도 든다. 바로 중금속을 비롯한 금속 물질의 중독 현상이다.

실제로 몸에 해를 끼치는 금속 원소가 물에 녹아드는 일이 종종 생긴다. 그렇게 금속을 함유한 물이 여기저기서 흘러들어 우물에 고여 있다가 그 물을 마시는 사람 몸에 조금씩 쌓여 나중에 증상을 일으킬 수 있다. 몸속에 쌓인 금속은 몸 이곳저곳을 아프게 하기도 하고, 때로는 신경에 오작동을 일으켜 성격을 바꾸거나 환각을 보게 만들기도 한다. 그런 증상에 시달리는 환자를 중금속 중독에 관해 몰랐던 옛사람들이 보았다면, 유령에게 홀려서 이상한 행동을 하는구나 싶었을 것이다.

악명 높은 중금속 원소가 아니더라도 특정 물질이 오랫동안 몸속에 쌓이면 문제를 일으킬 수 있다. 과거에 망간이라고 부르던 망가니즈manganese는 그리 위험하게 여기지 않는 금속 원소지만, 너무 많은 양이 몸에 들어오면 문제가 생긴다. 망가니즈 중독의 대표적인 증상으로 몸 움직임이 느려지고 걸음걸이가 불안정해지는 것을 들 수 있다. 또 갑자기 이상하게 경련이 일어서 마치 웃음을 웃는 것 같은 모습을 보이는 사례도 있다고 한다. 이런 일

이 벌어졌을 때 옛사람들은 유령 이야기를 만들었을 것이다. "눈에는 안 보이지만 그 사람 등에 유령이 업혀 있어서 걸음걸이가 이상해진 것이다"라거나 "유령이 씌어서 웃고 있다"는 등의 이야기가 생길 만도 하다.

요즘이야 사람이 마시는 물이라면 수질 검사를 자주 하니까 망가니즈는 물론 다른 금속이 많이 녹아들었을 때 그 사실을 쉽게 알아내서 오염된 물을 마시지 않고 피할 수 있다. 실제로 2022년에 국방부가 송옥주 의원에게 제출한 자료를 보면 2017년에서 2022년 6월 사이에 군부대에서 사용하는 수도에 망가니즈가 지나치게 많이 발견된 사례가 총 9건 있었다고 한다.

그러나 조선 시대나 고려 시대에는 상황이 달랐을 것이다. 땅속 물길이 우연히 바뀌는 바람에 지하수가 전과 달리 망가니즈가 많은 지역을 거쳐 흐르게 되어도 그 사실을 사람이 알 도리가 없다. 혹은 누가 우물을 메우려고 여기저기서 흙과 돌을 퍼 와 우물에 넣었는데, 하필이면 그 흙이나 돌에 망가니즈 성분이 많았고, 그것이 지하수에 녹아들어 주변 수질을 나쁘게 했을 수도 있지만, 이 역시 사람들이 알기는 어렵다. 그러니 영문 모를 행동을 하는 중독 환자를 보고 "유령이 씌었다"고 생각할 소지가 더 컸을 것이다.

사실, 요즘에도 망가니즈가 아주 많이 사용되는 곳이나 망가니즈가 든 물건을 많이 다루는 노동자들 사이에는 가끔 안전 조치가 부족해 망가니즈 중독 문제가 생기는 일이 있다.

하지만 망가니즈는 생물에게 꼭 필요한 물질이다. 대단히 많은 생물이 망가니즈를 활용해 몸에 필요한 화학반응을 일으킨다. 그러니 망가니즈에 오염된 물을 많이 마셔서 중독되어도 몸에 안 좋지만, 반대로 몸속에 망가니즈가 부족해도 안 좋다. 그래서 몸에 좋은 식재료를 선전하는 자료 중에 "망간 몇 밀리그램 함유"라는 말을 눈에 잘 띄게 써 놓은 것들도 자주 보인다.

이런 사례만 봐도 알 수 있듯이, 대다수 물질은 그 자체로는 선하지도 악하지도 않다. 그것이 어떤 경로로 얼마만큼 사람 몸에 들어오느냐에 따라 좋기도 하고 나쁘기도 할 뿐이다. 한 물질이 저주의 재료가 되기도 하고 건강 지킴이가 되기도 하는 것이 자연의 실제 모습이다.

싱그러운 자연의 상징인 나무와 풀은 물과 이산화탄소를 재료로 삼고 햇빛을 이용해 그 초록색 몸을 만들어 나간다. 이렇게 물과 이산화탄소와 햇빛으로 영양분을 만드는 화학반응을 광합성이라고 한다. 말이 쉬워 광합성이지 물과 바람으로 달콤한 사탕과도 같은 영양분을 만든다는 것은 그야말로 마법 같은 일이다.

《고려사절요》에는 고려 시대 효가라는 사기꾼이 자기가 달콤한 신비의 물을 만들어 내는 마법을 부린다고 떠벌리면서 구세주라도 되는 양 행세했다는 기록이 있다. 그런데 식물은 하잘것없는 잡초라도 이런 일을 정말로, 언제나 해내고 있다. 이 일을 해내려면 다양한 물질을 몸속에서 만들어 복잡하고도 정교한 화학반응을 일으켜야 하는데, 이 과정에 망가니즈를 이용한 물질

도 잠깐 쓰인다. 공기 중의 산소는 식물을 비롯해 광합성을 하는 생물들이 내뿜은 것이니, 따지고 보면 우리가 숨을 쉬는 것도 간접적으로 망가니즈의 도움을 받은 일이다.

좀 더 살펴보면 사람 몸이 직접 망가니즈를 사용하는 사례도 있다. 과학자들은 사람의 뼈가 만들어지는 데 망가니즈를 이용한 물질이 어느 정도 역할을 한다고 본다. 몸속의 아미노산, 콜레스테롤, 탄수화물이 만들어지거나 분해되는 과정에도 망가니즈를 이용한 물질이 특정 역할을 한다고 한다. 그렇다면 사람 몸속에 망가니즈가 너무 부족하면 뼈가 약해지거나 살과 근육이 생기고 없어지는 일에서 뭔가가 잘못될 수도 있다고 짐작해 볼 수 있다. 다이어트나 운동을 하는 사람들에게는 이 문제가 특히 중요하다. 식품 광고에 망가니즈를 앞세우는 까닭이 바로 이 때문이다.

최미경 선생이 2007년에 발표한 연구 결과를 보면, 한국인이 많이 먹는 식품 중에는 망가니즈가 어느 정도 포함된 것들이 꽤 많아서, 음식을 골고루 먹으면 자연스럽게 필요한 만큼 망가니즈를 섭취할 수 있을 것으로 보인다. 식물이 광합성을 할 때 망가니즈를 이용한 물질을 활용하기 때문인지 몰라도, 이 자료를 보면 채소 등 식물성 식품에 망가니즈가 포함된 사례가 많다. 재미있게도 흑미에는 일반 쌀보다 망가니즈가 5배나 많이 들었다고 한다. 망가니즈가 특히 많이 포함된 음식으로는 깻잎나물을 들었는데, 같은 무게의 쌀과 비교하면 망가니즈가 7배 넘게 들어 있다고 한다. 역시 광합성을 활발히 하는 초록색 잎 부분을 요리에 이용했기 때문일까? 정확히 어떤 까닭으로 이런 음식에 망가니즈가 많은지는 아직 잘 모르지만, 깻잎이나 상추, 배추 같은 재료를 많이 쓰는 한식을 잘 챙겨 먹는다면 몸에 망가니즈가 부족해서 생기는 문제를 예방하는 데는 도움이 될 것 같다.

깻잎으로 음식을 만드는 곳이나 흑미밥을 짓는 곳 말고 한국에서 망가니즈를 많이 사용하는 장소는 따로 있다. 망가니즈가 금속인 만큼, 철 덩어리를 만드는 제철소에서 망가니즈를 가장 중요하게 활용한다.

TV에서 매일 방영되는 애국가 영상에는 한국의 제철소에서 철 제품을 만드는 장면이 잠깐 나온다. 이때 시뻘건 쇳물을 쏟아붓는 장면을 보고 "용광로의 모습이 저렇구나"라고 생각하는 사람들이 많다. 그러나 정확하게 따지면 그것이 용광로의 모습이라고 할 수는 없다. 현대의 제철소에서 말하는 용광로는 보통 고로高爐라고 하는 설비인데, 고로에서는 철광석에서 철을 그냥 녹여 내기만 한다. 그다음 단계인 전로轉爐라는 설비를 이용해서 철의 성분을 조절하는데, 대개 이때 화려하게 쇳물을 퍼붓는 작업을 한다. 그러니까 애국가 영상의 제철소 장면에 보이는 것은 전로다.

철의 성분을 조절한다는 말은 철의 성질을 원하는 정도로 맞추고, 철이 균일하게 나오도록 한다는 뜻이다. 이 과정에서 제일 기

본으로 따져야 할 문제는 철에 탄소가 얼마나 들어 있느냐 하는 것이다. 탄소가 많을수록 철이 단단해지는데, 그렇다고 너무 많으면 너무 딱딱해서 오히려 부서지기 쉽다. 그래서 탄소의 양을 조절하는 것이 중요하다.

탄소가 많이 들어 있어서 아주 딱딱한 철을 무쇠라고 하고, 탄소가 적당히 들어 있어서 튼튼하고 질긴 철을 강철이라고 한다. 그런데 무쇠는 강철과 비교하면 너무 잘 부서진다. 그러니까 무쇠 팔, 무쇠 다리보다는 강철 팔이 더 튼튼한 셈이다. 영어로는 순수한 철을 iron이라고 하고, 강철을 steel이라고 하는데, 슈퍼맨은 극 중에서 별명이 man of steel이고, 아이언맨은 그저 iron man이다. 과학적으로 따지자면 슈퍼맨이 아이언맨보다 더 강하다고 할 수 있겠다.

고로에서 녹아 나온 쇳물을 이용해 보통 철을 강철로 만드는 과정에 망가니즈를 사용한다. 망가니즈는 녹은 쇳물이 굳을 때 공기 거품을 제거해 주는 데도 도움이 되며, 철을 부서지게 하는 불순물인 황을 없애는 데도 도움을 준다. 현대 사회에서는 온갖 곳에 철이 쓰이고, 철을 사용할 때는 튼튼한 강철을 쓴다. 그러므로 망가니즈도 강철을 만드는 용도로 가장 많이 쓰일 거라고 쉽게 짐작할 수 있다.

2010년대 후반 한국의 제철 회사에서 망가니즈를 특별히 많이 섞은 고망간강high manganese steel을 개발하는 데 성공했다고 발표한 적이 있다. 철을 비롯한 금속 재료는 아주 차갑게 온도를 낮추면 얼어붙으면서 쉽게 부서지는 문제가 종종 생긴다. 그래서 낮은 온도에서도 잘 버티는 재료를 만드는 것이 과학기술인들의 오랜 과제였는데, 망가니즈를 이용해서 상당히 값이 싸면서도 낮은 온도에 잘 버티는 강철을 개발한 것이다.

성능 좋은 고망간강은 요긴하게 쓸 곳이 많다. 도시가스의 주 원료인 액화천연가스liquefied natural gas, LNG는 거대한 쇠 통에 넣어 큰 배에 실어 오는데, 이때 보통 아주 낮은 온도로 냉각해서 실어 온다. 만약 이렇게 온도를 낮추었을 때 LNG를 넣어 둔 쇠 통이 약해져서 LNG가 새기라도 하면 대단히 위험해진다. 튼튼한 LNG 저장용 통을 만드는 것은 중요하면서도 어려운 문제였다. 그래서 낮은 온도에서 잘 버티는 고망간강을 사용해서 저렴하고 좋은 LNG 저장용 통을 만들겠다는 계획이 나왔다. 이후 2022년 6월에 한국의 조선소에서 실제로 고망간강으로 만든 LNG 저장 탱크를 갖춘 배를 만드는 데 성공했다.

이 밖에도 한국에는 망가니즈와 엮인 사연이 꽤 있다. 무엇보다 한국인이 최초로 발견해서 세계 과학계에 보고해 인정받은 광물이 바로 망가니즈가 든 돌에서 나온 독특한 물질이다.

2022년, 경상북도의 무너진 지하 광산에 갇혔던 두 광부가 9일 동안 커피믹스를 먹으면서 버티다가 건강하게 구조되어 큰 감동을 준 사건이 있었다. 두 광부가 일하던 곳은 경상북도 봉화군 장군봉의 광산이다. 그 광산에서 멀지 않은 곳에는 장군 광산이라고 부르던 커다란 망가니즈 광산이 있었고, 장군 광산에서는 과

거 상당히 오랜 기간 많은 양의 망가니즈를 캤다. 1970년대에는 10만 t이 훌쩍 넘는 망가니즈 광석을 캤을 정도로 매장량도 풍부했다.

장군봉이라는 이름은 많은 무속인이 기도를 올리는 장군 신령이 그곳에 깃들어 있어서 붙은 것이라는 이야기가 있다. 그러나 장군봉을 소개하려면 장군 신령보다는 한국의 훌륭한 과학자 김수진 박사의 집념이 깃든 곳이라는 이야기를 먼저 풀어 보는 것이 더 좋을 듯하다.

1966년, 김수진 박사는 장군 광산 일대를 방문했다가 그곳의 돌 모양이 좀 이상한 것을 알아차렸다고 한다. 망가니즈 성분이 섞여 있는 돌이기는 한데 뭔가 달라 보였다. 광산에서 캐내던 망가니즈가 든 광석은 분홍색 비슷한 불그스름한 돌이 많았는데, 김수진 박사의 눈길을 끈 그 돌은 거무죽죽한 색이었다. 그런데 성분을 조사해 보면 분홍색 망가니즈 광석과 비슷했다. 그렇다면 그 검은 돌은 무엇이 달라서 색이 다른 것일까?

김수진 박사는 정밀 연구에 착수했고, 눈길을 끌었던 그 돌에는 망가니즈, 산소, 납 성분이 섞인 특이한 광물이 들어 있다는 사실을 알아냈다. 그것은 그때까지 학계에 알려진 적이 없는 광물이었다. 김수진 박사는 이런 광물이 발견되었다는 사실을 세상에 발표하고자 마음먹었고, 이후 거의 10년 가까이 장군봉 주변에 굴러다니는 돌을 틈틈이 연구하며 내용을 보완했다. 그렇게 해서 1975년, 국제 학계에서 김 박사의 의견이 인정을 받았고, 광물의 이름도 김 박사가 장군봉에서 따와 붙인 장군석으로 결정되었다. 한국인 과학자가 한국에서 발견한 광물이어서 영어로도 장군 뒤에 돌을 나타내는 접미사 -ite를 붙여 장구나이트janggunite라고 부른다.

장군석은 한국 과학계가 최초로 직접 발견한 광물이다. 별 관심 없는 눈으로 보면 세상에 아무렇게나 널린 것이 돌멩이다. 과학은 바로 그렇게 별 의미 없어 보이는 평범하고 흔한 물체를 곰곰이 들여다보면서 새로운 의미를 찾아낸다. 그런 면에서 김수진 박사의 1975년 성과는 한국인 과학자가 한국 돌을 연구해서 얻은 뜻깊은 결과라 할 수 있다. 한국 돌을 과학으로 분석한 성과가 나온 그때야말로 한국에서 드디어 과학이 제대로 자리 잡았음을 보여 주는 상징적인 순간이라고 할 수 있다. 다시 말해 한국 과학의 결정적 장면을 장군봉에 있는 망가니즈 돌, 장군석이 장식하고 있다는 이야기다.

한국의 돌과 흙에서 망가니즈 성분이 이래저래 조금씩 역할을 한 다른 사례도 있다. 한국을 대표하는 보물이라면 누구나 쉽게 떠올리는 고려청자 이야기다. 고려청자 특유의 푸르스름한 색깔은 같은 시기 중국의 송나라 도자기와 비슷하면서도 개성이 있어서 1,000년 전 그 시대에도 중국으로 꽤 수출했다고 한다. 현대의 과학자들이 연구해 본 결과, 고려청자에 바른 유약 성분은 같은 시대 중국 유약과 비슷하지만 망가니즈 성분이 좀 더 많았다. 이종호 선생의 글에 따르면 고려 도자기에서는 0.5%가량의

망가니즈 성분이 발견된다고 하는데, 이는 비슷한 시기 중국 도자기 유약에서 나오는 것보다 많은 양이다. 그렇다면 보물 고려청자의 절묘하게 아름다운 색깔의 비밀도 어쩌면 망가니즈 성분에 있는 것은 아닐까?

일상생활 중에 망가니즈 또는 망간이라는 이름을 접했다면 아마도 전지와 관련된 이유가 가장 많을 것이다. 건전지라고 부르는 일회용 전지 중에 아예 "망간 전지"라는 이름으로 팔리는 제품이 있어서 눈에 띄기도 한다. 망가니즈를 산소 등의 원소와 반응시켜 만들어 낸 물질은 조건이 맞으면 다른 물질을 은근히 녹여 내는데, 바로 이 성질을 전지에 이용한 것이다.

전지의 기본 원리를 단순화해서 설명하자면, 금속 등의 물질을 약품으로 서서히 녹여 내면서 금속 안에서 튀어나오는 전자를 빼내 전기의 힘을 내도록 이용하는 장치라고 할 수 있다. 망가니즈 계통의 물질은 원하는 속도와 형태로 금속과 반응하게 할 수 있어서 배터리의 재료로 유용하다. 아주 똑같은 원리는 아니지만, 망가니즈를 이용하면 물질을 잘 녹이는 약품을 만들 수도 있다. 환경을 연구하는 사람들이 물속에 있는 더러운 성분을 녹여 없앨 때 크로뮴과 포타슘을 이용한 중크로뮴산포타슘을 많이 사용하는데, 이것 못지않게 자주 사용되는 것이 망가니즈와 포타슘을 이용해 만드는 과망가니즈산포타슘이라는 약품이다.

망가니즈 건전지 내부를 보면 중심에 까만 막대기가 들어 있고, 그 주변에 시커먼 가루가 가득 차 있다. 중심의 까만 막대기는 탄소로 이루어졌고, 그 옆의 가루에 바로 망가니즈와 산소를 이용해 만든 물질이 포함되어 있다.

망가니즈 건전지는 전기를 오래 꾸준히 사용하는 장치보다는 잠깐씩 사용하는 장치에 사용하는 편이 더 효율적이다. 망가니즈 계통의 성분은 전기를 한꺼번에 많이 만들어 내는 반응을 오래 하면 급격히 손상되는 특징이 있기 때문이다. 2008년 한국소비자원 시험검사국에서 발표한 자료를 보면, 망가니즈 건전지는 용량이 적고 연속으로 오래 쓰기 나쁜 대신에 가격이 저렴하다고 한다. 그래서 리모컨처럼 버튼을 누르는 순간에만 잠깐 전기를 사용하는 제품에 자주 사용된다고 한다. 말하는 인형처럼 건드리면 잠깐 소리를 내고 멈추는 장난감에도 값싼 망가니즈 건전지가 많이 쓰인다. 그러니 "안녕", "배고파" 같은 말을 한마디씩 하는 수많은 인형의 생명력을 망가니즈가 책임지고 있다고도 할 수 있겠다.

망가니즈는 애초부터 전지를 만들 때 사용된 만큼, 요즘 가장 인기 있는 전지인 리튬이온배터리를 만들 때도 제법 많이 쓰인다. 리튬이온배터리에서 가장 중요한 금속 물질은 물론 리튬이지만, 화학자들은 리튬이온배터리의 성능을 더 뛰어나게 만들기 위해서 다른 금속들을 같이 사용하는 여러 방식을 개발했다. 그 중에서도 요즘 리튬이온배터리에 많이 들어가는 주요 금속으로 자주 언급되는 세 가지가 니켈, 코발트, 망가니즈다. 그래서 세

금속 이름의 약자 NCM^{nickel, cobalt, manganese}을 붙인 NCM배터리라는 말도 자주 쓰인다.

요즘 거대한 산업으로 성장한 전기차의 전지도 대개 NCM배터리에서 출발한다고 한다. 그런데 NCM배터리의 재료 중 코발트는 가격이 비싸고 몇몇 나라에서만 생산된다는 문제가 있다. 전기자동차에 NCM배터리를 대량으로 실어서 전 세계에 판매하기를 원하는 자동차 회사 처지에서는 코발트를 수출하는 나라의 상황에 따라 자동차 가격이 들썩이는 상황이 아무래도 불안할 것이다. 그래서 요즘 화학자들은 비싼 코발트를 적게 쓰고 다른 물질을 많이 사용하는 쪽으로 NCM배터리를 개량하기 위해 노력하고 있다.

망가니즈는 값이 싼 편이고 세계 곳곳에 널리 퍼져 있는 물질이므로, 코발트 대신 망가니즈를 많이 넣어서 비슷한 전지 성능을 내는 방법을 연구하는 곳들도 적지 않다. 이렇게 망가니즈를 많이 넣은 전지를 업계에서는 종종 "하이망간배터리"라고 부르는데, 가끔은 하이망간배터리가 잘 개발되고 있는지, 잘 팔릴 것인지 등의 전망이 어떻게 보도되느냐에 따라 관련된 회사의 주가가 출렁거리기도 한다. 그리고 그런 소식에 따라 한국이나 중국같이 배터리와 자동차에 투자를 많이 하는 나라들이 앞으로 얼마나 잘될지 못될지 따져 보는 사람들도 있다.

달콤한 꿈을 꾸어 보자면, 앞으로 망가니즈를 활용하는 기술이 더욱 발달해서 아주 값싸고 성능 좋은 전지가 개발되고, 그 덕택에 더 안전하고 성능 좋은 전기차가 싼값에 등장하게 될지도 모른다. 그런 날이 온다면 망가니즈 덕택에 더 좋은 자동차를 더 많은 사람이 탈 수 있게 될 것이다. 또 지금까지 자동차가 없어서 고생했던 저소득 국가에도 자동차가 널리 보급되어 먼 거리를 힘들게 걸어 다녀야 했던 사람들이 고생에서 해방될 것이다.

망가니즈가 여러모로 쓸모 있는 만큼 사람들은 망가니즈 광산을 개발하는 방법에도 관심이 많다. 재미있게도 망가니즈가 많은 곳으로 가장 유명한 곳은 바다 밑이다. 배가 산으로 간다는 옛말이 있는데, 미래에는 광산에서 일하던 사람들이 바다로 가야 한다.

왜 바다 밑에 망가니즈 덩어리가 있을까? 바닷속에 사는 고래나 상어 같은 생물 또는 다른 몇몇 작은 생물들이 죽으면 그 뼈와 이빨, 껍질이 물속에 가라앉는다. 마침 그곳이 충분히 깊은 바다라면 그 이빨 조각, 껍질 조각이 바다 밑에 가라앉을 때까지 꽤 긴 시간이 걸린다. 그 시간 동안 바닷물에 드러난 이빨의 겉면 성분과 바닷물 속에 녹아 있는 아주 약간의 여러 금속 성분이 서로 화학반응을 일으키는 수가 있다. 운이 좋으면 그중 일부는 바닷물에 들어 있는 아주 적은 양의 망가니즈 계통 성분을 서서히 끌어당기는 물질로 변하기도 한다.

이렇게 변한 상어 이빨 따위가 깊은 바닷속에 가라앉아 있으면, 그 상태로 아주 천천히 바닷물 속에 들어 있는 망가니즈를 겉

면에 붙이고 또 붙이게 된다. 시간이 흐르면 덩어리는 점점 굵어진다. 굵어지는 속도는 느리다. 1,000년쯤 지나야 두께가 1mm쯤 자랄까 말까 하는 정도다. 그렇지만 깊은 바다 밑에 가라앉은 상어 이빨 조각 따위를 누가 건드리는 것도 아니고, 그 상태로 가만히 가라앉아 천년만년 세월이 흐르면 망가니즈로 뒤덮인 덩어리는 주먹만 한 덩어리로 변하게 된다. 호랑이는 죽어서 가죽을 남기고, 사람은 죽어서 이름을 남긴다는데, 상어는 죽어서 망가니즈를 남긴다고 할 수 있겠다.

이렇게 망가니즈 성분을 많이 품고서 바다 밑에 가라앉아 있는 덩어리를 망간단괴라고 한다. 망간단괴 속에는 망가니즈뿐 아니라 니켈, 구리 등 다른 금속 원소도 상당히 포함되어 있어서 잘만하면 어지간한 광산 못지않게 많은 금속을 뽑아낼 수 있을 거라고 본다. 게다가 세계 곳곳의 깊은 바다에는 망간단괴가 꽤 많아서 학자들은 벌써 몇십 년째 그 망간단괴를 캐낼 기술을 이리저리 개발해 보고자 도전 중이다.

2013년에 한국 학자들은 바다 밑에 로봇을 보내서 망간단괴를 캐내는 기술을 실험해 본 적이 있다. 로봇의 이름은 "미네로"라고 붙였는데, 실제로 동해에 미네로 로봇을 보내 1,370m 깊이의 바다 밑으로 집어넣어 동작을 살펴보았다. 한국해양과학기술원에서 내놓은 자료에 따르면 미네로는 망간단괴를 손쉽게 물 위로 보내기 위해 캐낸 돌을 잘게 부수는 기능이 있었다고 하며, 빠를 때는 1초에 3kg 이상의 돌을 깰 수 있는 것으로 평가되었다.

하지만 정말로 망간단괴가 많은 곳은 5,000m 이상의 깊은 바닷속이다. 그렇기에 망가니즈를 바다에서 자유롭게 캐내려면 지금보다도 더 뛰어난 기술이 있어야 한다. 망가니즈를 사용하는 분야가 앞으로 더 많아지고 그래서 망가니즈의 가치가 더 커진다면, 분명 그 깊은 바다를 장군봉의 광산처럼 활용하게 해 주는 기술도 개발될 것이다. 그래서인지 요즘에는 본격적으로 망간단괴를 캐는 작업을 시작하게 될 경우, 지금까지 한 번도 사람 손길을 마주한 적이 없었을 깊은 바닷속 생물들에게 해를 끼치지 않도록 조심해야 한다고 주장하는 학자들도 하나둘 보인다. 이런 소식이 들린다는 것은 바다 밑 망간단괴를 실제로 캐내는 일이 그만큼 현실로 가까이 다가왔다는 정황일 수도 있지 싶다.

도다리쑥국을
기다리며

26 | Fe
철

학창 시절에 들은 별로 중요하지 않은 지식이 이상하게 기억에 오래 남는 경우가 있다. 나는 고등학교 수학 시간에 김수홍이라는 선생님께서 수업 중에 "좌광우도"라는 말이 무슨 뜻인지 아느냐고 문득 학생들에게 물었던 일이 아직도 기억난다. 학생들은 희귀한 사자성어인가 싶어 당황할 뿐 대답하지 못했는데, 선생님께서는 씩 웃으시더니 이렇게 말씀하셨다.

"좌광우도란, 생선 중에 광어는 눈이 왼쪽으로 몰려 있고 도다리는 눈이 오른쪽으로 몰려 있다는 뜻이지."

수학 시간에 그런 이야기가 왜 나왔는지는 지금도 잘 모르겠다. 워낙 약주를 좋아하시는 선생님이셨으니 아마 전날 밤에 어디 횟집에서 광어나 도다리 회를 맛있게 드셨던 기억이 수업 시간까지 이어져서 괜히 한번 꺼내셨던 이야기 아닌가 싶다. 사실,

유통업자들이 도다리로 통칭 구분하는 생선 중에는 광어처럼 눈이 왼쪽으로 몰려 있는 것들이 있기도 하므로 완벽한 구분법은 아니다.

　나는 도다리는 회로 먹는 것이 제맛이라고 생각한다. 그렇기에 도다리를 재료로 만든 국이나 찌개 같은 요리를 딱히 좋아하지는 않는다. 하지만 유일한 예외가 있으니, 바로 봄철에 먹는 도다리쑥국이다. 한국에서는 꽤 넓게 사랑받는 요리로, 횟집이나 해산물 음식을 파는 가게에서 봄철이 되면 도다리쑥국을 팔기 시작했다고 문 앞에 써 붙일 정도다. 봄철, 쑥이 알맞게 자라나 생선과 잘 어울릴 시기가 되었을 때 도다리쑥국을 끓이면, 후련한 국물 맛에 향긋한 냄새까지 배어서 그야말로 한국 음식의 멋을 잘 보여 준다고 할 만한 맛이 난다.

　도다리쑥국은 철분을 얻기 좋은 음식이기도 하다. 도다리 살에 철분이 적잖이 든 편이고, 쑥도 채소치고는 철분이 많은 재료이기 때문이다. 이렇게 철분이 많은 재료를 둘 이상 동시에 활용하는 데다, 심지어 철분이 많은 식물을 주재료로 삼은 음식은 흔하지 않다. 도다리쑥국은 사람이 철iron(원소 기호 Fe는 라틴어 ferrum에서 따온 것이다)을 먹는 방법이라는 면에서 볼 때 희귀하고 멋진 음식이다.

　과거의 문학 작품 속에서는 무쇠, 쇳덩이라고 하면 사람의 살결이나 생명과는 반대되는 것으로 여겼다. "강철 심장"이라고 하면 사람이 아닌 것으로 보일 정도로 무딘 마음을 갖고 있다는 비유법이다. 정이 없고 무심한 사람이라는 뜻으로 쓰이는 표현이

기도 하다. 비슷하게 "무쇠 다리"라고 하면 사람이 아닌 것처럼 보일 정도로 튼튼하고 오래 걷고 뛸 수 있다는 의미다.

그러나 과학이 발전하면서 사람을 비롯한 많은 동물의 몸에 약간의 철이 꼭 필요하다는 사실이 밝혀졌다. 몸속에서 영양소로 사용되는 철을 흔히 철분이라고 부르는데, 무엇보다 사람의 피, 즉 혈액 속에 철은 꼭 필요하다. 철분이 부족하면 빈혈을 비롯해 여러 질환이 발생한다는 사실도 상식이라고 할 만큼 널리 알려져 있다.

철은 핏속에서 붉은색을 내는 물질인 헤모글로빈hemoglobin에 들어 있다. 사람의 몸 구석구석에 꼭 필요한 산소를 운반하는 역할을 헤모글로빈이 맡고 있다. 그러니까 사람이 숨을 쉬면 허파 속에 퍼져 있는 혈관 속을 흐르는 핏속의 헤모글로빈에 산소가 달라붙는다. 그리고 그 피가 온몸 구석구석에 퍼진다. 이때 헤모글로빈에 붙어 있던 산소가 조금씩 떨어져 나오면 그 부위에서 산소를 받아 이용한다.

사람 몸에서 이루어지는 화학반응 중에는 이렇게 얻은 산소를 활용하는 것이 대단히 많다. 따라서 헤모글로빈이 산소를 붙여 왔다가 떼어 주는 일은 쉼 없이 일어나야 한다. 만약 헤모글로빈에 산소가 붙고 떨어지는 일이 제대로 일어나지 않으면, 사람이 아무리 숨을 헐떡이더라도 그 사람이 들이마신 산소가 정작 필요한 부위로 퍼져 나가지 못할 것이다.

가끔 연탄가스가 새는 곳에서 잠을 자거나, 캠핑하는 사람들이 불을 피운 연기가 잘 빠지지 않는 곳에서 잠을 자다가 일산화탄소 중독으로 목숨을 잃는 사고가 발생한다. 이런 사고는 헤모글로빈에 산소 대신에 일산화탄소가 달라붙어서 떨어지지 않기 때문에 벌어지는 일이다. 헤모글로빈은 산소보다 일산화탄소와 더 강하게 들러붙는 성질이 있다. 까마득히 먼 옛날, 사람이 불을 피워서 일산화탄소라는 이상한 물질을 만들어 내게 될 거라고는 아무도 상상하지 못했던 그런 시기에 동물의 몸이 진화하면서 생긴 오류라고도 볼 수 있겠다.

만약 몸속에서 헤모글로빈 대신에 다른 물질을 이용해 산소를 운반하는 생물이라면 사정이 좀 다를지도 모른다. 실제로 이런 생물이 없지는 않다. 문어나 오징어의 경우, 철이 들어 있는 헤모글로빈 대신에 구리가 들어 있는 헤모시아닌hemocyanin이라는 물질을 활용해서 살아간다. 따라서 문어나 오징어의 피는 붉은 색이 아니다. 헤모시아닌 계통의 물질은 푸르스름한 빛을 띠는 경우가 많다.

SF 영화를 보면 외계인이 붉은색 피 대신 푸른색이나 초록색 피를 흘려서 정체가 드러나는 장면이 가끔 있다. 그런 외계인은 헤모글로빈을 사용하지 않는 전혀 다른 신체 구조를 가졌을 것이다. 정말로 그런 외계인이 있다면 일산화탄소 중독에 유독 강할지 모른다. 재난 상황에서 지구인들이 모두 연기 때문에 쓰러질 때, 혼자 아무렇지도 않게 뛰어다니며 지구 친구들을 구해줄 수 있지 않을까?

냉정하게 확률을 따져 보자면, 아무리 외계인이라고 하더라도 피가 돌고 산소를 사용해야 하는 동물이라면 지구인과 비슷하게 철을 이용하는 체질일 확률이 좀 더 높을 것 같다. 철은 우주 어디서든 비교적 흔한 물질이기 때문이다. 생명체가 출현해 진화한다면 아무래도 세상에 흔한 물질을 쉽사리 활용할 수 있는 체질을 가져야 살아남기 유리하다. 그러니 설령 우주 저편의 다른 행성에서 탄생했더라도 구하기 쉬운 철을 이용해서 살아남는 생물이 번성하기에 좋았을 것이다.

　우주에 철이 비교적 풍부한 까닭은 별 속의 높은 열과 압력에서 원소들이 탄생하는 과정과 관련이 깊다.

　보통은 무엇인가를 아무리 뜨겁게 태우거나 녹인다고 해도 새로운 원소가 생겨나거나 한 원소가 다른 원소로 바뀌지 않는다. 우리가 지상에서 보고 느끼고 경험하는 대부분의 물질 변화는 한 물질이 다른 물질로 바뀐다고 하더라도 그 물질을 이루는 원소들에는 변화가 없다. 원소들이 어떻게 붙어 있는지, 어떤 원소끼리 짝을 지어 연결되어 있는지 그 조합과 연결 관계가 바뀔 뿐이다. 그런데 태양과 같은 별 속의 극히 뜨겁고 압력이 높은 환경에서는 아예 새로운 원소가 생겨나는 일도 벌어진다. 특히 둘 이상의 원소가 서로 합쳐져서 새로운 하나의 원소로 바뀌는 일이 벌어지는데, 이런 현상을 핵융합이라고 한다.

　핵융합 현상이 일어날 때는 높은 열이 발생한다. 태양이 뜨겁게 빛나는 것도 태양 속에서 핵융합 현상이 일어나서 수소라는 원소가 헬륨으로 바뀌는 일이 벌어지기 때문이다. 핵융합 과정에서 열이 발생하면 그만큼 주변이 더 뜨거워진다. 주변의 압력도 더 높아진다. 그래서 한 번 핵융합이 일어나면 그 열 때문에 주변에서 또 핵융합이 이루어진다. 주변에서 핵융합이 이루어지면 거기에서 또 그만큼 열이 발생할 것이다. 그러면 그 때문에 다시 그 주위에서 핵융합이 이루어진다. 이렇게 해서 핵융합은 한번 일어나면 계속해서 이어질 수 있다. 별 속에서는 이런 일이 수억 년, 수십억 년 동안 이어진다. 그러면서 한 원소가 다른 원소와 합쳐지면서 새로운 원소들이 계속 만들어진다.

그런데 여기에 단 한 가지 이상한 걸림돌 같은 현상이 있다. 그게 바로 철이다. 원소들이 뭉쳐서 새로운 원소들이 생겨나다가 철이 만들어지면, 그때부터는 사정이 달라진다. 철은 거기에 무슨 다른 원소를 억지로 갖다 붙여 핵융합을 일으키려 해도, 다른 원소들의 핵융합이 일어날 때만큼 열을 내뿜지 않는다. 도리어 주변을 더 차갑게 식힌다. 따라서 일단 철이 생겨나면, 핵융합으로 발생한 열이 연달아 핵융합을 일으키는 현상이 더는 이어지지 않는다.

다시 말해 철은 별이 핵융합으로 빛을 내면서 여러 원소를 만드는 과정에서 마지막으로 만들어지며 열의 연결 고리를 끊는 물질이다. 별의 잿더미가 철이라고 말할 수도 있다. 그러니 우주에서 저렇게 많은 별이 빛나는 만큼, 별이 빛을 내고 남기는 잿더미인 철도 자연히 우주 곳곳에 많이 생길 수밖에 없을 것이다. 그렇다면 우리의 피가 붉은색인 이유는 먼 옛날 우주 어느 곳에서 별이 빛을 내고 생긴 재가 이리저리 휩쓸려 다니다가 지구에 떨어져 우리 몸을 만드는 데 활용되었기 때문이라고 말해 볼 수 있겠다.

철은 지구에서도 무척 구하기 쉬운 재료다. 인류의 문명이 시작될 때 처음으로 널리 쓰인 금속인 구리와 비교해 철이 가진 두드러진 장점이 바로 구하기 쉽고 양도 많아서 온갖 용도로 널리 쓸 수 있다는 점이다.

구리를 재료로 하는 청동을 주로 사용하던 시대에는 청동으로 만든 도구나 무기를 널리 쓰기가 쉽지 않았다. 그렇지만 철을 사용하는 시대가 되면서 일상에서 사용하는 식칼부터 농기구까지 다양한 재료에 철을 사용할 수 있게 되었다. 철을 값싸게 활용할 수 있다는 것은 많은 사람이 튼튼한 도구를 널리 쓸 수 있다는 뜻이다. 튼튼한 도구를 사용할 수 있게 되니, 그만큼 농사도 잘 짓고 물건도 잘 만들게 되어 경제도 훨씬 빠르게 발전했다.

철을 중요한 재료로 널리 사용하는 문화는 21세기까지도 유지되고 있다. 자동차나 배 같은 교통수단을 만들 때도 주재료는 여전히 철이고, 고층 건물이나 강을 건너는 다리를 지을 때도 철로 만든 들보나 철근 같은 재료를 대량으로 사용한다.

하지만 철을 사용하는 일이 쉽지만은 않았다. 철은 구리보다 훨씬 다루기 어려운 금속이다. 철은 1,538℃까지 온도를 높여야 녹일 수 있다. 이 정도로 높은 온도에 다다르는 것부터가 기술이 없다면 쉽지 않다. 보통 촛불의 불꽃은 온도가 높아 봐야 1,100℃ 정도이고, 낮은 곳은 600℃ 정도밖에 되지 않는다. 촛불 같은 불로는 아무리 애써도 철이 녹지 않는다.

게다가 그 이상으로 골치 아픈 문제가 있으니, 지구에 있는 철은 대체로 산소와 붙어 있는 형태, 그러니까 산화철 상태로 발견된다는 사실이다. 즉, 철광석이라고 하는 돌 속에 들어 있는 철 성분은 녹슨 철과 비슷한 물질이다. 이것을 녹여서 도구를 만들려면 녹슨 철에서 산소를 뽑아내 철만 남기는 화학반응을 일으켜야 한다. 이런 화학반응을 환원 반응이라고 하는데, 이것도 쉽지 않은 일이다.

산소를 뽑아내고 온도를 높여 철을 녹이더라도 또 다른 문제가 남는다. 가장 큰 문제는 철 속에 든 탄소 함량을 조절하는 것이다. 대개 철을 만드는 작업을 하다 보면 이런저런 과정에서 탄소 성분이 철과 같이 섞여 굳기 마련이다. 탄소 성분이 너무 적으면 철이 물렁물렁해지고, 반대로 탄소 성분이 너무 많으면 철이 딱딱한 대신에 너무 쉽게 바스러진다. 튼튼하면서 쓰기 좋은 철을 만들려면 탄소 성분의 양을 알맞게 조절해 주어야 한다.

보통 연철이라고 하면 탄소가 거의 들어 있지 않은 비교적 무른 철을 말하고, 무쇠나 주철이라고 하면 탄소가 많이 든 철을 일컫는다. 탄소의 양을 알맞게 조절해서 쓰기 좋게 만든 철을 대개 강철, 강, 스틸steel 등으로 부르는데, 현대에 요긴하게 쓰이는 철 제품은 강에 속하는 경우가 많다. 그래서 흔히 철과 관련된 재료를 만드는 산업을 철강 산업이라고 한다.

철강 기술이 발달하지 않았던 시대에는 이런 과정을 제대로 수행할 수가 없었다. 그런데도 인류 역사의 초창기에 간혹 철을 이용하는 사람들이 있었다. 우주에서 떨어지는 운석 중에서 철 성분이 많은 철질 운석을 사용한 것이었다. 이런 철을 운철隕鐵이라고 부르기도 한다. 운철은 극히 드문 만큼 굉장한 보물로 취급받았을 것이다. 고대 이집트의 유명한 파라오 투탕카멘의 무덤에서 나온 유물 중에 작은 단검이 있는데, 현대 학자들은 이 칼이 우주에서 떨어진 철질 운석으로 만들어졌을 가능성이 있다고 추정한다.

한국에는 《삼국사기》 645년 기록에, 고구려 사람들이 선비족이 살던 땅을 정복하고 얻은 보물 중에 이상한 갑옷과 창이 있었다는 이야기가 있다. 그런데 특이하게도 그 보물은 하늘에서 떨어진 것이었다고 기록되어 있다. 하늘에서 갑옷과 창이 갑자기 떨어질 리는 없으니, 아마도 하늘에서 떨어진 철질 운석을 이용해서 선비족이 갑옷과 창을 만들어 보물로 보관했다는 이야기가 와전된 것은 아닌가 상상해 본다. 645년이면 이집트의 투탕카멘 시절보다 철을 만드는 기술이 꽤 발전해 있던 시대이기는 하다. 그래도 밤하늘에서 무엇인가가 빛을 내며 떨어졌는데, 그것으로 칼을 만든다면 굉장히 신비로운 느낌이 들었을 것이다. 마치 천상 세계에서 신령이 내려 준 보검 같은 느낌 아니었을까?

현대의 제철소에서는 철 성분이 들어 있는 돌에서 대량으로 철을 뽑아내기 위해 거대한 고로를 이용한다. 높다란 용광로라고 해서 고로라고 부른다. 한국 전라남도 광양의 제철소에 있는 고로는 높이가 100m를 훌쩍 넘어 40층 아파트 높이에 가깝다. 이런 거대한 장치 속에 산더미처럼 많은 철광석과 석탄을 모양이 잘 맞게 쌓아 놓고, 동시에 불을 지펴 산처럼 거대한 불더미를 만드는 것이 현대의 제철 과정이다. 이렇게 잘 설계해 놓은 고로의 내부가 질서 정연하게 불타기 시작하면 석탄의 탄소 성분이 철광석의 산소를 빨아들여 이산화탄소로 변하고, 그러면 남아 있는 순수한 철이 녹아 나온다. 이때 뜨거운 열기가 고로에 퍼져 나가는 힘은 대단히 강한데, 제철 업체에서 만든 홍보 자료를 보면 열기 때문에 그 거대한 돌 더미가 공중으로 살짝 들릴 정도라고 한다.

한반도 남부 지역은 과거에도 철로 유명한 곳이었다. 1,700년 전에 나온 중국의 역사책 삼국지 가운데 《위지》의 〈동이전〉 부분에는 한반도 남부 지역이었던 변한이 철을 생산하는 기술이 뛰어났다고 기록되어 있는데, 변한에서 중국이나 일본으로 철을 수출할 정도였다고 한다. 당시 한반도 남부 사람들은 철을 특히 중요시해서 마치 중국 사람들이 돈을 사용하듯 철을 사용했다는 기록도 있다.

실제로 기원전 무렵의 창원 다호리 유적에서는 도끼 모양의 철 덩어리를 묶음으로 만들어 놓은 것이 발견되기도 했고, 또 다른 한반도 남부 지역의 무덤 속에서 도끼와 비슷한 모양의 철 덩어리, 즉 판상철부를 묶음으로 간직해 놓은 것이 곳곳에서 발견되기도 했다. 현대인이 지갑에 지폐나 카드를 넣어서 가지고 다니며 물건을 사듯이 2,000년 전의 한국인들은 도끼 모양 쇳덩이들을 묶어서 가지고 다니며 물건을 사고팔았는지도 모른다. 어쩌면 요즘 귀중한 가치가 있는 물건으로 금괴나 은괴를 은행에 보관하듯이 2,000년 전 한국의 부자들은 철 덩어리를 창고에 소중히 보관했을 것이다.

철에 관한 고대 전설도 뚜렷하게 남아 전하는 것이 있다. 《삼국유사》에는 석탈해가 임금이 되기 전 꾀에 밝은 사람이었다는 전설이 실려 있다. 이야기에 따르면 석탈해는 자신을 대장장이라고 소개했다고 한다. 석탈해는 이사금이라는 칭호로 불린 첫 번째 임금인데, 이사금이라는 말이 변해서 임금이 되었다는 것이 정설이므로, 한국 역사에서 처음으로 임금님이라고 불렀던 임금님은 철을 만드는 기술자 출신인 석탈해라고 해도 틀린 말이 아니다.

재미나게도 《삼국유사》에는 석탈해가 천하무적역사天下無敵力士로 굉장히 강한 사람이었고, 온몸의 뼈가 하나로 연결되어 있었으며, 특히 머리뼈는 둘레가 한 아름에 달할 정도로 거대했다는 기록이 같이 남아 있다. 나는 변영주 감독님과 함께 제철 문화에 관한 다큐멘터리를 촬영하다가 이 이야기를 나눈 적이 있는데, 감독님께서 문득 "석탈해는 혹시 몸이 강철로 만들어진 인조인

간이나 사이보그였던 것은 아닐까?"라고 실없이 말씀하셔서 웃었던 기억이 난다.

　삼국시대 이후로는 한국 남부의 철 기술이 세계 다른 곳보다 특별히 발전했다고는 할 수 없는 시대가 오래 이어졌다. 고려 시대나 조선 시대에는 한국에서 만든 철 제품을 중국이나 일본 등 이웃 나라로 대량 수출하는 일도 거의 없었다. 그러다가 20세기가 되어 약 2,000년 만에 다시 한반도 남부에서 제철 산업이 발전하는 계기가 생겼다. 1970년대에 현대식 제철소를 짓고자 한국 기술진이 도전을 시작한 것이다.

　현대식 제철소는 매우 거대한 시설이어서 아무나 함부로 만들 수 없다. 잘 다루려면 상당한 기술도 필요하다. 그렇기에 일단 건설해 놓으면 그만큼 다른 나라에서 쉽게 만들 수 없는 제품을 생산할 기회를 확보할 수 있다. 또 철은 워낙에 널리 쓰이는 재료이므로, 제철은 다양한 철 제품을 원하는 대로 만들 수 있는 바탕이 된다. 따라서 철강의 성질을 잘 아는 전문가들이 많아진다면 다른 산업을 키워 나가기에도 유리하다. 바다 건너에서 철을 수입해 기차나 중장비를 만드는 회사보다는 자기 나라 안에서 철을 구할 수 있는 회사가 더 유리할 수밖에 없다. 그러니 제철소 건설은 어려운 일이지만 미래를 위해서는 해볼 만한 일이었다.

　지금은 현재가 된 그 시절의 미래를 위해 정말 많은 사람이 고생했다. 포항에서 제철소를 처음 만들던 당시의 공사판에는 황량한 벌판 한가운데 사무소로 사용한 임시 건물 하나만 덩그러니 있었다는데, 당시 건설 현장의 직원들은 그 건물을 "롬멜 하우스"라는 별명으로 불렀다고 한다. 여기서 롬멜은 제2차 세계 대전 때 유명했던 독일 장군 에르빈 롬멜을 말한다. 롬멜은 사하라 사막이 펼쳐진 북아프리카 지역에서 활약하여 사막의 여우라는 별명으로 잘 알려진 인물이다. 사무소 임시 건물을 롬멜 하우스라고 불렀다는 이야기는, 당시 직원들의 처지가 황량한 사막에서 전투를 벌이는 것과 비슷하다고 여겼다는 뜻이다. 바닷가 모래판 아무것도 없는 땅에서 막막하게 일하면서 거기에 언젠가는 거대한 공장을 세우고 세계 최고의 철을 쏟아내는 장비를 설치한다는 생각이 그때는 마치 사막의 신기루같이 느껴졌을지도 모른다.

공장 건설은 성공적으로 끝났다. 한국의 철강 제품 생산 기술도 그에 따라 꾸준히 발전했다. 이후에 역시 한반도 남부 지역인 광양에 더 커다란 제철소를 하나 더 건설하게 되었는데, 이 공장은 2016년에 확장하면서 당시 기준으로 세계에서 가장 거대한 제철 공장이 되었다. 2020년대 초의 실적을 보면, 이 공장 한 군데서만 매년 2000만 t 이상의 철 제품이 생산되고 있다. 이 정도면 하루에 자동차 3만 대를 만들 수 있는 철을 공장 한 군데에서 1년 365일 끝없이 쏟아낸다는 뜻이다.

이렇게 해서 다시 한번 철은 한국인을 먹여 살리는 산업으로 발전했다. 도는 이야기 중에 한반도 남부의 김해라는 지명은 쇠 금金에 바다 해海를 쓰니, 김해는 곧 무쇠 바다라는 뜻이고, 한국에서 가장 많은 성씨인 김해 김씨는 쇠, 그러니까 철을 잘 다루는 가문에서 유래한 성씨가 아니겠냐는 말이 있다. 얼마나 정확한 이야기인지는 알 수 없다. 하지만 철을 잘 다루던 고대 역사에 걸맞은 제철 산업을 현대의 한국인들이 다시 일구어 냈다는 이야기는 얼마든지 해볼 만하다.

한국의 철 산업은 미래에도 꾸준히 유지될 수 있을까? 아니면 언젠가는 고대의 철 산업이 쇠락했던 것과 비슷한 운명을 맞게 될까? 시대가 바뀌며 등장한 몇 가지 어려움이 있으며, 다른 나라들의 추격도 만만치 않으므로 쉽게 단정할 수 있는 문제는 아니다.

한 가지 꼭 짚어 봐야 할 것은 이산화탄소 배출 문제다. 고로에서 철을 녹이려면 높은 온도가 필요하니 연료를 많이 태워야 하고, 환원 반응을 위해서는 그 연료로 석탄을 쓰는 것이 유리하다. 어쩔 수 없이 이산화탄소가 대량 발생하는 것이 현대의 제철 산업이다.

그런데 기후 변화 문제가 점점 심각해지고 있어서 지구 온난화의 원인인 이산화탄소를 대량 배출하는 업종에 대해서는 국제적으로 다양한 규제가 이루어지고 있으며, 그 규제가 점점 무거워지는 추세다. 이 말은 철을 만들어 경제를 발전시키는 한국 같은 나라에 대해 다른 나라들이 여러 가지로 제약을 가할 거라는 뜻이다.

그래서 현대의 제철 업체들은 어떻게든 이산화탄소 배출량을 줄이기 위해 다양한 방법을 연구하고 있다. 조금이라도 연료를 아끼는 방법을 고안하기 위해 애쓰는가 하면, 굴뚝으로 뿜어져 나오는 이산화탄소를 도로 빨아들이는 기술을 개발하는 데 투자하기도 한다.

다른 방향에서는 전기를 이용해 높은 온도를 만들어서 철을 녹이는 전기로電氣爐가 관심을 얻을 때도 있다. 현재의 전기로 기술에는 한계가 있어서 철광석을 직접 녹여서 철을 뽑아내지는 못하고, 이미 사용한 고철을 다시 녹일 때만 이용할 수 있다. 그렇지만 이산화탄소를 내뿜지 않고 전기를 만들어 내는 재생에너지를 사용한다면, 이론상으로는 이산화탄소 배출 없이 철 제품을 생산할 수 있다.

폐차장에 높다랗게 쌓인 자동차들만 봐도 알 수 있듯 요즘 세상에는 이미 많은 철이 생산되어 돌고 있다. 그러니 고철을 다시 녹여서 사용하는 기술만 잘 갖추어도 그 규모는 무시할 수 없을 정도로 클 것이다. 이미 한국에서는 대규모 전기로가 가동되고 있다. 이런 전기로가 소모하는 많은 전기를 이산화탄소 없이 만들어 내는 시설을 갖추는 것은 미래를 위한 중요한 과제다.

석탄을 이용해서 환원 반응을 일으키는 대신, 이산화탄소를 발생시키지 않는 다른 물질을 이용하는 완전히 새로운 방법을 궁리하는 사람들도 있다. 철광석 속에 있는 산소를 쉽게 뽑아내려면 산소를 잘 소모하는 반응을 철광석 옆에서 일으키면 될 것이다. 예를 들어 산소를 품은 어떤 물질이 만들어지는 반응이 일어나도록 하면 어떨까? 산소를 품은 물질 중에서 가장 흔하고 쉽게 생각해 볼 수 있는 것은 H_2O, 즉 물이다. 다시 말해 수소를 철광석에 뿌리면 철광석 속에서 산소가 뽑혀 나오면서 수소와 만나 물이 될 거라는 생각을 해 볼 수 있다. 이런 방법을 석탄을 안 쓰고 수소로 환원 반응을 일으킨다고 해서 흔히 수소환원제철이라고 부른다.

제철업계에서는 수소환원제철을 모든 것을 해결할 수 있는 미래의 꿈처럼 이야기할 때가 있다. 수소환원제철 방식으로 철을 생산하면 이산화탄소 대신 깨끗한 물만 나온다. 밥솥에서 모락모락 김이 올라오는 것 같은 모습으로 철을 만들어 낼 수 있게 된다. 그 원리도 그렇게 어렵지는 않다. 하지만 석탄보다 싼 값에 수소를 대량으로 구하는 것부터가 대단히 어려운 일이고, 철광석을 처리할 수 있을 정도로 수소를 정교하게 사용하는 장비를 새로 만들어 저렴하게 운영하는 것도 복잡한 일이다. 지금도 꾸준히 기술 개발이 이루어지고 있기는 하지만, 2050년 정도는 되어야 수소환원제철이 실용화될 거라는 전망이 나온다.

그러나 빈 땅에 제철소를 짓는 꿈을 이루었듯이 수소환원제철을 실현하는 꿈도 한 번 더 도전해볼 만하다고 생각한다. 도다리쑥국뿐 아니라 고기를 재료로 하는 음식에는 대부분 철분이 많다. 이것은 철을 몸속에서 활용하는 동물이 그만큼 세상에 흔하기 때문이고, 우리의 미래 역시 흔한 물질인 철을 널리 사용하는 세상으로 이어질 가능성이 크다. 그렇지만 기후 위기의 시대에는 원료인 철광석이 많이 생산되는 나라에서 철을 많이 만들 수 있는 것도 아니고, 석탄이 많이 생산되는 나라에서 철을 더 싸게 만들 수 있는 것도 아니다. 수소환원제철과 같이 이산화탄소를 배출하지 않는 기술을 가진 나라가 가장 많은 강철을 만들 수 있게 될 것이다. 자원이 부족해도 철을 다루는 기술만큼은 뛰어났던 한국에, 앞으로도 어울리는 일이라고 생각한다.

김밥을
말며

27

Co

코발트

흔히 듣고 쓰는 말 중에 비타민이 있다. 영양소 이름이지만 요즘에는 "너는 나의 비타민"이라는 식으로 상큼하고 좋은 것을 나타내는 비유법으로도 많이 쓰는 듯하다. 그러나 알고 보면 비타민은 복잡한 사연이 많은 영양소다.

비타민은 몸에 많이 필요하지는 않지만, 전혀 섭취하지 않으면 몸이 제대로 움직이지 않고 병이 들므로 항상 조금씩은 챙겨 먹어야 한다. 그래서 라틴어로 생명을 뜻하는 비타 ^{vita}라는 말과 질소가 들어간 화학물질 중 일부를 뜻하는 아민 ^{amine}이라는 말을 합쳐서 비타민 ^{vitamin}이라는 이름을 만들어 붙였다. 그런데 실제로 비타민 중에 질소 원자가 들어 있는 것은 몇 되지 않는다. 건강보조식품으로 친숙한 비타민C나 비타민D는 대표적인 비타민인데도 질소 원자가 들어 있지 않아서 아민과는 별 상관이 없다. 그러니 비타민이라는 이름은 옛 과학자들의 착각 때문에 탄생했다고 할 수 있다.

그나마 비타민B에는 질소 원자가 정말로 들어 있는 경우가 많다. 비타민B야말로 생명을 뜻하는 말 비타도 품고 있고, 아민도 될 수 있을 듯하니, 비타민의 대표로 꼽아도 될 것 같다. 그러나 옛 과학자들은 여기서도 실수를 저질렀다. 과거에는 그냥 비타민B라는 하나의 이름으로 부르면 충분하다고 생각했던 영양소들이 사실은 여러 가지로 나뉘어 있다는 사실을 기술이 발전하면서 뒤늦게 알게 된 것이다. 그래서 비타민B는 하나가 아니라 비타민B_1, 비타민B_2 같은 식으로 여러 가지가 있다. 하지만 그렇게 번호를 붙여 구분하다가 또 착각을 하는 바람에 번호 중에는 빠지고 건너뛰는 것도 있어서 딱 사람 헷갈리기 좋게 이름이 붙어 있다.

그러면 비타민B는 몇 번까지 있을까? 한때 비타민B는 12종류로 나뉜다고 생각했기에 비타민B_{12}까지 이름을 붙인 적이 있었다. 요즘에는 그 가운데 4개는 잘못 붙인 번호라고 보고, 총 8종류로 분류한다. 그중에 마침 비타민B_{12}가 현대 사회에서 꽤 많은 관심을 받고 있다.

비타민B_{12}는 곡식이나 채소에서는 좀체 발견하기가 어렵다. 그래서 대개 고기에 들어 있는 영양소로 간주한다. 최근 일부 지역에서는 고기를 생산하는 과정에서 환경이 오염된다거나, 동물의 목숨을 빼앗아 고기를 먹고 싶지 않다는 이유로 육식을 하지 않

으려는 사람이 늘어나는 추세가 보인다. 물론 고기가 포함되지 않은 음식에도 영양소들은 다양하게 들어 있으므로 고기를 먹지 않아도 어지간한 영양소는 몸으로 들어오게 된다. 그런데 비타민B_{12}는 고기가 아니면 여간해서는 보충하기가 쉽지 않다. 비타민B_{12}가 부족하면 빈혈이 생기거나 손발이 따끔따끔하거나 혹은 반대로 손발이 무감각해지는 등 몸에 문제가 생기면서 건강을 잃게 된다. 이렇게 되지 않으려면 어쩔 수 없이 조금의 고기는 먹는 수밖에 없다. 그게 아니라면 무엇인가 다른 방법으로 비타민B_{12}를 섭취해야 한다. 하다못해 인공적으로 과학자들이 만들어 낸 비타민B_{12} 알약을 먹는 방법이라도 써야 한다.

비타민B_{12}는 왜 이렇게 드문 것일까? 이유는 여러 가지인데, 그중 하나로 비타민B_{12}라는 물질을 이루고 있는 원소가 특이하다는 점을 꼽을 수 있다.

원소로 따져 보면 우리 몸의 성분은 대체로 산소, 수소, 탄소로 이루어져 있으며 질소도 비교적 많은 편이다. 다른 생물도 대개 비슷하다. 그래서 산소, 수소, 탄소가 조합되어 만들어진 영양소는 많다. 대표적으로 탄수화물이 그렇다. 설탕의 달콤한 맛이나 쌀밥의 담백한 맛이 바로 거기에서 온다. 지방도 별 차이가 없다. 비타민 중에서도 비타민A, 비타민C 등은 산소, 수소, 탄소로 이루어져 있다. 다들 흔한 재료로 만들어졌다.

그런데 비타민B_{12}는 너무나 독특하게도 코발트cobalt라는 금속 성분을 품고 있다. 이런 영양소는 매우 드물다. 금속 성분이라고 해도 동물 몸속에 많이 쓰이는 것들이 있긴 하다. 철분이 들어 있는 음식이 몸에 좋다는 이야기를 들어 본 적이 있을 것이고, 칼슘이 든 음식을 챙겨 먹으라는 이야기를 들어 본 적도 있을 것이다. 그런 만큼 금속 중에서도 철이나 칼슘 같은 성분은 몸속에 흔한 편이다. 그런데 무슨 까닭으로 비타민B_{12}는 코발트라는 특이한 금속 원소를 품고 있는 걸까?

무게 비율로 따진다면 비타민B_{12}에 코발트가 그렇게 많지는 않다. 비타민B_{12}라는 물질의 무게 중에 코발트의 무게는 4% 정도다. 그렇지만 코발트가 없다면 비타민B_{12}가 아니다. 비타민B_{12}의 가장 작은 한 조각을 확대해서 살펴보면, 마침 코발트 원자가 중심 가까운 곳에 자리 잡고 있다.

한 가지 이상한 것이 한국인들은 고기를 별로 먹지 않아도 비타민B_{12} 부족 증상을 덜 겪을 것으로 추정된다는 점이다. 한국인들은 무슨 초능력이라도 갖고 있단 말인가? 그게 아니면 한국에는 공기 중에 코발트 가루가 조금씩 떠다니기라도 하는 것일까?

답은 해조류에 있었다. 한국인들은 다른 나라 사람들보다 김, 미역, 다시마 같은 해조류를 많이 먹는 편이다. 우리는 흔히 해조류를 해초라고 부르면서 바다에서 자라나는 식물로 취급하지만, 사실 해조류의 구조나 습성은 일반 식물과는 대단히 다르다. 여러 가지 단계를 거쳐 변신하며 살아가는 김의 습성을 살펴보면 이렇게 기이한 생물이 다 있나 싶을 정도로 낯설다. 그런 특이한 형태로 바닷속이라는 특별한 공간에서 살아가는 습성 덕택에 해

김밥을 말며

조류는 다른 생물에서는 쉽사리 찾아보기 어려운 귀한 영양소를 가진 것이 많다. 코발트가 들어 있는 비타민B$_{12}$를 김이 많이 품고 있는 것도 아마 그 때문일 것이다.

김이나 미역 같은 해조류를 다양하게 많이 먹는 나라는 의외로 많지 않다. 맛도 독특하고 비타민B$_{12}$처럼 고기가 아니고서는 찾기 힘든 귀한 영양소도 들어 있는 김은 한국의 개성 있는 식재료다. 요즘에는 한국의 상징 식품처럼 여러 나라로 수출된다. 해마다 전 세계 각국에 5000억 원어치 이상의 김이 수출되고 있는데, 한국 농수산물 중에는 이렇게 수출이 잘 되는 사례가 별로 없다. 그래서 말 만들기 좋아하는 기자들은 김을 바다의 반도체라고 쓰기도 한다.

한국의 수출 산업과 코발트가 더 긴밀하게 엮여 있는 분야를 찾아보라면 김보다야 리튬이온배터리다.

기후 변화 문제가 심각해지는 시대가 되어 전기차가 유행하고 있다. 게다가 태양광발전소에 배터리를 연결해서 전기를 충전해 놓기 위한 목적 등으로도 리튬이온배터리의 수요는 더 늘어나고 있다. 마침 한국 회사들은 일찌감치 전자 제품을 생산하기 위해 리튬이온배터리를 발 빠르게 개발해 왔다. 그래서 리튬이온배터리 산업이 어떻게 되어 가느냐에 따라 앞으로 한국 경제가 더 성장해 한국인들이 더 부유해질 수도, 가난해질 수도 있다고 생각하는 사람도 꽤 많다.

조금씩 다른 여러 방법으로 만드는 리튬이온배터리 중에서도 성능이 뛰어난 편으로 평가받는 것은 니켈, 코발트, 망가니즈를 첨가해 만드는 NCM배터리다. 그리고 코발트는 이 셋 중에서도 특히 주인공처럼 취급받는 물질이다.

원래 코발트는 다른 금속과 적절히 섞어서 강한 자력을 내는 용도로 사용하기 좋은 금속이었다. 그래서 리튬이온배터리가 널리 퍼지기 전에는 코발트로 강력한 자석을 만들어서 자기나 전기를 이용하는 각종 장치에 요긴하게 쓰이는 것으로 유명했다. 그런데 코발트를 잘 사용하면 배터리를 가볍게 만들면서도 전기를 많이 담아 두고 오래 사용할 수 있으면서 상당히 안전하게 성능까지 높일 수 있다는 사실을 과학자들이 알아냈다. 그런 까닭으로 요즘 코발트는 무엇보다 배터리를 위한 금속으로 자리 잡게 되었다.

배터리의 화학반응을 따져 보면 리튬이 가장 중요한 역할을 하기에 리튬이온배터리라고 부르지만, 막상 사용되는 금속의 무게 비율을 보면, 요즘 NCM배터리에서는 리튬보다 코발트가 더 많이 쓰일 때도 있다. 그만큼 코발트는 성능 좋은 리튬이온배터리를 만드는 데 꼭 필요한 재료다. 그렇다 보니 코발트 가격이 너무 오르면 한국 배터리 회사가 돈을 잘 벌지 못할 것 같다는 전망이 나오기도 하고, 반대로 코발트 가격이 내려가면 그 덕분에 한국 배터리 회사의 주식 가격이 오르면서, 한국 경제 전체가 좋아질 거라는 등의 예상도 드물지 않게 나온다.

현재 코발트는 전 세계 물량의 절반 이상이 아프리카 대륙의 중심에 자리 잡은 콩고민주공화국이라는 한 나라에서 생산되고 있다. 콩고민주공화국은 그보다 조금 더 작은 나라인 콩고 바로 옆에 있는 나라로, 영어 이름 Democratic Republic of the Congo의 약자를 따서 DR콩고라고도 한다. 과거에는 자이르 또는 자이레라고 부르던 때도 있었다. 그런데 콩고민주공화국의 정치 상황이나 치안 상태는 상당히 불안하다는 평가를 받고 있다. 한국에서 콩고 왕자라는 별명으로 유명한 방송인 조나단이 어린 시절에 가족과 함께 콩고민주공화국을 떠나 한국으로 온 것도 이러한 문제로 난민이 되었기 때문이다.

19세기 말 콩고민주공화국은 벨기에 왕 레오폴드 2세에게 지배받고 있었으며, 당시에는 고무나무를 기르는 산업이 유행했다. 이 당시 콩고민주공화국 사람들이 당한 처참한 대우는 강대국이 약소국을 점령하고 괴롭힌 19세기 역사의 여러 사례 중에서도 가장 심각한 수준이라고 할 수 있다. 당시의 참혹한 상황을 묘사한 글이나 촬영한 사진을 보면 "어떻게 선진국이라는 나라 사람들이 이럴 수가 있나?" 하는 생각이 들 정도다.

콩고민주공화국은 1960년에 독립했으나, 혼란한 상황에서 곧 독재 정치가 시작됐고, 독재가 끝난 뒤에는 다시 내부의 세력 다툼에 주변 나라들이 가세하면서 참혹한 전쟁이 이어졌다. 특히 1990년대 말과 2000년대 초에 있었던 전쟁은 아프리카판 세계 대전이라는 별명이 붙을 정도로 많은 세력이 관여했고, 그 피해도 대단히 컸다. 이렇게 큰 전쟁이 있었는데, 선진국 사람들의 관심이 덜한 아프리카 중앙 지역의 사건이라는 이유로 너무 덜 알려진 것 같다는 생각이 든다.

1990년대 말과 비교하면 지금 콩고민주공화국은 무력 충돌의 피해가 어느 정도 줄어든 것으로 보인다. 그렇지만 몇몇 지역에는 여전히 별도로 자기 세력을 유지한 군인들이 있고 치안은 불안하다. 그리고 그 군인 중에는 콩고민주공화국에서 큰돈을 벌수 있는 광산을 차지하고서, 거기서 나오는 코발트 같은 자원을 팔아 세력을 더 키우려는 무리가 있다. 또 개중에는 광산을 차지하기 위해 여러 잔인한 일을 벌이는 무장 세력도 있어서 지금도 끊임없이 피해자가 나오고 있다.

이 때문에 콩고민주공화국의 코발트를 함부로 사다 써도 되느냐 하는 문제가 2010년 무렵부터 제기되었다. 무법천지 같은 지역에서 어떻게든 코발트만 구해 오면 선진국에서 돈뭉치를 주니까 다들 코발트를 두고 무섭게 싸우게 된 것 아닌가, 그러니 선진국 사람들이 타고 다니는 전기차 속에는 그 코발트를 캔 사람들이 흘린 피가 묻어 있는 것이나 다름없지 않냐는 지적이었다.

경제적인 면으로만 따져 봐도 콩고민주공화국의 혼란스러운 상황이 어떻게 바뀌느냐에 따라 갑자기 코발트 가격이 비싸지기도 하고 싸지기도 하면서 배터리 사업 계획이 덩달아 혼란스러워지기도 한다. 이런 상황은 경제 전체를 혼란에 빠트릴 수 있는 문제다.

그렇다 보니 요즘에는 NCM배터리보다 성능은 좀 떨어져도, 값이 싸고 문제의 코발트를 사용하지 않아도 되는 LFP^{lithium ferric phosphate}배터리, 즉 리튬인산철배터리도 괜찮지 않겠냐는 주장이 자주 나온다. 실제로 자동차용 배터리를 가장 많이 판매하는 중국 배터리 회사들에서 코발트를 어느 정도 포기하고 LFP배터리를 싸게 많이 만들어 팔면서 성공을 거두는 현상이 2020년대 들어 나타나고 있다. 혹은 콩고민주공화국산 코발트보다 양은 훨씬 적지만 유럽의 핀란드에서 캐내는 코발트에 주목하는 기사가 눈길을 끌기도 한다.

한국 사람들이 먹고사는 문제에 리튬이온배터리가 중요한 몫을 하는 만큼, 코발트로 연결된 한국과 콩고민주공화국의 관계도 가깝게 닿아 있다. 과연 코발트를 쓰지 않고 콩고민주공화국과 거래를 끊는 것이 최선일까? 국제 정치학에서 자주 사용되는 표현으로 "자원의 저주"라는 말이 있는데, 코발트가 많이 난다는 이유로 콩고민주공화국의 정세가 더 나빠지는 현실은 누가 봐도 답답한 상황이다. 콩고민주공화국의 혼란을 해결하려면 누가 어떤 방법을 쓰는 것이 옳을까?

코발트라는 금속 이름은 본래 코볼트^{kobold}라는 괴물 이름이 변형되어서 생긴 말이라는 것이 중론이다. 코볼트는 지하 세계에 사는 괴물로, 독일 지역의 전설에 등장한다. 키가 작고 심술 궂으며 사람들을 잘 괴롭히는 종족으로 묘사되곤 한다. 요즘도 컴퓨터 게임이나 만화에서 주인공이 괴물을 물리치는 장면에 코볼트가 적으로 등장하는 사례가 간혹 있다.

옛 독일 사람들 사이에서는 구리나 은처럼 그 당시에 잘 팔리던 금속을 캐려고 산속 깊이 굴을 파고들어 갔으나 정작 구리나 은은 없고 원치 않은 다른 금속만 있을 때, 코볼트의 장난에 속아 허탕을 쳤다는 이야기가 퍼졌다. 그러다가 허탕 칠 때 나오는 금속을 코볼트라고 부르게 되었고, 점차 그 말이 변해 코발트가 되었을 거라는 주장이 있다. 마침 코발트가 다른 원자와 반응을 일으켜 만들어지는 물질 중에는 오묘한 파란색을 내는 것들이 꽤 많다. 좀 더 상상력을 발휘하면, 독일 사람들이 광물을 캐러 굴속 깊이 들어갔다가 이상한 파란 빛을 내는 돌을 보고 그게 괴물의 파란 눈빛 같다고 생각해서, 그곳에 코볼트가 산다는 이야기가 퍼진 게 아닐지 짐작해 볼 수도 있다.

막상 순수한 코발트만 잘 정제해서 모아 보면, 그 색깔은 회색 내지는 은색 같은 평범한 금속 빛이다. 그런데 혹시 코발트블루라는 색깔 이름을 들어 본 적이 있지 않은가? 또는 파란색 옷이나 신발에 색깔을 나타내는 뜻으로 "코발트"라는 말이 적혀 있거나, 파란 하늘이나 바닷물을 "코발트 빛"이라고 묘사한 글을 본 적이 있을지도 모르겠다. 이런 말은 코발트 그 자체보다 코발트를 다른 원소 성분과 함께 활용해서 만든 진하고 시원한 느낌의 파란색 물감, 파란색 색소가 너무나 유명하기 때문에 생긴 것이다. 만약에 누가 옷을 사면서 "코발트색으로 주세요" 했는데, 옷

파는 사람이 파란색 제품을 주지 않고 쇳덩어리 비슷한 회색 옷을 주면서 "원래 순수 코발트 덩어리는 이런 색입니다" 한다면 무척이나 당황스러울 것이다.

중세 시대 중동 지역은 화학과 관련된 기술이 상당히 발달한 편이었다. 그래서 이 지역 사람들이 코발트가 들어 있는 물질을 가공해서 멋진 파란 물감을 만들어 내는 데 성공했다. 그리고 파란 물감은 이 지역 사람들의 수출 제품으로도 상당한 인기를 끌었다. 어찌나 인기가 있었는지, 중동 지역 제품이 중앙아시아로 퍼져 나가고 이것이 다시 중국으로 퍼지고 그 주변으로 또 퍼져서 한국 사람들도 이 파란 물감을 즐겨 사용했다. 흔히 이슬람교를 한문으로 회교回教라고 한 까닭에 고려 시대, 조선 시대 한국인들은 이 파란 물감을 회교인들의 파란색이라고 해서, 회청이라고 불렀다.

특히 조선에서 회청이 쓰인 가장 유명한 용도는 도자기에 그림을 그리는 물감이었다. 도자기는 가마에서 높은 온도로 구워 만들기 때문에, 평범한 물감을 사용하면 물감이 화학반응을 일으켜 그림이 불타 버린 모양으로 흉측하게 변하기 십상이다. 하지만 회청을 이용하면 오히려 멋진 푸른 빛이 살아나서 분위기 좋은 그림이 들어간 도자기를 만들 수 있다. 이렇게 해서 만들어진 도자기를 흔히 파란색 빛깔이 아름다운 흰 도자기라고 해서 청화백자青華白瓷라고 부른다.

생전에 한국 최고의 부자였던 이건희 회장이 회사 미술관에 보관하고 있던 온갖 미술품과 보물 중에서도 특별히 과감하게 사들인 물건으로 청화백자매죽문호靑華白瓷梅竹文壺(국보 정식 명칭은 '백자 청화 매죽문 항아리'이다)가 있다. 이 보물은 대한민국 국보로도 지정된 정부 공식 인증 보물인데, 바로 회청으로 매화와 대나무를 파랗게 그려 넣은 흰색 도자기다. 코발트블루라고 하면 어쩐지 이국적인 패션 용어인 것 같고, 청화백자라고 하면 오래 묵은 유물 같지만, 알고 보면 코발트를 활용해서 만든 같은 파란색에서 나온 말이다.

한때 회청을 구하기가 힘들어지자 조선에서 자체 기술로 회청을 만들기 위해 도전했던 적도 있었다. 15세기 중반에 회청을 만들기 위해 노력한 기록이《조선왕조실록》에 보인다. 1463년 음력 5월 24일 기록을 보면 강진에서 회청을 얻어 조정에 보냈다는 내용이 있고, 같은 해 음력 7월 3일 기록에는 경상도에서 여러 특산물을 조정에 보냈다고 하는데 그중에 밀양, 의성 등에서 보낸 물품으로 돌과 비슷한 회청이 포함되어 있다. 그러니 적어도 회청 비슷하게 사용할 수 있는 무엇인가를 전국 여기저기에서 구하는 데까지는 성공한 것 같다. 그러나 세월이 좀 더 흐른 뒤인 1469년 음력 10월 5일 기록에 강진의 회청 중에는 간혹 진짜가 있으니 더 열심히 실험하자는 정도의 언급이 있는 것으로 보아, 넉넉히 사용할 만큼 대량으로 생산하는 수준에는 도달하지 못한 것 같다.

20세기 들어 과학 기술이 발달한 후에 한반도에서 실제 코발

트 광산을 운영해 많은 코발트를 생산한 적이 있었다. 이 사실로 미루어 볼 때, 콩고민주공화국 같은 곳과 비교할 바는 못 되지만 한반도 곳곳에도 코발트가 어느 정도는 있다고 짐작할 수 있다. 그러니 조선의 기술자들이 물감 만들 코발트 성분을 찾으려고 도전한 것은 가능성이 꽤 있는 일이었다고 볼 수 있겠다. 20세기에 운영된 한반도의 코발트 광산으로는 경산의 코발트 광산이 유명한데, 안타깝게도 이 광산은 코발트 생산보다는 한국전쟁 때 그곳에서 일어났던 비극적인 인명 살상 사건으로 더 잘 알려졌다.

세계의 많은 나라가 자본주의와 공산주의로 나뉘어 대결했던 냉전 시기에는 코발트를 이용해서 아주 강력하고 무서운 무기를 개발한다는 계획이 진행된 적이 있다. 그 시작은 코발트60이라는 물질의 성질과 관련이 있다. 코발트60은 자연 상태에서는 찾기 어려운 물질로, 대개 인공적으로 생산된다. 보통 자연에서 캐내는 코발트보다 무게가 약간 더 나가는데, 59:60 정도로 무겁다. 이름이 코발트60인 것 역시 그런 성질 차이 때문이다.

코발트60의 가장 주목할 만한 성질은 방사선을 꽤 긴 시간 동안 강하게 내뿜는다는 것이다. 그래서 방사선을 쏘아 파괴해야 하는 물질이 있을 때 코발트60을 그 곁에 갖다 놓으면 없앨 수 있다. 이 때문에 1963년 우리나라에서 처음으로 방사선 치료 방법을 이용해서 암을 치료하려고 할 때, 바로 코발트60을 활용했다.

코발트60을 최대한 암세포 가까이 두면 코발트60에서 나오는 방사선이 암세포를 파괴하도록 할 수 있다. 그뿐 아니라 세균이나 바이러스를 파괴하는 소독 작업을 철저히 해야 할 때도 소독하고 싶은 물건을 코발트60 근처에 놓아두면 거기서 나오는 방사선이 미생물을 파괴해 버린다. 코발트60은 이렇듯 유용하게 쓸 수 있는 물질이다.

코발트60 같은 방사성 물질은 보통 원자력을 이용해서 만들어 낸다. 예를 들어 우리나라의 월성 원자력발전소를 운영하는 과정에서 발생하는 핵반응을 이용하면 코발트60을 꾸준히 만들어 낼 수 있다. 원자력발전소 중심부에 적당한 재료를 우라늄 핵연료와 함께 집어넣고 가동하면 그 속에서 코발트60이 생겨나므로 나중에 그것만 뽑아내서 사용하면 된다.

실제로 한국에서 이런 사업을 해 보자는 의견이 몇 차례 나온 적이 있다. 2022년에 임인철 한국방사선산업학회장은 본격적으로 우리나라가 코발트60을 생산하면 전 세계에서 필요한 양의 10% 정도는 만들어 팔 수 있을 거라고 내다봤다. 자연에서 캐낼 수 있는 코발트는 조금밖에 없지만, 인공적으로 만드는 코발트60은 한국의 원자력 장비와 기술을 이용해서 대량 생산할 수 있다는 주장이다.

그런데 냉전 시기에는 바로 이 원리를 이용해서 코발트60 무기를 만들겠다는 생각을 한 사람들이 꽤 많이 있었다. 핵폭탄 주변에 코발트60을 만들 수 있는 재료를 발라 놓고 그 핵폭탄을 터

뜨리면 코발트60이 한꺼번에 많이 생겨날 것이고, 이것이 방사선을 내뿜으며 사람을 공격할 거라고 본 것이다. 원래는 암세포나 병균을 공격하기 위해 사용하는 물질인데, 그것을 사람들이 사는 곳에 흩뿌리면 건강한 사람들의 평범한 세포도 방사선의 공격을 받아 병들게 할 수 있다는 계획이었다.

냉전 시기 군인들은 어마어마하게 많은 수의 핵무기를 만들어서 적에게 모조리 퍼붓는다면 상대방이 짧은 시간 안에 전멸하여 반격할 기회도 얻지 못할 거라는 구상을 하고 있었다. 이것을 핵 선제공격이라고 한다. 만약 그런 공격을 받는다면 당하는 처지에서는 아무리 강한 핵무기를 갖고 있더라도 한번 써보지도 못하고 패배하게 될 것이다.

그래서 그에 대항하기 위해 나온 전략으로 "심판의 날 기계 doom's day machine"라는 것을 구상하게 되었다. 이것은 특수한 방어무기나 적에게 반격할 무기를 만들자는 이야기가 아니다. 그냥 세상을 모조리 망하게 해 버리는 무서운 무기를 하나 만들어서 어딘가 깊숙한 곳에 숨겨 놓자는 발상이다. 그리고 이 무기는 관리하는 사람이 사라지면 자동 작동하도록 해 둔다. 만약 적이 공격해서 우리를 전멸시킨다면 무기를 관리하는 사람도 없어져서 심판의 날 기계는 자동으로 작동할 것이다. 그러면 너 나 할 것 없이 온 세상이 통째로 망하게 된다. 이런 장치를 만들면 상대방이 아무리 강한 전력戰力을 가졌더라도 세상이 망하는 것이 두려워서 선제공격을 못 할 거라고 본 것이다.

당시 심판의 날 기계로 유망했던 장치가 바로 코발트60을 이용하는 핵폭탄으로, 흔히 코발트탄이라고도 한다. 심판의 날 기계로 이 핵폭탄을 사용할 때는 목표를 정하고 날아가 공격하는 평범한 방식으로 사용하지 않는다. 딱히 목표를 정확히 맞힐 필요도 없다. 극단적으로는 그냥 제자리에서 터져도 상관없다. 대신 그 과정에서 최대한 많은 코발트60을 만들어 미세먼지 같은 형태로 온 세상에 퍼져 나가게 하면 된다. 강한 방사선을 뿜어내는 코발트60 미세먼지가 바람을 타고 온 세상에 퍼져 나가면, 결국 세상에 방사성 물질이 가득 퍼져서 몇 년 안에 아군도 적군도 중립 부대도, 전쟁과 아무 상관이 없는 누구라도 목숨을 잃게 된다. 황당한 자폭 장치 같지만, 냉전 시기에는 이런 생각도 말이 된다고 보았다. 이런 무기는 특정 목표를 제거하는 것이 아니라, 우리를 공격하면 자동으로 온 세상을 다 파괴해 버리겠다고 협박하기 위한 장치이기 때문이다.

현대 과학자들은 아무리 코발트60을 이용한 핵무기라고 하더라도 그 정도로 강력한 위력을 내기는 어렵다고 평가하기도 한다. 그러나 과거의 SF 영화나 소설 중에는 그 무서움을 다룬 이야기들이 꽤 많았다. 아마도 실현 가능성을 떠나서 이런 광기 어린 무기를 구상하는 사람들이 있었고, 세상이 그런 방향으로 흘러왔다는 사실이 너무 답답했기 때문일 것이다.

다행히 냉전 시기와 비교하면 그래도 세상이 조금 더 평화로워지지 않았나 싶다. 그리고 평화를 위한 노력이 좀 더 많아져서,

맛있는 김 속에 들어 있고 아름답고 상쾌한 하늘빛을 표현하는데 사용하는 코발트를 끔찍한 무기로 사용하는 일은 아무도 생각하지 않는 세상이 되기를 바란다.

초콜릿을
조심하길

28	Ni
	니켈

　도대체 씨앗은 어떻게 흙을 재료로 식물의 몸을 만들어 내는 것일까? 누가 흙덩어리와 물을 건네면서 그걸 재료로 섬유질 음료나 샐러드를 만들어 보라고 한다면, 어떻게 흙으로 먹을 걸 만들 수 있느냐 싶을 것이다. 아닌 게 아니라 다양한 최신 과학 기술을 갖춘 학자들의 실험실에서도 흙에 든 성분으로 식물의 몸을 이루는 여러 영양분을 만들어 내기란 쉬운 일이 아니다. 그러나 식물의 씨앗은 아무렇지도 않게 그 놀라운 일을 해낸다. 게다가 아주 드물게 가끔 한 번씩 그런 일이 벌어지는 것도 아니다. 씨앗은 지금도 세상의 산과 들에 얼마든지 널려 있고, 곳곳에서 뿌리를 내리고 자라나기 시작하면 흙 속에서 재료가 되는 성분을 빨아들여 그것을 식물의 몸체로 바꾸어 나간다.

　이런 일이 가능한 것은 씨앗 속에 아주 절묘한 기능을 가진 효소라는 화학물질들이 있기 때문이다. 효소는 대단히 복잡하고 어려운 화학반응이 간단히 일어나도록 도와주는 물질이다. 불가능에 가까운 반응을 너무나 쉽게 일으키다 보니 생물 몸속에서 효소 때문에 일어나는 일들이 별것 아닌 듯 느껴질 정도다. 가령 사람이 설탕물을 너무 많이 마시면 살이 찔 것이다. 이것은 너무나 당연한 사실이라서 이런 일에 별다른 신비함을 느끼는 사람은 없다. 그렇지만 설탕물 한 바가지를 퍼 와서 몇 날 며칠을 두고 보면서 끓이고 식히고 지지고 볶아 본들, 설탕물이 살로 변하지는 않는다. 그런데 설탕물이 몸속에 들어오면, 여러 효소가 설탕물을 이루고 있는 원자들을 이리저리 분해하고 그 원자들을 다시 재료로 삼아 살을 만들어 준다.

이렇게 복잡한 반응을 일으키다 보니 효소 속에는 생물을 이루는 물질에서는 보기 힘든 독특한 성분이 들어 있는 경우가 종종 있다. 예를 들면 니켈nickel 같은 금속 성분을 아주 약간 품고 있는 효소가 있다. 사람이 니켈 가루를 그냥 들이마신다면 몸에 해로울 수 있다. 그래서 니켈을 다루는 공장에서는 이 물질이 먼지 형태로 날리지 않게 특별히 관리한다. 하지만 아주 적은 양의 니켈이 다른 원자들과 함께 조합되어 효소라는 물질을 이루고 있으면 생물의 활동에 꼭 필요한 놀라운 일을 해낸다.

대체로 씨앗 종류의 식품 속에는 다른 물질보다 니켈이 조금 더 많이 들어 있다. 현미 속에도 니켈이 약간 있고, 초콜릿의 재료인 카카오 속에도 다른 식품보다 니켈이 많은 편이라고 알려

져 있다. 이 때문에 니켈 알레르기로 고생하는 사람들일수록 카 카오 성분이 든 초콜릿은 많이 먹지 않는 게 좋다고 하는 사람들도 있다.

한국에서는 유산균 음료 광고 덕분에 널리 알려진 미생물이 있다. 헬리코박터 파일로리_Helicobacter pylori_ 또는 간단히 헬리코박터균이라고 부르는 세균이다. 속이 쓰리고 위가 아파서 고생하는 사람들을 연구하던 어느 학자가 특정 세균이 위 속에 살면서 병을 일으키는 게 아닐지 막연히 짐작하던 시절이 있었다. 그러나 위 속에는 위산이라고 부르는 염산 성분이 흘러나온다. 그래서 어지간한 생물은 모두 견디지 못하고 염산에 녹아 없어져 버린다. 그렇다 보니 한편에서는 세균이 위에 병을 일으키는 것은 불가능하다고 보기도 했다.

그러나 배리 마셜_Barry J. Marshall_ 박사는 염산이 넘실거리는 사람 위장 속에서도 버티며 살아가는 헬리코박터균을 발견해 냈다. 그 덕택에 위장병의 중요한 원인 한 가지를 밝혀낼 수 있었다. 마셜 박사는 그 공로로 노벨상을 받았다.

나중에 과학자들이 더 연구해 보니 헬리코박터균이 염산으로부터 자신을 방어할 수 있었던 이유는 그것이 가진 특이한 효소 덕택이었다. 헬리코박터균은 니켈 원자가 아주 조금 들어 있는 효소를 사용한다. 헬리코박터균이 그 효소를 뿜어내면 사람 몸에서 어렵잖게 볼 수 있는 요소라는 물질이 암모니아로 분해된다. 암모니아는 산성의 반대인 염기성을 띠므로, 위에서 나오는 염산과 섞여 중화시키는 역할을 한다. 쉽게 말해, 헬리코박터균 몸 바깥에 방어막이 생기는 셈이다.

요소를 영어로 유레아urea라고 하므로 이런 효소를 유레이스urease, 또는 우레아제라고 부른다. 니켈이 들어 있는 유레이스는 농사나 생태계 연구에서도 상당한 관심거리다. 요소는 비료로 땅에 많이 뿌리는 물질 중 하나다. 그런데 땅에 암모니아가 너무 많아지면 암모니아의 독성 때문에 생물이 사는 데 방해가 될 수 있다. 만약 흙 속에 니켈이 든 효소를 가진 미생물이 너무 많이 살고 있다면, 최악의 경우, 요소가 온통 암모니아로 분해돼 버려서 비료 역할은 별로 못하고 독소만 많아지는 사태가 벌어질 수도 있다. 한 생물이 살아남기 위해 사용하는 효소가 다른 생물의 삶을 망칠 수도 있는 것이다. 그러니 이런 일이 어떨 때 얼마나 자주 일어나는지 알아야 식물이 잘 자라도록 땅을 돌볼 수 있다.

위장병을 일으키거나 농사를 망치는 미생물과 니켈 사이의 이런 간접적인 관계가 밝혀진 것은 20세기의 일이지만, 그전에도 니켈은 어쩐지 사악한 물질로 취급된 적이 있다. 그러나 그때는 니켈이 억울하게 누명을 쓴 것이라고 봐야 한다. 니켈이라는 이름에도 그 누명이 남아 있다. 니켈이라는 말은 독일 사람들이 과거에 악마라는 뜻으로 쓰던 말에서 따온 이름이기 때문이다.

18세기 무렵, 독일의 광부들 사이에는 구리를 캘 때 잘못하면 무서운 물질에 피해를 볼 수 있다는 전설 같은 이야기가 돌고 있

었다. 구리를 캐려고 광산에서 작업하다 보면 구리가 들어 있을 것 같은 돌을 캘 수 있는데, 막상 그 돌을 캐서 녹이다가 큰 불행을 당할 수 있다는 내용이었다. 아마도 돌에서 악령 같은 것이 나와서 사람을 아프게 하거나 목숨을 빼앗아 간다는 식으로 생각했던 것 같다. 당시에는 구리가 귀한 금속에 속했던 만큼, 돈을 벌 생각에 눈이 멀어 구리가 든 돌을 마구잡이로 캐내는 탐욕스러운 짓을 하다가는 악마에게 홀리게 되고, 그러면 기껏 캐낸 돌을 녹여서 구리를 얻으려는 순간, 악마가 그 사람을 잡아간다는 식의 이야기였을 테니, 꽤 무시무시하게 들린다. 독일 광부들은 그 무서운 돌을 구리를 뜻하는 말 쿠퍼와 악마를 뜻하는 말 니켈을 합쳐서 쿠퍼니켈kupfernickel, 즉 구리 악마라고 불렀다.

정말로 돌 속에 악마가 살 리는 없지 않은가? 과학이 발전하면서 사람들은 도대체 구리 악마라는 돌은 보통 구리와 무엇이 다르기에 이상한 현상을 일으키는지 조사해 보았다. 스웨덴의 화학자 악셀 크론스테트트Axel F. Cronstedt는 구리 악마라고 부르는 돌 속에 뭔지 모를 새로운 금속이 있다는 사실을 알아냈다. 그리고 후대의 학자들은 그 새로운 금속만을 순수하게 분리해 내는 데 성공했다. 이 과정에서 새로운 금속의 이름이 니켈로 알려지게 되었다. 쿠퍼니켈이라는 이름에서 구리를 뜻하는 쿠퍼를 제외한 이름이었다.

그런데 그렇게 성분을 밝혀 놓고 보니, 애초에 쿠퍼니켈이 위험했던 까닭은 새로 발견된 니켈과는 별 상관이 없었다. 보통 그런 돌 속에는 구리, 니켈 등의 성분과 함께 비소 계통의 물질이 들어 있는 경우가 많은데, 바로 그 비소가 사람을 아프게 한 것으로 추정된다. 그러니 니켈이 악마라는 뜻의 이름을 얻은 것은 억울할 만도 한 일이다.

그렇지만 니켈의 용도를 살펴보자면 이 금속을 탐욕과 연결해 볼 만한 소지가 여전히 남아 있다. 많은 나라에서 니켈을 재료로 돈을 만들기 때문이다. 미국에서는 5센트짜리 동전을 흔히 니켈이라고 부른다. 그래서 동전 몇 잎의 싼 가격에 영화를 볼 수 있는 옛날 싸구려 극장을 영어에서는 니켈로디언nickelodeon이라고 부르기도 한다. 나라에 따라서는 거의 니켈 덩어리로 동전을 만드는 곳도 있다. 한국의 100원짜리, 500원짜리 동전에도 몇십 퍼센트 정도로 적지 않은 양의 니켈이 들어 있다.

사람은 체질에 따라 특정 금속에 알레르기 반응을 보이기도 한다. 그중에 니켈 알레르기가 있는 사람도 꽤 있다. 그런데 니켈로 이루어진 물질을 별로 만지지도 않은 것 같은데 알레르기가 일어난다면, 동전을 만졌기 때문일 가능성도 생각해 볼 수 있다. 한국어 관용 표현으로 돈에 너무 집착해서 이상해진 사람을 보고 "돈독이 올랐다"고 하는데, 원래 뜻을 거슬러 올라가 보자면, 니켈 같은 돈의 금속 성분 때문에 알레르기 반응이 일어나서 사람이 병든 것처럼 이상해졌다는 뜻이다. 그러니 니켈 성분을 동전에 많이 쓰는 요즘 시대에 돈독이 오른 것은 니켈 독이 오른 셈이라고 할 수 있겠다.

초콜릿을 조심하길

혹시 동전銅錢이라는 말은 동으로 만든 돈, 즉 구리로 만든 돈이라는 뜻인데 왜 100원짜리나 500원짜리는 구리 색깔이 나지 않는지 궁금했던 적이 있는가? 동전 중에는 구리를 거의 쓰지 않고 알루미늄 등의 성분을 많이 써서 당연히 구리 색깔이 나지 않는 것도 있기는 하다. 그렇지만 100원짜리, 500원짜리 동전에는 분명히 구리가 주성분으로 가장 많이 들어 있다. 그런데도 왜 불그스름한 구릿빛이 아닌 하얀빛, 은색으로 보이는 것일까? 이런 동전에는 니켈이 섞여 있기 때문이다. 니켈이 색깔을 바꾼다.

금속의 색깔은 전자라는 아주 작은 알갱이가 어느 정도의 에너지로 그 속을 돌아다니고 있느냐에 따라 정해진다. 조금 단순화해서 전자가 어느 정도의 속력으로 금속 안을 돌아다니느냐와 관련이 깊다고 보아도 좋다. 물질이 빛을 받으면 어떤 빛은 튕겨내고, 어떤 빛은 빨아들이는데, 이것은 전자가 돌아다니는 속력, 즉 전자의 에너지에 따라 달라진다. 그러니까 전자의 에너지가 어느 정도인지에 따라 빛 중에서도 에너지가 강한 빛을 빨아들이기도 하고 에너지가 약한 빛을 빨아들이기도 한다. 이때 전자가 어느 빛을 빨아들이느냐에 따라 우리 눈에 보이는 색깔이 달라진다.

서로 다른 성질을 가진 금속들을 적당히 섞어 놓으면 전자가 돌아다닐 수 있는 환경이 달라진다. 그러면 전자가 돌아다니는 속력이 바뀔 것이고, 이에 따라 빨아들이는 빛이 달라질 것이며, 우리 눈에 보이는 색깔도 바뀔 수 있다. 니켈을 구리나 금 같은 금속과 섞으면, 구리나 금에 있던 전자가 특정 빛을 빨아들여 특유의 빛깔을 내던 상태가 달라지므로 원래의 구리나 금의 색이 나지 않는 것이다.

이렇게 구리와 니켈을 섞은 금속을 보통 백동이라고 부르고, 금과 니켈을 섞은 금속을 화이트골드라고 부른다. 화이트골드는 흰 금이라는 뜻이니까 그게 바로 백금이라고 착각하는 사람이 상당히 많은데, 화이트골드는 백금과는 상관없는 물질이다. 백금은 번역하다 보니 그런 이름이 붙었을 뿐, 사실 금과도 별 상관없는 완전히 다른 귀금속으로, 주기율표에도 백금_{원소 기호 Pt}은 78번, 금_{원소 기호 Au}은 79번으로 따로따로 적혀 있다. 백금은 금보다 구하기가 어려울 때도 많지만, 화이트골드는 금에 니켈을 섞은 것이므로 같은 무게의 금보다 값이 조금이라도 싼 경우가 많다.

조금 더 세밀히 살펴보면 화이트골드뿐 아니라 백동에도 혼란은 남아 있다. 《삼국사기》에 옛날 신라 군대에서는 깃발 장식으로 백동이라는 물질을 썼다는 기록이 있다. 그런데 우리가 알고 있는 백동이 구리와 니켈을 섞은 금속이라면, 18세기 스웨덴 화학자가 니켈을 발견하기보다 1,000년 먼저 신라에서는 이미 자유자재로 니켈을 활용할 줄 알았다는 뜻일까?

그렇지는 않다. 과거 한국에서 백동이라고 부른 것은 니켈과 관계없이 그냥 구리에 적당히 다른 물질을 섞어 구리 색깔을 없앤 또 다른 재료를 부르는 말이었던 것으로 추측된다. 그러다가 근대에 들어 니켈과 구리를 섞은 금속이 만들기도 좋고 빛깔도

좋고 잘 녹슬지도 않아 사용하기도 좋다는 것이 알려지면서 과거에 백동을 사용하던 분야에 널리 쓰이게 되었다. 그러면서 말뜻이 약간 바뀐 것이라고 보아야 한다. 2019년에 공상희 선생이 연구해 발표한 논문을 보면, 요즘도 전통 가구를 만들면서 은빛 나는 재료로 장식을 달 때 백동이라고 부르는 소재를 쓰는 일이 있다는데, 이럴 때 쓰는 백동은 삼국시대나 고려 시대에 백동이라고 부르던 재료와는 관계없이 현대의 동전 재료와 같은 구리와 니켈을 이용해서 만든 재료라고 한다.

니켈을 구하기가 얼마나 쉬운지 어려운지 따져 볼 때도, 보기에 따라서는 니켈에 악마라는 뜻이 씌워진 게 그리 억울하지 않게 느껴지는 면이 있다.

일단 지구 전체로 보면 니켈은 그렇게까지 희귀한 금속은 아니다. 지구뿐 아니라 태양계 다른 곳에도 니켈이 어느 정도 있다고 볼 수도 있다. 가끔 지구에 떨어진 운석을 살펴보면 그 성분 중에 니켈이 유독 많을 때도 있다. 그런데 지구에서는 막상 사람 손이 닿기 좋은 땅 표면이나 얕은 지하에는 니켈이 그다지 많지 않다. 지구를 통째로 갈아서 죽을 만든다면 거기에는 니켈이 적어도 몇 퍼센트쯤은 될 정도로 흔할 것이다. 그렇지만 그 많은 니켈 중 다수는 지구의 깊은 중심부에 들어 있다.

현재 니켈이 많이 생산되는 나라는 인도네시아, 캐나다, 뉴칼레도니아 등이다. 요행스레 그 지역은 땅 표면 가까운 곳에 니켈 성분이 좀 더 퍼져 있다. 그중에서도 캐나다의 니켈에 대해서는 언젠가 우주에서 니켈 성분이 많은 운석이 날아와 상당히 큰 규모로 지구에 떨어졌고 그것이 땅에 박혀 있어서 그 지역에 니켈이 많이 보이는 것이라는 학설이 있다. 만약 그 학설이 옳고 우리가 쓰는 동전 중에 캐나다에서 캔 니켈로 만든 것이 있다면, 그 동전은 우주에서 떨어진 금속으로 만든 셈이라고 할 수 있다. 그런데 우주에서 큰 운석이 떨어질 때는 상당한 충격이 일어났을 가능성이 있다. 땅이 흔들리고 거대한 폭발이 일어나면서 주변 지역을 무자비하게 부수었을지도 모른다. 그렇다면 먼 옛날 우주에서 떨어진 그 운석에는 악마라는 뜻의 니켈이라는 이름이 어울릴 만도 하다.

과거에 니켈은 철을 만들 때 성질을 좋게 하려고 조금 섞어 넣는 용도로 가장 많이 사용되었다. 철에 크로뮴을 섞으면 녹슬지 않는 강철이라는 뜻의 스테인리스강이 되는데, 스테인리스강을 만들 때 니켈도 약간 넣어 주는 경우가 많다. 그런데 요즘 들어 니켈의 새로운 용도가 생기면서 산업계에 니켈이 한층 더 많이 필요해졌다. 바로 배터리를 만들기 위한 용도다.

충전과 방전을 잘하는 가장 효율적인 전지로 널리 알려진 것은 리튬이온배터리다. 앞에서 망가니즈와 코발트를 소개할 때 이야기했듯이 리튬이온배터리의 기본 원리만 놓고 보면 가장 중요한 재료는 당연히 리튬일 것이다. 하지만 과학자들은 망가니즈, 코발트, 니켈, 철, 인 등등의 재료를 알맞게 골라 함께 사용하면 배

터리의 성능이 더 좋아진다는 사실을 알아냈다. 특히 한국의 배터리 회사들은 리튬과 니켈, 코발트, 망가니즈를 함께 이용하면 가벼우면서도 오래가는 전지를 만들 수 있다는 점에 주목했다. 바로 NCM배터리다.

NCM배터리에서 가장 중요한 재료는 본래 코발트였다. 코발트를 많이 넣어 주면 성능을 끌어 올리기에 유리했다. 그런데 코발트는 가격이 너무 비싸다는 점이 한국 회사들의 고민거리였다. 게다가 코발트가 콩고민주공화국이라는 한 나라에서 너무 많은 양이 생산되고 있다 보니, 그 나라에 무슨 문제가 생겨서 코발트를 살 수 없게 되면, 한국의 배터리 회사들도 영향을 받을 수밖에 없다는 점도 걱정거리였다. 기후 변화에 대응해야 하는 요즘 시대에 배터리가 갑자기 부족해진다는 것은 대단히 큰 문제다. 자동차를 전기로 움직여야 하니 배터리가 필요하고, 태양광발전소와 풍력발전소 역시 충전용 배터리를 연결해 두어야만 햇빛이 없는 밤이나 바람이 없을 때를 대비할 수 있다.

그래서 한국 회사들은 배터리를 만들 때 코발트를 줄이고, 그보다 구하기 쉬운 니켈을 많이 넣는 방법을 다양하게 연구해 왔다. 그러면 코발트 가격이 갑자기 확 오르거나, 콩고민주공화국에서 갑자기 코발트를 팔지 않는다고 해도 큰 어려움 없이 배터리를 만들 수 있을 것이다. 이렇게 니켈 성분을 많이 넣은 배터리를 흔히 하이니켈배터리라고 부른다.

처음에는 마구잡이로 니켈을 많이 넣어서 하이니켈배터리를 만드는 바람에 배터리가 불안정해져 자주 고장이 나는 문제가 있었다. 그렇지만 최근에는 배터리 내부의 모양을 교묘하게 깎아 내고 다듬어 조립하는 특수한 방법을 사용해서 니켈을 풍부하게 넣어도 배터리가 안정적으로 유지되는 기술이 개발되고 있다. 한국 어느 업체에서는 자동차용 리튬이온배터리에 무려 90%만큼 니켈을 넣은 하이니켈배터리를 만들어서 2023년 미국에서 열린 전시회에서 발표하기도 했다. 기후 변화에 대비해 좋은 배터리를 값싸게 많이 만들 필요성이 커지는 만큼, 그 하이니켈배터리는 미래에 인기를 끌 기술로 주목받아 전시회에서 혁신상을 받았다.

그런데 니켈의 인기가 많아지다 보니 다른 방향에서 고민이 깊어졌다. 니켈을 캐내려면 땅을 파헤쳐야 하는데, 니켈이 많이 나는 인도네시아, 뉴칼레도니아 등에는 자연이 잘 보존된 열대 우림이 많다. 얼핏 뉴칼레도니아 같은 머나먼 태평양 섬나라의 열대 우림이 한국과 무슨 큰 관련이 있을까 싶겠지만, 한국 경제 발전에 큰 역할을 하는 배터리 산업이 니켈 때문에 뉴칼레도니아와 연결되어 있다. 몇 년 전만 해도 뉴칼레도니아는 이국적인 관광지나 오지 탐험을 떠나는 TV 프로그램의 배경지 정도로 소개되었지만, 이제는 한국의 경기가 좋아지느냐 나빠지느냐, 일자리가 늘어나느냐 줄어드느냐와 관련 깊은 곳이 되었다.

만약 니켈을 캐느라 인도네시아와 뉴칼레도니아의 숲을 너무 많이 파괴해 버린다면 이것은 배터리 산업에도 나쁜 영향을 끼

친다. 애초에 배터리가 인기 있는 이유는 기후 변화 문제를 줄일 방법이 되기 때문이다. 그런데 열대의 숲은 이산화탄소를 흡수하고 산소를 만들어 내며 기후 변화를 막는 역할을 하고 있었다. 그런 숲을 너무 많이 없애 버린다면 나중에 아무리 배터리를 잘 만들어도 기후 변화를 막는 데 그리 큰 도움이 안 될지도 모른다. 환경을 지키는 데 도움이 되는 제품이라고 하면서 전기차나 태양광발전소를 팔고 있지만, 사실은 그 제품을 만드는 과정에서 더 큰 환경 파괴가 일어난다면 문제가 될 수밖에 없다.

기후 변화 문제는 이렇듯 다양한 영역에서 여러 사람이 고민하면서 풀어 가야 한다. 열대지방에서 어느 나무가 얼마나 잘 자라며, 어느 숲이 얼마나 보존할 가치가 있는지를 연구하는 사람, 뉴칼레도니아의 역사와 문화를 파악하고 외교적으로 잘 교섭할 수 있는 사람, 코발트와 니켈의 시세 변화를 예측할 수 있는 경제 문제에 밝은 사람 등 다방면에 걸쳐 여러 사람이 힘을 모아야 한다. 그렇게 다양한 지식을 모아야만 니켈에 드리운 악마의 그림자를 몰아낼 수 있다.

동전이나 배터리 외에도 니켈은 생활 속에서 여러 가지 친숙한 용도로 자주 사용된다. 철은 자석에 잘 달라붙는데, 니켈은 철과 비슷한 점이 많다 보니 자석을 만들 때 니켈이 자주 활용된다. 쉽게 구할 수 있는 값싸고 흔한 자석은 그 속에 니켈에 섞여 있는 것이 많다.

니켈과 철을 적절히 섞어 만든 재료 중에는 열을 받아도 변하지 않는 특성이 있어서 유용한 것도 있다. 모든 물체는 온도가 높아지면 크기가 좀 불어나고 온도가 낮아지면 줄어들기 마련이다. 그런데 정밀 가공을 해야 할 때 온도에 따라 크기가 자꾸 변하면 정확하게 작업하기가 어려워진다. 바로 이런 상황에서 온도에 따른 변화가 크지 않은 니켈계 재료가 요긴하게 쓰일 수 있다. 가장 널리 알려진 것은 인바^{invar}라고 하는 재료인데, 보통 철 64%에 니켈 36%를 섞어 만들기 때문에, 니켈 함량 36%를 강조하여 FeNi36이라는 이름으로 부르기도 한다.

니크롬선^{nichrome wire}을 만드는 것도 빼놓을 수 없는 니켈의 소중한 용도다. 전기 회로에서 전기가 잘 통하지 않는 정도를 저항이라고 한다. 저항이 있으면 전기가 잘 흐르지 못하는 만큼 열이 발생해서 주변이 뜨거워진다. 니켈과 크로뮴을 섞어서 가느다란 선을 만들면 전기가 계속해서 쭉쭉 흐르기는 하는데, 어느 정도는 저항 때문에 전기가 잘 안 흘러서 열이 많이 생긴다. 그래서 이 선에 전기를 흘려 주면 주변을 뜨겁게 데울 수 있는 장치가 된다. 이것을 니켈과 크로뮴을 섞어 만든 선이라고 해서 니크롬선이라고 부른다.

특히나 니크롬선은 상당히 높은 온도에도 녹지 않고 열을 잘 견딘다. 그래서 잘만 하면 1,000℃에 가까운 온도를 만들어 어지간한 물체를 모조리 태우거나 녹이는 용도로 쓸 수 있다. 그래서 무엇인가를 뜨겁게 해서 가공하거나 녹이는 작업이 필요한 공장이나 각종 특수 설비에 니크롬선이 널리 사용된다.

니크롬선은 가격도 적당해서 가전제품에도 흔하게 들어간다. 헤어드라이어나 전기온수기처럼 열을 내서 뭔가를 데우는 제품, 전기밥솥이나 전기오븐을 비롯해 전기를 이용해 요리하는 장치는 물론이고, 전기난로 등의 난방 장치 역시 니크롬선을 쓰는 것이 많은데, 특히 전기담요 중에서도 간단한 구조로 되어 있는 것은 니크롬선을 쓴다.

이렇게 보니 니켈이 악마의 금속이기는커녕 배고픔을 달랠 음식을 만들어 주고, 추운 겨울을 이겨낼 온기를 주는 천사의 금속에 더 가까운 것 같다. 이런 것도 동전의 양면이라고 해야 할까?

꽃게를
손질하며

29

Cu

구리

이런저런 재료를 넣어서 찌개를 끓이다 보면 가끔 재료들의 이상한 차이점이 눈에 들어올 때가 있다. 개중에는 굉장히 궁금증을 일으키는 문제도 있다. 예컨대 쇠고기나 돼지고기는 붉은 색깔이 돈다. 핏물이 생기면 맛이 안 좋아진다거나 하는 이야기도 잘 알려져 있다. 그런데 고기라는 점은 마찬가지일 텐데 이상하게도 해산물 중에는 그 정도로 붉은색이 도는 것이 많지 않다. 오징어나 문어는 근육이 많은 고깃덩어리라고 해도 될 정도의 식재료인데 막상 손질하면서 붉은 피를 보는 일이 없다. 다른 해산물도 비슷하다. 꽃게나 새우를 손질하면서 붉은 피를 본 기억은 없다. 왜 이런 차이가 있을까? 오징어나 꽃게의 몸속에는 피가 없는 것일까?

그렇지는 않다. 오징어, 문어, 꽃게 같은 생물들의 몸속에도 피는 있다. 피가 몸 구석구석을 돌면서 산소와 영양분을 전달해 주는 것은 사람이나 소나 꽃게나 마찬가지다. 다른 것은 피의 성분이다. 사람 몸에서 붉은빛을 선명하게 내는 성분은 산소를 품어 주는 역할을 하는 헤모글로빈이다. 그런데 오징어, 문어, 꽃게 등등의 몸속에는 헤모글로빈 대신에 헤모시아닌이라는 물질이 있다. 그리고 헤모시아닌은 붉은색을 띠지 않는다. 화학반응에 따라서는 푸르죽죽한 색깔을 띠기가 더 쉽다. 그렇기에 이런 해산물은 핏빛을 띠지 않는 것이다.

공기 중의 풍부한 산소를 직접 들이마시는 육지 동물과 달리 바닷속 동물들은 물속에 녹아 있는 약간의 산소를 이용해서 숨을 쉬어야 하는데, 이런 경우에는 헤모시아닌이 일으키는 반응이 더 유리한 점이 있지 않을까 짐작해 볼 수 있다. 물론 피조개처럼 헤모글로빈을 품은 예외적인 바다 생물도 있다. 피조개는 이름처럼 붉은 핏기가 돈다. 몇몇 사람들은 피조개가 바다 생물이긴 하지만 갯벌에 살면서 육지 생물과 거의 비슷한 환경을 자주 접해서 육지 생물처럼 헤모글로빈을 품은 붉은 피를 가진 것이 아닐지 추측하기도 한다.

헤모글로빈과 헤모시아닌은 꽤 다른 물질이다. 그렇지만 탄소, 수소, 질소 등을 주재료로 만들어졌다는 점은 비슷하다. 다만 구성 요소에 한 가지 결정적 차이점이 있다. 헤모글로빈은 여기에 철이 추가로 들어 있고, 헤모시아닌은 구리 copper(원소 기호 Cu는 라틴어 cuprum에서 따온 것이다)가 추가로 들어 있다. 즉, 헤모글로빈은 철 원

자를 중심으로 다른 원자들이 일정한 규칙을 이루며 주위에 모여 붙어 있고, 헤모시아닌은 구리 원자를 중심으로 다른 원자들이 일정한 규칙을 이루며 주위에 모여 붙어 있다. 따라서 헤모글로빈의 핵심 물질은 철이고, 헤모시아닌의 핵심 물질은 구리라고 할 수 있다.

사람에게 빈혈이 있으면, 철분이 부족해서 헤모글로빈이 부족해지고 그래서 피가 제 역할을 못 하기 때문이 아닌지 걱정하면서 "철분제를 챙겨 먹어야겠네"라고 말하기도 한다. 만약 문어들이 사람처럼 공동체를 이루고 산다면, 빈혈 증상을 보이는 친구 문어에게 "구리분제를 챙겨 먹어야겠네"라고 말할지도 모른다. 그리고 사람이 몸이 허하다고 하면 철분이 많이 든 쇠고기를 사 먹이듯이, 문어 나라에서는 구리가 많은 편이라고 알려진 꽃게나 간장게장 같은 것을 사 먹일 거라는 상상도 해 본다.

사람의 피에는 철이 중요하지만 그렇다고 사람 몸속에서 구리가 아무 쓸모 없는 것은 아니다. 극히 적은 양이지만 인체에서 구리를 유용하게 사용하는 몇몇 효소들이 있다. 그러므로 구리 성분이 든 음식을 전혀 먹지 않으면 분명히 몸에 무슨 탈이 날 것이고, 그 정도로 구리가 아주 부족한 상황이라면 구리를 보충해 주어야 할 수도 있다. 그렇지만 보통은 여러 음식에 들어 있는 아주 약간의 구리만으로도 사람 몸에 필요한 정도는 얼마든지 흡수할 수 있다. 간장게장처럼 구리가 많이 든 편에 속하는 해산물을 어느 정도 먹으면 몸에 필요한 양을 더 쉽게 채울 수도 있다.

하지만 구리 공장에서 나온 폐수 같은 것을 벌컥벌컥 마시거나 하면 몸에 구리가 지나치게 많이 쌓여서 오히려 병이 든다. 특히 간에 구리 성분이 많이 쌓이면 제 역할을 못 하게 돼서 몸 곳곳이 병드는 사례도 알려져 있다.

한국인에게 가끔 나타나는 사례로는 윌슨병Wilsons disease이 있다. 희소병이기는 하지만 간에 나타나는 질환 중에서는 다른 나라 사람들보다 한국인에게 사례가 많은 편이어서, 한국인 수만 명당 한 사람 정도는 이 병이 있다고 한다. 윌슨병은 유전성 질병으로, 타고난 체질이 구리를 제대로 처리하지 못해서 생긴다. 사람이 음식물 등으로 구리를 먹었을 때, 몸에서 필요한 만큼은 사용하고 나머지는 노폐물로 배출하는데, 체질 이상으로 구리가 몸의 엉뚱한 곳에 조금씩 쌓이다 보면 윌슨병이 된다.

윌슨병이 있어도 보통 어릴 때는 별문제 없다가 청소년기 정도가 되면 몸이 좀 이상한 것을 발견하면서 문제를 알게 된다고 한다. 대개 간이나 뇌에 문제가 생긴다. 간이 나빠지면서 몸 이곳저곳이 아프기도 하고, 뇌에 문제가 생기면서 불안, 공포, 조울증이 발생하거나, 비현실적인 생각이나 망상에 시달리는 조현병 증상을 일으키기도 하며, 근육이 잘 조절되지 않아 몸 움직임이 이상해지기도 하는 것으로 알려져 있다.

현대에는 윌슨병을 진단할 수도 있고, 몸에서 구리가 잘 배출되게 하는 약을 써서 치료할 수도 있다. 그렇지만 윌슨병을 몰랐던 옛날에는 이런 증상을 보고 귀신이나 악마의 장난으로 생각

하기 쉬웠을 것이다. 어릴 때는 멀쩡했던 사람이 나이가 들면서 이유 없이 이상한 행동을 하거나, 자신이 저주받았다는 둥 망상에 시달린다면 악귀가 들렸다고 생각했을 것이다. 게다가 윌슨병은 유전으로 나타나는 것이니, 조상이 죄를 지어서 대대로 악귀에 시달리게 되었다든가, 어떤 집에 사는 사람들은 다 악귀가 씐다든가 하는 말이 나오기도 쉬웠을 것이다.

현대에도 윌슨병이 너무 늦게 발견되면 간 손상이 심해서 간을 이식해야만 살 수 있는 위험한 상황에 부닥치기도 한다. 그런 만큼 옛날에도 윌슨병을 앓다가 죽은 사람이 있었을 것이고, 사람들은 악귀의 저주로 목숨을 잃었다고도 생각했을 것이다. 그러나 사실은 악귀 때문이 아니라, 몸속 엉뚱한 곳에 구리가 잘못 쌓여서 생겨나는 일이다.

한국인에게 윌슨병이 비교적 많은 편이기는 하지만 그렇다고 한국인이 구리를 싫어하지는 않는다. 오히려 한국인은 다른 나라 사람들보다 유독 구리를 좋아한다고 할 수 있다. 어떻게 보면 베트남 사람과 함께 구리를 깊이 사랑하는 민족이 한국인이라고 해야 할지도 모른다. 한국인에게 구리는 곧 돈이기 때문이다.

유럽 지역에서는 아주 옛날부터 금이나 은으로 만든 돈인 금화나 은화가 많이 사용되었다. 이와 달리 한국에서 돈이 제대로 자리 잡은 것은 조선 시대에 구리로 만든 돈인 상평통보가 발행되면서부터라고 봐야 한다. 지금도 한국에서는 금속으로 만든 돈을 동전이라고 부르는데, 동전이 곧 구리로 만든 돈이라는 뜻이다. 현재 한국의 1원짜리는 알루미늄으로 만들고, 10원짜리에도 구리보다 알루미늄이 더 많이 들어간다. 하지만 주재료가 알루미늄이어도 1원짜리 동전, 10원짜리 동전이라고 하지, 10원짜리 알루미늄전이라는 말을 쓰지는 않을 만큼 한국에서 구리는 돈과 가깝다.

심지어 돈이라는 말의 뿌리가 한자로 구리를 나타내는 말인 동에서 왔다는 설이 있을 정도다. 돈이라는 말은 돌고 도는 것이라는 뜻에서 붙었다는 이야기도 있고, 귀금속 등의 무게를 잴 때 사용하는 단위 돈에서 왔다는 말도 있으므로 돈이 곧 동의 변형이라는 주장이 확실한 것은 아니다. 그런데 베트남의 화폐 단위인 "동dồng"도 마침 구리를 나타내는 한자 동에서 왔다. 그러니 이런저런 가설과 함께 돈이라는 말이 구리와 관계가 깊다는 이야기도 한 번쯤 생각해볼 만한 가치가 있다고 본다.

예부터 구리로 돈을 만든 나라는 무척 많다. 물론 조선처럼 구리로 만든 돈만 많이 사용한 것은 아니지만, 돈을 만드는 용도로 구리가 널리 사용되었다는 이야기다. 그렇다면 구리는 왜 돈으로 쓰기에 편리한 금속으로 자리 잡게 됐을까?

구리는 일상생활에서 쓰기 편할 정도로 구하기 쉬운 금속이다. 금이나 은이 아름답고 귀한 금속이라는 것은 누구나 알지만 이런 금속은 너무나 구하기 어렵다. 그래서 가치가 매우 높다. 금으로 1,000원짜리 물건을 사려면 1,000원어치의 금으로 거래를 해

야 할 텐데, 금 1,000원어치라고 하면 작은 알갱이 크기밖에 되지 않는다. 이래서야 가지고 다니기도 불편하고 거래하면서 그게 금인지 알아보기도 불편하다. 이와 비교해 구리 1,000원어치라고 하면 대략 몇십에서 백몇십 그램 정도가 된다. 이 정도면 가지고 다니기 좋은 크기로 만들어 돈이라는 표시를 새겨 넣기에 적당하다. 즉, 구리는 평상시에 자주 접하는 생활용품이나 음식 등과 거래하기에 알맞은 정도의 가치를 지녔다.

구리가 친숙한 금속이라는 것도 장점이다. 구리는 문명이 시작되면서 사람들이 가장 먼저 사용하기 시작한 금속이다. 그래서 대부분 역사가 처음 시작된 시대를 청동기 시대라고 한다. 청동은 구리에 주석을 섞어 푸른빛이 돌도록 만든 금속이니, 문명의 상징이 곧 구리라고 할 수도 있다.

철은 녹는 온도가 1,500℃가 넘는 데 비해, 구리는 1,080℃ 정도만 되면 녹아내린다. 그만큼 녹여서 가공하기가 쉽다는 뜻이다. 그러니 기술이 발달하지 않은 옛사람들에게는 구리가 사용하기 좋은 재료였을 것이다.

한국만 하더라도 약 3,300년 전에 만들어진 것으로 추정되는 청동기 유물이 발견된 적이 있다. 이 유물은 2016년 강원도 정선의 아우라지 유적에서 나왔는데, 지금 강원도 정선이 특별히 번화한 대도시로 꼽히는 지역이 아닌 것과 비교해 보면 재미난 차이다. 3,300년 전의 먼 옛날에는 어쩌면 강원도 정선이야말로 당시의 첨단 기술을 활용하는, 한반도에서 문화와 유행이 가장 앞선 곳이었는지도 모를 일이다. 신기하게도 2017년에 아우라지 유적에서 건물 비슷한 흔적이 발견되었다. 돌로 벽을 쌓아서 51개의 방을 다닥다닥 연결해 놓은 모습이었다. 이 흔적이 청동기 유물과 직접 관련 있는 것은 아니지만, 현대 한국인의 눈으로 보면 꼭 아파트나 다세대 주택과 비슷해 보인다. 먼 옛날에 무슨 이유로, 어떤 목적의 구조물을 만든 것인지는 학자들 사이에서도 수수께끼다.

정선 아우라지에서 나온 3,300년 전의 청동기 물건은 과연 무엇이었을까? 청동 하면 쉽게 떠올릴 만한 청동으로 만든 칼이나 창이 나왔을까? 아니면 그때부터도 구리를 이용해 만든 돈이 발견된 것일까? 연구 결과, 학자들은 아우라지의 청동기를 장신구로 보고 있다. 청동기가 문명을 상징한다면, 한국인의 문명은 어쩌면 애초부터 패션을 중시하는 문명으로 출발한 게 아닐까 하는 생각을 해 본다. 아마도 권위를 나타내거나 제사에 필요한 상징으로 반짝이는 장신구를 만들지 않았을까 싶은데, 긴 세월에 유물이 삭아 버려서 정확히 알 수는 없지만, 얼핏 보면 반지와 비슷해 보이기도 한다. 당시 언론 보도에는 원래 모습대로 모든 부품이 다 남아 있었다면 그것을 연결해 목걸이를 만들 수 있었을 거라는 추측이 실리기도 했다.

구리보다 훨씬 튼튼하고 구하기도 쉬운 철을 이용하는 기술이 개발되면서 구리의 인기는 많이 줄어들었다. 칼이나 삽 같은 큼직한 생활 도구는 대부분 구리 대신 철로 만든다. 그러나 구리는

철보다 녹이 훨씬 덜 스는 편이다. 그래서 더 오래간다. 그리고 특유의 불그스름한 색깔도 눈에 띈다. 이 때문에 철기 시대 이후로도 구리는 꾸준히 사용되었다. 특히 물에 닿아서 녹슬기 쉬운 물건이나 오래 보존해야 하는 물건을 만들 때는 구리가 곧잘 사용되었다. 유리로 만든 거울이 유행하기 전까지는 구리로 만든 거울이 정말 자주 만들어졌고, 조선 시대에는 촛대나 향로 등을 구리로 만드는 일도 자주 있었다.

구리가 철보다 덜 녹슨다는 장점은 현대에도 요긴하게 활용될 때가 많다. 건물을 지을 때 물이 통과하는 파이프로는 구리로 만든 관, 즉 동파이프를 사용하면 좋다. 동파이프를 난방용으로 바닥에 묻어 두면 뜨거운 물이 돌 때마다 금속인 구리가 열을 잘 전달해서 바닥이 금방 따뜻해진다. 게다가 구리가 철보다 약하기 때문에 철로 된 공구로 자르거나 두들기면 쉽게 가공할 수 있다는 점도 공사할 때는 장점이다.

그 외에도 조선 시대에 금속활자를 사용해 책을 인쇄할 때가 있었는데, 이때도 구리로 금속활자를 만들곤 했다. 여기에 청동을 비롯해 구리와 다른 금속을 섞어 만드는 오동, 백동 등의 재료까지 합치면 용도는 더욱 많아진다.

주기율표에서 아래위로 같은 줄에 적혀 있는 원소들끼리는 성질이 비슷하다. 같은 줄에 적혀 있는 원소들은 같은 족group에 속한다는 말도 자주 쓴다. 그런데 주기율표를 보면 구리 아래에 은이 있고 은 아래에 금이 있다. 구리에 금이나 은과 비슷한 성질이 있을 가능성이 있다는 뜻이다. 아닌 게 아니라 공교롭게도 올림픽에서 메달을 줄 때 금메달, 은메달, 동메달의 순서를 따르는데, 주기율표에서 같은 줄에 있는 금속을 아래쪽에서부터 보면 그대로 일치하는 금, 은, 구리 순서다.

구리와 금의 닮은 점으로 녹이 잘 슬지 않는 성질을 꼽는다면, 구리와 은의 닮은 점으로는 전기가 잘 통하는 성질을 꼽을 수 있다. 구리는 은보다는 조금 부족하지만, 전기를 아주 잘 전달하는 재료다. 그러면서 가격은 구리가 은보다 훨씬 더 싸기 때문에 예부터 구리로 만든 가느다란 선이 전기를 전달하는 재료로 자주 쓰였다. 그 때문에 구리선이라고 하면 쉽게 구할 수 있는 전선의 대표로 꼽힐 정도였다. 특별한 수식어 없이 전선이라고 하면, 구리로 가느다랗게 만든 선을 고무 피복으로 감싸 놓은 것을 누구나 떠올릴 정도다. 주변에 전기를 이용하는 장치가 있다면 거기에 항상 구리선이 있다고 보면 된다.

길거리로 나가면 집마다 연결된 전깃줄이나 길을 따라 끝없이 이어지는 전봇대의 전선을 쉽게 볼 수 있는데, 여기에도 가장 자주 애용되는 것이 바로 구리선이다. KTX 같은 기찻길이나 지하철 선로 역시 전기를 전달하기 위해 수십, 수백 킬로미터에 걸쳐 줄줄이 전선이 이어져 있는데, 이런 전선의 주재료도 다름 아닌 구리다.

이렇게 보면 구리는 현대 사회의 온갖 기계 장치를 작동시키는 핏줄이라고 할 수 있겠다. 인류의 문명이 구리를 이용하는 청동

기 시대와 함께 시작되었는데, 철기 시대로 넘어오면서 구리의 인기가 수천 년 정도 잠깐 줄어들었다가, 전기를 많이 사용하는 시대가 되면서 다시 사람들이 구리를 많이 찾는 시대로 되돌아왔다는 생각이 든다.

요즘 금융업계에서는 구리 시세를 보면서 세계 경제를 전망하기도 한다. 세계가 점점 부유해지고 경제 활동 상태가 좋으면 전자 제품의 소비가 늘어나든, 전기가 들어가는 건물을 많이 짓든, 어찌 되었든 구리를 사용하는 제품을 많이 만들게 마련이다. 그러면 구릿값이 오르기 쉽다. 반대로 세계 경제가 불황에 휩싸이면 무엇인가를 만들어 사고팔 일이 줄어든다. 구리가 덜 쓰이니 구릿값이 내린다. 철이나 석유도 세계 경제에 큰 영향을 끼치는 유용한 자원이기는 하지만, 철은 가격이 흔들리기에는 너무 흔하게 구할 수 있고, 석유는 반대로 너무 귀해서 몇몇 나라를 중심으로 가격을 조절할 수도 있다. 그래서 구리만큼 세계 경제를 잘 보여 주는 물질도 없다는 이야기가 생겼다. 금융가에서는 구리를 닥터 카퍼Dr. Copper라는 별명으로 부르기도 하는데, 구릿값이 세계 경제를 알려주는 것이 마치 세계 경제에 대해서 잘 아는 박사님이 해석해 주는 것과 같다고 해서 붙은 별명이다.

전기·전자 기술이 고도로 발달한 현재는 단순하게 구리선을 사용하는 것 말고도 구리를 이용하는 갖가지 복잡한 응용 방법이 있다. 한국 산업계에 큰 영향을 미친 사례로는 반도체에 구리를 사용하는 기술에 관한 변화를 꼽을 수 있다.

손톱만 한 크기의 반도체에는 수백만에서 수억 개에 이르는 아주 작은 부품들이 서로 연결되어 들어 있다. 그렇게 작은 부품들을 연결하려면 그만큼 아주 가늘고 작은 전선을 만들어 넣어야 하는데 이런 작업이 쉬울 리가 없다. 그래서 보통 반도체업계에서는 가공하기 쉬운 알루미늄으로 전선을 만들어 넣었다. 그런데 1990년대 중반쯤이 되자 반도체 기술이 대단히 높은 수준으로 발전하면서 알루미늄보다 전기가 더 잘 통하는 구리로 전선을 만들어 넣어야 반도체의 성능과 품질을 더 높일 수 있다는 생각이 널리 퍼지기 시작했다. 구리가 전기를 잘 통하는 물질인 만큼 생각해 보면 당연한 발상이다.

구리를 사용한 반도체를 처음으로 성공시킨 회사로는 흔히 미국의 한 컴퓨터 회사가 손꼽힌다. 당시 구리 배선 공정을 연구한 사람 중에는 현재 세계 최대의 CPU 회사 회장이 되어 정보통신 업계에서 높은 인기를 누리고 있는 리사 수Lisa Su 박사가 있었다. 연구원들이 막상 구리를 이용해 반도체를 만들어 보자니 쉽지는 않았다. 구리를 알루미늄처럼 가공하기가 대단히 어려웠기 때문이다.

과학자들은 많은 실패 끝에 절묘한 방법을 개발해 냈다. 구리 전선이 들어가야 하는 자리에 미세한 홈을 먼저 파놓고, 나중에 그 홈을 따라 구리 성분이 들어가게 하면 원하는 모양대로 깔끔하게 구리를 붙일 수 있다는 사실을 알아낸 것이다. 이런 방법을

다마신^{Damascene} 공법이라고 한다. 예전에 유럽 지역에서 공예품을 만들 때 이런 방식으로 먼저 홈을 파 놓고 거기에 다른 재료를 끼워 넣는 방법을 사용했는데, 이 기술이 옛날에 시리아의 다마스쿠스에서 발전했다고 하여 쓰던 말이다. 한국 반도체업계에서는 이 방법을 흔히 상감기법이라고 부르기도 한다. 고려청자 도자기에 아름다운 모양을 새길 때 미리 모양을 파 놓고 거기에 다른 성분의 재료를 끼워 넣는 것을 상감기법이라고 불렀기 때문이다. 고려 시대에는 도자기 만드는 흙을 상감기법으로 사용했는데, 21세기 대한민국에서는 구리를 상감기법으로 사용해 첨단 반도체를 만들고 있다.

앞으로도 구리는 더 많은 곳에 쓰일 전망이다. 인공지능과 로봇 기술이 발달하면 전자 회로를 탑재하고 전기로 움직이는 기계를 더 많이 쓰게 될 테니, 여기에 들어가는 구리가 꽤 많아질 것이다. 게다가 기후 변화에 대응해 석유를 태우는 자동차 대신에 전기차가 많아지고, 석유로 돌아가는 기계 대신에 전기로 작동하는 기계가 더 많아진다면, 전국 각지로 전기를 더 많이 보내야 할 테고, 그만큼 더 많은 전봇대, 더 많은 전기 설비가 필요해질 것이며, 거기에 사용되는 구리도 많아질 것이다.

최근 한동안 구리 시세가 오른 것은 간접적으로 기후 변화와도 관련이 있다. 그럴 수밖에 없는 것이 이산화탄소를 줄이기 위해 석유나 석탄 대신에 태양광이나 풍력발전을 많이 하게 되면 그만큼 발전 설비가 늘어날 것이고, 발전 설비는 전기를 사용하는 시설이므로 역시나 더 많은 구리가 필요해진다.

그런데 한국은 구리가 든 광석이 많이 나지 않는 나라다. 조선 시대에 구리로 동전을 많이 만들게 되자 값싼 구리를 구하려고 일본에서 구리를 대량 수입하던 시절도 있었다. 그러나 현재의 한국은 전기동electrolytic copper 기준으로 세계에서 다섯 번째로 많은 구리를 생산하는 나라다. 구리가 든 돌은 한국에서 나지 않지만, 세계 각국의 광산에서 구리가 든 돌을 캐내 한국으로 가져와서 그 속에 든 구리 성분을 뽑아내기 때문이다.

현재 한국의 산에서 구리가 든 돌을 캐지 않는다는 점을 생각하면 다른 나라에서 구해 온 원료만으로 작업하는 데도 세계 5위 규모라는 것은 엄청난 성과다. 세계 여러 나라 중에는 자기 나라 구리 광산에서 돌을 캔 뒤에 바로 근처에 있는 설비를 이용해 구리를 뽑아내는 곳도 있을 텐데, 그런 곳보다 한국까지 돌을 보내서 작업하는 것이 오히려 더 유리할 정도로 한국의 구리 생산 시설이 경쟁력이 있다는 뜻이다. 한국의 구리 공장에서는 아예 태평양 건너 지구 반대편에 있는 칠레에서 돌을 가져와 구리를 뽑아내는 경우도 많다.

특히 최근 한국의 몇몇 회사들은 순도 높은 고품질 구리를 생산해서, 이 구리로 세계 각지에서 더 큰 사업을 펼쳐 보려고 시도하고 있다. 발전소에서 나오는 막대한 전기를 전달하려면 아주 굵고 큰 전선을 만들어야 하는데, 충청남도 강진과 강원도 동해 같은 곳에 있는 전선 공장에서는 사람 다리통보다 굵은 구리 전

선을 산더미 같은 규모로 쉼 없이 만들어 내고 있으며, 이런 전선을 거대한 배에 바로 실어서 여러 지역에 판매하고 있다.

요즘에는 육지에서 떨어진 섬에 전기를 보내 주기 위해 바다 밑으로 이런 굵은 전선을 연결하는 일도 많고, 나라 간에 서로 전기를 주고받기 위해서 대규모 전력망을 건설하기도 한다. 특히나 최근에는 바다 위에 풍력발전소를 짓는 해상 풍력과 물 위에 뜬 태양광발전소인 해상 태양광이 점점 더 퍼져 가는 추세인데, 이렇게 육지에서 떨어진 곳에 발전소를 지으면 당연히 바다에서 육지로 연결되는 긴 전선이 필요해진다.

옛날에는 칼이나 거울을 만들 때 쓰던 구리가 전봇대를 타고 도시를 휘감더니, 한때는 반도체 속에 자리 잡았다가, 이제는 깊은 바닷속까지 동서남북으로 점점 더 넓게 뻗어 가고 있는 모양이다. 한국은 전자 산업, 자동차 산업, 반도체 산업이 발달한 나라인 만큼, 그런 여러 산업을 연결하는 구리 기술을 발전시키는 것도 앞으로 더 중요한 일이 될 것 같다.

굴전을
부치며

30 | Zn
아연

누구든 어느 날 밤 문득 심한 외로움에 빠지거나 세상이 너무 슬프게 돌아가는 것 같다는 생각에 사로잡힐 때가 있다. 혹은 세상살이 여러 일 때문에 깊은 좌절감과 막막함에 시달리거나, 갑자기 보고 싶은 사람이 생겨서 그리움에 괴로워하는 일도 가끔 겪는다. 왜 그럴까? 그 원인으로 사람의 본질적인 고독을 떠올릴 수도 있겠고, 현대 사회의 인간 소외 현상을 생각할 수도 있을 것이고, 사람에 따라서는 지금 우리 사회가 잘못된 방향으로 가고 있는 탓에 경제 구조가 뒤틀리고 문화가 병들어 가고 있기 때문이라고 진단할 수도 있을 것이다. 어쩌면 모두 다 맞는 이야기일 수도 있다. 한편으로는 그보다 더 복잡한 또 다른 이유를 생각하는 사람도 있을 것이다.

그런데 그저 아연^{zinc} 때문이라면?

아연은 전기적으로 다채롭고 특이한 성질을 내는 금속 원소다. 사람 몸속에서도 복잡하고 특이한 물질을 만드는 데 조금씩 활용된다. 특히 몇 가지 호르몬을 만드는 화학반응에 아연이 필요한 때가 있다고 한다. 사람의 몸은 음식으로 먹은 재료를 소화해서 분해하여 다양한 원자들을 얻고, 그 원자들을 재조립해서 몸에 필요한 여러 가지 물질을 만들어 낸다. 호르몬도 이런 방식으로 생겨난다. 그런데 이런 일을 해내려면 여러 가지 재료를 분해하고 재조립하는 역할을 하는 기계 장치 내지는 도구에 해당하는 물질도 몸속에 준비되어 있어야 한다. 바로 그 준비 작업에 아연이 아주 약간 필요하다. 반대로 말하면 아연이 부족하면 몸에서 호르몬을 만드는 작업을 하는 도구를 제대로 만들 수 없게 되고, 결국 호르몬도 필요한 만큼 만들어지지 않는다.

사람은 호르몬이 너무 많이 나오거나 너무 적게 나오면 몸과 마음에 다양한 문제가 일어난다. 기분이 이상해지기도 하고, 갑자기 흥분하거나 울적한 마음에 잠기기도 한다. 그런 상황을 맞닥뜨렸을 때, 이상한 기분에서 벗어나려고 괜히 누군가와 싸우거나 소리를 지르거나 혹은 멀리 떠나 다른 곳에서 새 인생을 시작하는 등의 방법을 택하기보다 그냥 아연이 많이 든 음식을 먹는 것이 좋은 해답이 될 수도 있지 않을까?

물론 기분이 안 좋을 때 아연이 든 음식을 먹기만 하면 해결된다는 말은 절대 아니다. 하지만 아연이 부족하면 몸의 여러 기능이 제대로 작동하지 못하고, 남녀의 성숙과 관련 있는 성호르몬

을 비롯하여 여러 호르몬에 문제가 생기므로 몸과 마음에 영향을 끼친다는 점은 분명한 사실이다.

특히 사람 몸속에는 아연을 오래 저장해 놓을 만한 곳이 별로 없으므로 더 신경 쓸 필요가 있다. 칼슘이나 인 등은 아연보다 많은 양이 필요하지만, 뼈를 만드는 성분인 만큼 뼈라는 형태로 몸에 저장해 놓을 수 있다. 그래서 칼슘이나 인이 급하게 필요할 때면 당장 그런 성분이 많이 든 음식을 먹지 않아도 몸이 뼈에서 칼슘이나 인을 약간 뽑아서 쓰는 식으로 바로 대처한다. 하지만 아연은 몸속에 저장했다가 급하게 꺼내 쓸 방법이 마땅치 않다. 그렇기에 아연을 너무 안 먹으면 그것과 관련된 문제가 좀 더 쉽게 생길 수 있다. 서울대학교 병원의 자료를 보면 몸에 아연이 부족할 경우, 피부가 거칠어지고 머리카락이 빠질 수 있다고 하며, 우울증과 식욕 저하 증상도 생길 수 있다고 한다.

그래서 시중에 파는 영양제 중에 아연 성분이 든 제품들을 흔히 볼 수 있다. 보통은 굳이 영양제를 사다 먹지 않아도 다양한 음식을 골고루 먹는 것만으로 몸에 필요한 아연을 충분히 얻을 수 있다. 음식 중에서도 고기나 조개류에 아연이 많다고 하며, 곡식 중에서는 통곡물에 아연이 어느 정도 있다고 한다.

아연 성분이 많은 음식으로 가장 유명한 것은 아마 굴일 것이다. 아연이 부족하면 피부가 거칠어진다는 이야기가 있기 때문인지, 속설 중에는 굴을 많이 먹으면 예뻐진다거나 역사상 유명한 바람둥이들이 굴을 좋아했다는 이야기도 꽤 퍼져 있다. 바람둥이들이 굴을 얼마나 좋아했는지는 전설에 가까운 문제지만, 한국의 굴국밥이나 굴전 같은 음식을 먹으면 적어도 아연을 보충하는 데 유리하다는 것은 과학으로 확인할 수 있다.

한국은 굴 대국이다. 전 세계에서 한국만큼 굴이 많이 나는 나라도 드물다. 세계 굴 생산량 통계를 보면 한국은 중국에 이어 세계 2위에 오를 때가 많다. 중국이 한국보다 훨씬 더 영토가 넓고 인구가 많은 나라라는 점을 생각해 보면 한국이 얼마나 굴을 많이 생산하는지 가늠할 수 있다. 한국을 대표하는 해산물로는 김도 유명하지만, 김을 먹는 나라는 별로 많지 않다. 그렇지만 굴은 유럽에서도 상당히 인기 있는 식재료다. 그러니 다른 나라가 부러워할 한국의 해산물이라면 김보다 굴이 더 눈에 띌 만하다. 한국에서는 겨울, 굴 제철이 되면 품질 좋은 굴을 유럽 여러 나라보다 훨씬 싼 값에 구할 수 있다는 사실도 유명하다.

어민들의 이야기로는 썰물 때는 물 밖에 노출되고 밀물 때는 물에 잠기는 애매한 바다에서 좋은 굴이 잘 자란다고들 하는데, 마침 한국에는 그런 곳이 많다. 게다가 한반도의 남해안 지역은 기후와 수질까지 굴이 자라는 데 적합해서 세계적으로 굴이 많이 나는 곳이 될 수 있었다. 《한국민족문화대백과사전》에 실린 글을 보면, 조선 말기에도 굴을 양식했다는 자료가 있다고 하니, 한국에서 굴을 양식한 역사도 상당히 오래된 것으로 추측해 볼 수 있다.

한국인의 삶이 아연과 연결되어 있던 역사는 짧지 않다. 굴 말고 아연이 금속 모양 그대로 사용된 역사 중에 오래된 이야기로 신비로운 보물 이야기인 풍마동에 관한 사연을 다시 한번 꺼내 볼 만하다.

지금도 남아 있는 충청남도 공주의 명물 마곡사오층석탑에는 잘 모르는 사람이 보아도 특이해 보이는 부분이 있다. 탑의 몸체 대부분은 한국의 다른 석탑처럼 친숙한 모양인데, 맨 꼭대기 부분만은 다른 모습이다. 이 부분은 금속으로 되어 있고 모양도 독특하다. 마치 티베트, 네팔 지역에서 볼 수 있는 탑을 작게 축소해서 만들어 놓은 것 같기도 해서 이국적인 느낌도 난다. 일부 학자들은 이 부분이 몽골 제국의 영향을 강하게 받았던 고려 시대 말기에 몽골 제국에서 유행했던 티베트 불교의 영향으로 제작된 것이 아닌가 추정한다.

공주에 전해 내려오는 전설에는 그 부분이 풍마동이라는 신비한 금속으로 만들어진 어마어마한 보물이라는 이야기가 있다. 아마 금속 재료인데도 오랜 세월 동안 형태를 잘 유지하며 독특한 색을 띠어서 생긴 전설이 아닌가 싶다. 현대 학자들이 분석해 보니 구리, 주석, 납, 아연이 섞여 있는 재질이었다. 특히 이찬희 선생 등의 연구 결과를 보면 아연 함량이 최대 13.4% 정도로 높게 나타났다고 한다. 근대 과학 기술이 발전하기 전에는 아연을 자유자재로 다루기가 어려웠다는 점을 생각하면, 고려 시대에는 그런 재질이 확실히 어딘가 특이해 보이기는 했을 것이다.

한국에는 풍마동 같은 보물 말고도 아연과 관계있는 일상적인 물건들이 있다. 바로 황동을 이용한 여러 가지 장신구와 생활용품들이다.

요즘 한정식 식당 중에는 상차림에 옛날 한국식 느낌을 내기 위해 놋쇠로 만들어진 제품을 사용하는 곳이 꽤 많다. 누르스름한 색깔이 아름다운 광택을 내는 놋쇠는 녹이 잘 슬지 않고 오래가는 데다가, 가공하기도 좋고 가격도 아주 비싸지는 않아서 한국인들이 조선 시대부터 일상생활에 대단히 애용하던 재료였다. 방짜유기라고 부르는 제품들도 다름 아닌 놋쇠로 만든 것들이다. 18세기에 유득공이 쓴 《경도잡지》 같은 책을 보면 당시 서울 사람들은 놋쇠를 대단히 좋아해서 요즘 흔히 보는 식기와 수저 말고도 세수할 때 쓰는 대야라든가 심지어 요강도 놋쇠로 만들었다는 이야기가 있다.

아연을 대량 생산해서 자유자재로 다루는 기술을 개발하기는 상당히 어려운 편이었으므로 조선 시대의 상당 기간은 놋쇠 제품에 아연이 그리 많이 사용되지 않았던 것 같다. 보통 옛 놋쇠 제품을 보면 아연은 거의 없고 구리와 주석이 주성분인 경우가 많다.

그렇지만 조선 말기, 근대, 현대에 들어서는 구리에 아연을 섞은 금속이 놋쇠로 취급된 사례가 꽤 많다. 특히 장신구 등을 만드는 놋쇠에 아연이 들어간 구리가 많이 활용되었다. 심지어 조선 시대 임금님의 도장인 옥새도 겉은 금칠을 했지만 속은 구리와

아연이 주성분이었다. 조선 초기였던 15세기의 옥새는 아연 함량이 10% 내외였고, 19세기에는 20% 이상 아연이 사용되었다는 분석 결과도 있다. 그렇다면 아연이 들어간 놋쇠는 최신판 놋쇠라고 할 수 있겠다. 지금 우리의 화장실은 유럽 문화를 받아들여 세면대와 변기가 대부분 도기로 만들어졌는데, 만약 조선 시대 문화가 지금까지 그대로 이어졌다면 구리와 아연으로 만든 놋쇠 빛깔 화장실을 전 국민이 쓰고 있을지도 모르는 일이다.

현대에는 구리와 아연을 주성분으로 한 합금 소재를 황동이라고 따로 부르기도 한다. 그러니까 조선 시대에 쓰던 놋쇠 중에는 황동이 아닌 것도 있지만 황동도 그 일종으로 포함된다고 보는 게 맞다. 황동을 영어로는 brass라고 하는데, 트럼펫이나 트롬본 같은 금관 악기를 많이 사용하는 악단을 브라스 밴드라고 하는 이유가 바로 그런 악기를 흔히 황동으로 만들었기 때문이다. 혹시 좋아하는 곡에서 경쾌하고 웅장한 금관 악기 소리가 들리거나, 재즈와 블루스에서 구성진 트럼펫이나 색소폰 소리가 들린다면, 이게 바로 아연과 구리가 함께 내는 소리구나, 하고 생각해 볼 수 있겠다.

황동은 구릿빛을 띤 여러 가지 물건을 만들 때 순수한 구리 못지않게 자주 쓰인다. 아연의 양을 잘 조절하면 구리만 사용할 때보다 훨씬 딱딱하고 튼튼한 재질로 만들 수 있기 때문이다. 일상생활에서 발견하는 금속 재질 물건 중에 반짝이는 구릿빛이나 황금색 비슷한데 순수한 구리나 금은 아닌 것 같을 때, 구리와 아연이 섞인 황동이라고 생각하면 대체로 맞다. 대표적으로 한국에서 2000년대 초까지 만들었던 누런빛의 옛 10원짜리 동전에 구리와 아연의 합금을 사용했다. 아연이 많게는 30% 이상 들어간 시절도 있었다는데, 요즘 나오는 새 10원짜리 동전에는 아연 대신에 알루미늄이 들어간다.

한국은 세계적으로 아연과 구리를 섞은 금속을 잘 만들고 가공할 수 있는 나라에 속한다. 여러 비결이 있었겠지만, 황동이 무기를 만드는 데 유용하게 쓰인다는 점을 빼놓을 수 없다.

보통 총알을 납으로 만든다고 하는데, 자세히 보면 총알의 겉면인 탄피 부분은 납 색깔이 아니라 황색을 띤다. 이것은 탄피를 황동으로 만드는 경우가 많기 때문이다. 총알은 튼튼하면서도 녹슬지 않고 오래가야 하며, 열과 압력을 잘 견뎌야 한다. 만약 총알 겉면이 녹슬어 변질되어 있으면 총알이 제대로 발사되지 않거나 총 안에서 터져 버리는 사고가 날지도 모른다. 그러므로 좋은 재질로 총알을 만드는 것이 중요하다. 한국은 분단국가인 까닭에 선진국 중에서는 총알과 무기를 만드는 데 매우 많은 돈을 들이는 나라에 속한다. 서글픈 이야기지만 그러다 보니 황동 만드는 기술이 같이 발전했다.

다른 방향에서 보면 총알을 만드느라 구리, 아연을 가공하는 기술이 발달한 덕분에 한국은 동전 재료 만드는 기술도 같이 발전했다. 동전을 만드는 데 쓰려고 가공해 둔 쇳덩어리 재료를 소전이라고 부르는데, 세계의 소전 시장에서도 한국 회사의 판매

량이 상당히 많은 편이다. 특히 유럽에서 사용하는 유로화의 동전은 노르딕골드Nordic gold라고 해서 아연, 구리, 주석, 알루미늄을 섞은 상당히 복잡한 소재로 만든다. 이 소재를 싼값에 대량 생산할 수 있는 기술을 가진 회사가 별로 없어서 한국 회사에서 생산한 재료가 많이 쓰인다. 유럽을 여행하는 중에 유로화 동전을 사용한다면, 이국적인 풍경 속에 놓인 그 동전의 재료는 한국에서 왔을 가능성이 무척 크다고 봐도 좋다.

기술이 발달해 아연을 대량 생산하고 사용할 수 있게 되면서 건축 분야에 아연이 많이 사용되었다. 유럽의 대표적인 도시 파리에서는 지붕 재료에 아연이 굉장히 많이 쓰인 적이 있다. 파리 시내의 옛날 건물을 보면, 기왓장을 덮은 것도 아니고 그렇다고 그냥 콘크리트 덩어리도 아니면서 짙은 회색에 약간 푸른색이 도는 각진 판으로 이루어진 지붕이 눈에 많이 띈다. 바로 이런 지붕을 만드는 금속판에 아연이 많이 들어 있다. 특히 19세기 중반 프랑스에서는 오스만 남작이 중심이 되어 파리의 도시 구조를 뜯어고치는 사업을 추진한 적이 있는데, 지금 많은 사람이 친숙하게 여기는 파리의 모습이 그 시기에 자리 잡았다고 할 수 있다. 그리고 바로 그 시대에 아연 지붕이 파리를 뒤덮었다.

지금 한국에서도 유럽 느낌이 나게 건물을 짓고 싶을 때 지붕을 아연 재질로 하는 경우가 있다. 조금 싼 재료로는 아연과 강철판을 함께 이용하는 혼합 재료를 쓰기도 한다. 이보다 더 한국 문화에 깊이 스며든 아연 재료도 있는데, 바로 함석이다. 함석은 좀 더 얇고 무른 철판에 녹이 덜 슬도록 아연을 입혀서 만든 금속판을 말한다. 20세기 중반에는 창고나 간단한 건물을 지을 때, 함석판으로 지붕을 덮은 경우가 무척 많았다. 함석판은 주재료만 보면 얇은 철판이나 마찬가지여서 비가 내리면 빗방울이 함석지붕을 때리면서 요란한 소리를 내곤 했다. 그럴 때면 시끄러워서 잠을 자기가 어려울 정도였다. 그런데 지금은 추억의 소리로 함석지붕에 떨어지는 빗방울 소리를 좋아하는 사람들도 있고, 심지어 그 소리가 들려야 마음이 편안해지면서 잠이 잘 든다는 이유로 인터넷 동영상 공유 사이트에서 그 시끄러운 소리를 들려주기도 한다. 19세기 파리의 화려한 경관과 한국 시골의 허름한 건물에 비 내리는 풍경이 이렇게 아연으로 연결된다.

과거에는 건물에서 물이 흐르는 관을 아연을 입힌 강철관으로 만드는 일도 많았다. 아연을 잘만 입히면 물이 닿아도 녹슬지 않고 오래 견디는 재료가 될 수 있다고 생각한 것이다. 이렇게 만든 관을 한국에서는 흔히 아연도강관이라고 한다. 그런데 막상 건물을 짓고 사용해 보니 아연도강관이 생각보다 수돗물을 잘 견디지 못하는 사례가 제법 관찰되었다. 그 때문에 몇몇 언론 보도에서는 아연도강관을 이용한 옛날 건물은 세월이 지나면 수도꼭지에서 녹물이 나오는 일이 더 잘 생긴다고 지적하기도 한다. 한국에서는 1990년대 중반 이후로 아연도강관을 수도 배관으로 쓰는 일이 거의 없어져서 지금은 예전처럼 쉽게 볼 수 없다.

아연도강관이 세월을 못 이겨 녹슬고 벗겨지는 까닭은 아연 속의 전자가 화학반응에 잘 참여하기 때문이다. 이렇게만 보면 순수한 아연은 연약하고 쓸모없는 물질인 것만 같지만, 과학자들은 이런 성질을 거꾸로 이용해서 아연으로 전기를 일으키는 장치를 만들었다. 가장 대표적인 것으로 이탈리아의 화학자 알레산드로 볼타Alessandro G.A.A. Volta가 만들어 낸 볼타전지를 꼽을 수 있다.

볼타가 만든 이 장치도 조선의 놋쇠 제품처럼 아연과 구리를 이용한다. 볼타전지는 아연과 구리를 소금물 적신 천과 함께 적절히 겹쳐 놓은 구조로 되어 있는데, 아연이 너무 빠르지도 너무 느리지도 않게 적당히 녹아 나오는 반응이 계속해서 이루어지면서 전기가 꾸준히 흘러나오도록 만든 것이다.

볼타의 배터리가 개발되기 전에 전기라는 것은 정전기 실험을 할 때 잠깐 불꽃을 튀게 하는 정도의 현상에 불과했다. 그런데 볼타전지 덕택에 전기가 꾸준히 흐르도록 할 수 있게 되자, 전기를 이용해서 실험하는 다양한 기술이 급격히 발전하게 되었다. 그결과, 사람들은 전기를 활용해 온갖 일을 하는 여러 기계를 개발하고, 나아가 이 세상 수많은 현상의 원리라고 할 수 있는 전자기력의 복잡한 성질까지 알아내게 되었다.

이렇게 보면 전등을 켜거나 인터넷을 활용하는 일부터 전자파의 특성을 연구하는 일까지, 온갖 과학 기술의 방대한 분야가 전지에서부터 시작된 셈이고, 아연의 힘에서 비롯된 일이라고 할

수 있다. 막연한 상상일 뿐이지만, 만약 조선에 과학 기술을 좀
더 깊이 연구하고 높이 존중하는 문화가 있었다면, 놋쇠 그릇과
숟가락을 만드는 조선의 장인들이 볼타보다 먼저 전지를 만들어
전기 문명을 개발할 수도 있지 않았을까?

　현대의 한국은 아연 기술이 뒤처진 나라는 아니다. 오히려 세
계 어떤 나라 못지않게 앞서 있다. 아연을 대량 생산해서 사용하
려면 아연이 든 돌을 약품에 녹이고 잘 반응시켜서 순수한 아연
만 따로 뽑아내야 한다. 이 과정을 아연 제련이라고 한다. 한국에
서는 아연이 든 돌이 많이 나지는 않지만, 아연 제련 기술은 세계
적인 수준으로 앞서 있으며 아연 제련 공장도 발달해 있다. 한동
안 한국 최대의 아연 생산 업체를 세계 최대의 아연 생산 업체로
간주하는 것이 너무나 당연한 시대도 있었다. 지금도 한국의 아
연 생산량은 아주 많은 편으로, 한국에서 1년에 100만 t의 아연
을 생산할 때도 있다고 한다.

　태평양 건너 머나먼 페루, 볼리비아, 멕시코 같은 나라에서 아
연이 있는 돌을 캐서 한국에 가져오면 한국의 공장 기술자들은
그 돌을 원재료로 작업을 시작한다. 광물자원통계포털의 자료를
보면 한국이 지구 반대편에 있는 페루에서 1년간 아연광을 수입
한 양은 2020년 기준으로 40만 t이 넘는다. 8t 트럭으로 매일 거
의 140대 분량을 꼬박꼬박 실어 날라야 하는 막대한 양이다. 한
국의 대표적인 아연 제련 공장은 경상북도 봉화군에 있다. 봉화
군은 경상북도에서도 깊은 산골이 많기로 유명한 곳인데 이런

곳에 있는 공장에까지 그 많은 아연광이 배달된다. 이후 이곳에서 생산된 순수한 고품질 아연은 다시 전 세계로 팔려 나간다.

저 멀리 태평양 건너에서 그 많은 돌무더기를 굳이 경상북도 봉화까지 싣고 오는 까닭은 봉화의 아연 공장 노동자들이 한국의 장비를 이용해서 워낙 작업을 잘 해내기 때문일 것이다. 한국에서 아연 산업이 잘되는 현상과 굴이 많이 나는 점, 조선 시대에 황동을 좋아했던 점이 모두 묘하게 통한다고도 볼 수 있겠다.

단, 이렇게까지 많은 돌을 녹여서 아연을 뽑아내다 보면 아무래도 돌이 녹아든 물을 처리하는 과정에서 환경 오염이 발생할 확률이 높아진다는 점도 고민해야 한다. 실제로 한국 회사들이 아연 기술에 앞서 있는 만큼, 이런 환경 오염 문제를 어떤 기술로 해결해 나갈 것인지에 대해서도 어느 정도는 연구가 이루어진 편이다. 마침 최근에는 아연 업체들이 나서서 환경 오염 문제를 해결하는 기술을 먼저 개발해 그 기술로 다른 나라 업체들보다 앞서 나가겠다는 전략을 발표하기도 했다. 이 모든 연구 개발이 기대 이상으로 잘 진행되어, 앞으로는 아연을 가공하면서 얻은 경험과 교훈을 통해 환경을 지키는 미래 기술에서도 앞서 나갈 수 있기를 꿈꾸어 본다.

쌈 채소를
씻으며

31

Ga

갈륨

〈2001 스페이스 오디세이〉에서 우주선을 조종하는 컴퓨터의 겉면 가운데에는 빨간 불빛이 켜져 있다. 〈터미네이터〉에서는 로봇이 본모습을 드러낼 때의 눈을 빨간 불빛으로 묘사했다. 꼭 악당 로봇만 눈빛을 빨간색으로 묘사하는 것도 아니다. 〈로보캅〉 시리즈에서도 주인공의 눈에 빨간색 빛이 들어오는 모습이 보인다. 이런 예들을 보면 로봇이나 인공지능을 표현할 때 가장 자주 사용되는 빛은 빨간색 빛이라는 생각이 든다. 영화에서 초록색이나 파란색 눈빛을 가진 로봇은 빨간 눈빛을 한 로봇보다 그 수가 확실히 적은 것 같다. 이유가 뭘까?

쉽게는 예술적인 이유를 생각해 볼 수 있다. 빨간색 빛으로 로봇을 표현하면 눈에 잘 띄므로 화면에서 강조하는 효과를 쉽게 낼 수 있다. 게다가 빨간색 빛은 사람의 붉게 충혈된 눈이나 피눈

물을 흘리는 모습과 닮아 보일 수도 있다. 이런 색깔로 로봇의 눈빛을 표현하면 그만큼 감정을 강하게 드러낼 수 있을 것이다. 주인공을 공격하려고 쫓아오는 터미네이터라면, 눈빛을 초록색으로 묘사하기보다는 빨간색으로 묘사해야 터미네이터가 그야말로 눈에 핏발이 선 것 같은 모습으로 집념을 불태우며 다가오고 있다는 느낌을 주기 좋을 테니까.

물론 이보다 현실적인 이유도 생각해 볼 수 있다. 전자 회로에서 전기로 빛을 내는 기능을 간단하게 달고 싶을 때, 빨간색 빛을 내는 부품을 쉽게 구할 수 있기 때문이다. 생각해 보면 일상생활의 전자 제품에서도 전원이 들어와 있는 상태를 알려 주는 작은 불빛은 빨간색인 경우가 많다. TV나 컴퓨터 모니터 한쪽 구석에서 상태를 나타내는 작은 불빛도 빨간색이 많고, 카메라로 무엇인가를 촬영할 때 작동 중임을 나타내는 표시도 빨간색 불빛일 때가 많다. 지금 이 글을 쓰는 내 앞에도 컴퓨터에 연결된 스피커가 한 대 있는데, 전원 단추 위에 작은 빨간색 불빛이 켜져 작동 중임을 표시하고 있다. 그만큼 빨간색 불빛은 진작부터 여러 전자 제품에 널리 쓰였다.

전기로 빛을 내려고 하면 아크등을 사용할 수도 있고, 백열전구를 사용할 수도 있을 것이다. 아크등은 전기 스파크와 닮은 느낌으로 매우 강렬한 빛을 내고, 토머스 에디슨의 개발팀이 발명한 백열전구는 실내를 적당히 밝힐 정도의 빛을 낸다. 그런데 이런 전등은 강한 빛을 많이 뿜어내고 그런 만큼 전력도 많이 소모

한다. 빛으로 주위를 환하게 밝히려는 목적이 아니라 단순히 기계가 작동 중임을 표시하는 작은 불빛만 필요할 때 이런 전등을 쓰는 것은 낭비가 너무 심한 일이다.

백열전구는 전기를 흘려 온도를 대단히 높게 끌어 올리면 전구 안에 있는 재료가 달구어지면서 빛을 내는 방식으로 작동하는데, 바로 이 원리 때문에 열기를 많이 내뿜는다는 문제도 있다. 열을 내느라 전력을 너무 많이 소모하는 것도 문제고, 열기 때문에 주변 부품이 망가지거나 사용하기에 위험해지는 것도 문제다. 그러니 백열전구와 다르게 적은 전력으로 작은 빛을 간단하게 뿜을 장치가 있다면 무척 유용할 것이다.

그래서 요즘 전자 제품에는 흔히 LED라고 부르는 발광다이오드 부품을 많이 쓴다. LED는 반도체의 일종으로, 전기를 받으면 빛을 내는 성질이 있는 특별한 물질을 이용해 만든다.

LED의 재료가 되는 특별한 물질도 다른 모든 물질과 마찬가지로 원자가 모여 만들어졌고, 그 원자들 속에는 전자가 들어 있다. 중요한 것은 무슨 원자가 어떤 형태로 모여 있느냐에 따라 그 물질 속에서 전자가 돌아다니는 모양과 속도가 달라진다는 사실이다. 그리고 전자가 움직이는 모양과 속도에 따라서 그 물질이 전기를 받았을 때 내뿜는 빛의 색깔이 결정된다.

예를 들면 원자 주변을 전자가 돌아다니고 있는데, 전기를 받은 전자의 속도가 꽤 심하게 빨라졌다 느려졌다 한다면, 이 전자는 보라색에 가까운 빛을 내뿜게 된다. 만약 다른 원자를 재료로

LED를 만들어서 그 속에서 전자가 돌아다니는 조건이 달라졌고, 이 때문에 전기를 주어도 전자의 속도가 변하는 폭이 조금밖에 안 된다면, 이 전자는 빨간색에 가까운 빛을 내뿜게 된다. 즉, 재료로 쓰이는 원자를 이리저리 조절하여 전자가 움직이는 환경을 바꾸어 주면 색깔이 다른 빛을 내뿜게 할 수 있다.

LED라는 부품이 개발된 초창기부터 빨간색 빛을 뿜는 제품은 만들기가 어렵지 않았다. 그래서 빨간색 빛을 내는 전자 제품이 그렇게 흔했던 것이고, 미래의 로봇까지 빨간색 눈을 가진 모습으로 등장하게 된 것이다.

이와 달리 LED로 흰색 빛을 내기는 너무나 어려웠다. LED로 흰색 빛을 내면 어떤 점이 좋을까? 흰색 빛을 내는 LED를 많이 연결하면 주변을 환하게 밝힐 수 있다. 이런 제품은 조명용으로 쓰기에 백열전구보다 훨씬 좋다. 백열전구처럼 쓸데없이 열을 내뿜지 않으니 같은 밝기에서 전력이 훨씬 적게 든다. 더군다나 LED는 애초에 작게 만들기 편리한 구조로 되어 있어서 작고 얇은 휴대용 제품을 만드는 데 사용하기도 좋다. 과학자들은 흰색 LED의 이 같은 장점을 일찍부터 파악하고 있었다.

그런데 흰 빛은 빨간색, 초록색, 파란색 빛이 섞인 결과가 사람 눈에 그렇게 보이는 것이다. 그러므로 한 가지 색깔만 낼 수 있는 LED를 이용해 흰 빛을 만들려면 빨간색, 초록색, 파란색을 내는 LED를 각각 개발해서 동시에 켜야 한다. 하지만 파란색 빛을 내는 재료를 만들기가 몹시 어려웠다. 오랫동안 세계의 과학자

쌈 채소를 씻으며

들은 값싸고 쉽게 만들 수 있는 파란색 LED를 개발하기만 하면 에디슨을 능가하는 업적을 이룰 거라는 꿈을 꾸었다.

이 문제는 1990년대에 들어와 주로 일본 과학자들의 활약으로 해결되었다. 당시 갈륨^{gallium}이라는 금속 물질과 질소의 원자를 규칙적으로 잘 엮어 만든 물질을 이용하면 파란색 LED의 재료로 쓸 수 있다는 사실까지는 알려져 있었다. 문제는 갈륨과 질소를 잘 엮는 작업이 매우 어렵다는 점이었다. 갈륨과 질소가 아무렇게나 엉켜 있으면 빛을 내뿜는 좋은 재료가 되지 못한다. 이것은 탄소 원자가 아무렇게나 붙어 있으면 시커먼 숯덩이가 되고, 탄소 원자가 정확한 각도를 이루며 규칙적으로 연결된 덩어리는 다이아몬드가 되는 것과 같은 원리다. 갈륨과 질소가 규칙적으로 정확한 각도로 연결된 덩어리를 질화갈륨 결정이라고 하는데, 파란색 LED를 만들려면 질화갈륨 결정을 잘 만들 방법이 있어야 했다.

한 가지 생각해 볼 방법은 질소와 갈륨이 들어 있는 재료를 뜨겁게 녹이고 끓여 기체로 만들어서 뿌리는 방법이다. 기체는 대개 원자들이 한두 개 내지는 몇 개 정도만 연결된 채 뿔뿔이 흩어져 날아다니는 상태라고 볼 수 있다. 이런 상태로 질소와 갈륨을 뿌리고 바닥에 차곡차곡 잘 가라앉히면, 내려앉으면서 원자들이 규칙적으로 연결되어 질화갈륨 결정이 탄생할 것이다. 그런데 막상 실험해 보면 질소와 갈륨이 생각처럼 그렇게 차곡차곡 가라앉지 않고 자꾸 날아다니기만 해서 결정이 잘 만들어지지 않았다. 그래서 한때는 많은 과학자가 질화갈륨으로 청색 LED를 만든다는 생각은 비현실적이라고 판단해서 포기하고 다른 재료를 살펴보던 시절도 있었다고 한다.

하지만 끝까지 질화갈륨을 놓지 않은 사람들도 있었다. 그중 한 사람이 일본의 화학 회사 연구원이었던 나카무라 슈지<small>なかむら しゅうじ</small>였다. 그와 동료들은 질화갈륨 결정을 만드는 절묘한 기술을 개발했다. 뜨겁게 끓인 질화갈륨 재료가 기체 상태로 날아다니고 있을 때, 그 위에서 아무 상관 없는 다른 기체로 바람을 불어 주는 방법이었다. 그러면 공중에 떠다니던 질화갈륨 재료가 위에서 불어오는 바람에 눌려서 바닥에 가라앉을 것이므로, 질소와 갈륨이 규칙적으로 쌓이고 연결되면서 결정이 생길 확률이 높아진다. 나카무라 슈지는 이 방법으로 청색 LED를 값싸게 만드는 기술을 개발했고, 그 덕분에 사람들이 꿈꾸던 대로 LED를 이용해 흰빛을 내뿜을 수 있게 되었다.

그리하여 1990년대부터 LED를 전등으로 활용하는 시대가 열렸다. 나카무라 슈지는 다른 일본 과학자들과 함께 2014년 노벨상을 받았고, 2020년대가 된 지금은 가정용 조명은 물론이고 차량의 헤드라이트나 공연장에서 사용하는 대형 조명에도 LED가 널리 쓰인다.

갈륨은 잘 녹는 성질을 가진 은색 금속인데, 이름만 들으면 낯설게 느껴지는 사람이 많을 것이다. 하지만 21세기의 밤을 밝히는 그 많은 전기 불빛이 질화갈륨에 신세를 지고 있으니, 알고 보

쌈 채소를 씻으며

면 갈륨을 활용한 빛은 이미 많은 사람에게 친숙하며, 그 친숙한 빛은 다름 아닌 갈륨의 빛이라고 말할 수 있겠다.

최근에는 LED를 사용하면 상상 이상으로 저렴하게 빛을 밝힐 수 있다는 점을 이용해 아예 햇빛 대신 LED를 켜놓고 그 불빛으로 24시간 아무 곳에서나 농작물을 재배하는 사업체가 속속 생겨나고 있다. 지금 서울의 충정로역이나 을지로3가역 등에는 이런 장비로 채소를 키우는 모습을 시민들이 직접 볼 수 있게 설치해 두고 작물을 홍보하고 있다. 모든 농작물을 이렇게 재배하기는 어렵겠지만 신선도가 중요한 몇몇 채소류는 제법 수요가 있다. 특히 샐러드 재료나 쌈 채소 등을 LED 빛으로 기르는 사업이 상품화되고 있다. 국내 한 전자 회사에서는 LED 조명을 이용해 꽃이나 쌈 채소를 기르는 제품을 가정용으로 만들어 판매하고 있다.

이렇게 어마어마한 발명을 해냈으니, 나카무라 슈지는 그만한 대가를 원했을 것이다. 그런데 그가 다니던 회사는 만족할 만한 대접을 해 주지 않았다. 그 때문에 나카무라는 회사를 상대로 법적 분쟁을 벌였고, 일본에서는 이 소송이 화제가 되어 언론에서 나카무라 슈지 재판이라고 부르며 보도하기도 했다. 나카무라는 결과에 실망하여 일본을 떠나 미국으로 갔고, 지금은 아예 국적을 바꾸어 미국인이 되었다.

갈륨 연구로 노벨상 수상자를 배출하지는 못했지만, 한국에도 갈륨과 관련 있는 산업 중에 앞으로 점점 인기가 많아질 것으로 내다보는 분야가 있다. 바로 반도체 산업이다.

원소 주기율표를 볼 때 가장 먼저 생각해야 할 한 가지 규칙이 있다면, 아래위로 같은 줄에 있는 원소끼리는 성질이 비슷하다는 것이다. 그런 원소들끼리는 원자 주변을 돌아다니면서 화학반응에 활발히 참여하는 전자의 개수가 같은 경우가 많기 때문이다.

예를 들어 요즘 반도체의 주재료로는 규소, 즉 실리콘silicon이 가장 많이 사용되는데, 주기율표에서 규소 바로 아래 칸에는 저마늄germanium이 있다. 둘 다 전자 4개가 돌아다니며 화학반응에 자주 참여하는 성질이 있어서 규소와 저마늄은 몇 가지 성질이 비슷하다. 그리고 저마늄 역시 반도체 재료로 요긴하게 사용할 수 있다. 실제로 역사를 돌아보면 저마늄을 이용한 반도체 부품이 규소로 만든 부품보다 먼저 개발되었다.

한편, 과학자들은 주기율표에서 저마늄의 바로 왼쪽에 적혀 있는 갈륨과 저마늄의 바로 오른쪽에 적혀 있는 비소를 함께 이용하면 가운데 있는 저마늄과 비슷한 성질을 낼 수 있지 않을까 하는 생각을 해 보았다. 갈륨 원자 주변을 돌아다니며 화학반응에 활발히 참여하는 전자는 3개이고, 비소는 그런 전자가 5개다. 그러니 둘을 잘 섞어 놓으면 그런 전자가 4개인 저마늄과 비슷해지지 않겠냐고 본 것이다. 이런 방법은 가끔 통할 때가 있다. 예컨대 붕소와 질소를 잘 조합하면 굉장히 단단한 재료를 만들 수 있

다. 주기율표에서 붕소와 질소 사이에 있는 탄소를 이용해 만드는 다이아몬드와 비슷해지기 때문이다.

실험 결과, 갈륨과 비소를 조합하면 저마늄이나 규소처럼 반도체 재료로 쓸 수 있다는 사실이 밝혀졌다. 이렇게 만든 제품을 갈륨비소반도체 또는 비화갈륨반도체라고 한다. 잘만 만들면 규소로 반도체를 만들었을 때보다 전기에 훨씬 쉽게 반응하는 특성이 있어서, 전력이 덜 들고 속도는 빠른 반도체 부품을 만들 수 있다. 그래서 한때는 미래의 반도체로 매우 많은 기대를 모으기도 했다. 그러나 규소를 사용하는 반도체 기술이 워낙 빠르게 발전하는 바람에 갈륨비소반도체에 대한 기대는 과거보다 많이 사그라들었다.

갈륨비소반도체가 규소반도체보다 성능이 좋다고는 해도 규소반도체는 그보다 훨씬 가공하기 쉽다는 장점이 있다. 가공하기 쉬우면 더 작은 크기로 더 많은 양을 생산해서 더 복잡하게 연결하는 것이 가능하므로 정교하고 우수한 전자 제품을 만들기에는 규소반도체가 더 유리하다. 게다가 갈륨은 비교적 희귀해서 구하기 어려운 물질인 데 비해 규소는 지천으로 널린 모래의 주성분이다. 그래서 규소반도체는 갈륨비소반도체보다 훨씬 더 싼 값에 재료를 구할 수 있다는 장점도 있다.

하지만 특별히 뛰어난 성능이 필요한 분야에서는 일부러 갈륨비소반도체를 사용하기도 한다. 특히 갈륨비소반도체를 개선해서 비소 대신에 질소를 사용한 반도체가 요즘에는 자주 언급되고 있다. 질소는 주기율표에서 비소와 아래위로 같은 줄에 적혀 있는 물질이다. 이렇게 갈륨과 질소를 사용한 반도체를 언론에서 보도할 때 보통 질화갈륨의 화학식을 사용해 GaN이라고 쓰기도 한다. 만약 어느 전자 회사에서 고성능 제품을 만들기 위해 GaN반도체 생산 설비에 투자하기로 했다는 소식이 들리면, 막연히 "간반도체"라는 제품이 있겠거니 생각할 것이 아니라, 기존 반도체의 주재료인 규소 대신에 갈륨과 질소를 사용한 특수 반도체를 만든다는 뜻으로 이해하면 된다.

질화갈륨반도체에 관해 설명한 자료를 찾아보면 높은 전압과 강한 전기에 잘 견딜 수 있다는 내용이 많이 보인다. 그렇기에 고성능 레이더를 만드는 용도로 자주 언급된다. 원래 레이더는 "어느 방향으로 쏜 전파가 쇳덩어리로 된 적의 무기에 반사돼서 돌아오는가" 하는 것을 감지하여 적의 위치를 알아내는 장치다. 그런데 요즘 첨단 무기에 자주 탑재되는 능동위상배열 레이더active electronically scanned array radar, AESA 레이더라는 장비는 한 가지 전파만 발사하는 것이 아니라 다양한 전파를 동시에 내뿜은 뒤 각각이 어떤 반응을 일으키는지를 측정해 종합적으로 분석한다. 그렇게 해서 멀리 있는 적의 위치를 훨씬 더 정확하게 알아낸다. 이런 장비를 만들기 위해서는 다양한 전파를 빨리 처리할 수 있는 고성능 전자 부품이 필요하며, 여기에 질화갈륨반도체가 큰 역할을 한다고 알려져 있다. 2022년에 한국전자통신연구원에서는 신형 질화갈륨반도체를 개발했다고 발표하면서 콕 집어서 이 부품

을 한국산 전투기나 군함의 AESA 레이더에 활용하면 훌륭한 성능을 낼 수 있다고 이야기한 적이 있다. 이렇게 보면 최신 무기가 멀리 있는 적을 찾아내는 눈빛도 갈륨의 빛이라고 말해 볼 수 있겠다.

이런 특수한 분야의 활용 사례 외에도 앞으로 전기차가 많아지면 자동차를 움직이는 강한 전기를 다루는 반도체로 질화갈륨반도체를 점점 더 많이 사용하게 될 것으로 내다보는 사람들도 많다. 전기차 충전기에 질화갈륨반도체가 쓰이는 사례도 있어서 충전기와 전기 설비 쪽으로도 수요가 있다고 한다. 휴대용 컴퓨터를 빠르게 충전하는 기구 중에도 질화갈륨반도체를 사용했다는 뜻에서 GaN 충전기 등의 이름이 붙은 제품들이 시중에 나와 있다. 그뿐 아니라 태양광발전 장비도 지금은 규소를 주재료로 만들지만, 갈륨을 활용한 재료가 성능이 더 뛰어난 경우가 있어서 어쩌면 기후 변화 시대에 태양광발전이 퍼져 나가면서 갈륨이 더 많이 쓰일지도 모른다. 앞으로 갈륨이 얼마나 많이 쓰이게 될지 관심을 두고 지켜볼 만한 일이다.

이렇게 갈륨의 역할이 늘어날 거라는 전망이 있다 보니, 나라 간에 갈륨을 둘러싼 은근한 다툼도 있다. 갈륨은 비교적 쉽게 구할 수 있는 물질이 아니며, 석탄이나 금처럼 덩어리로 뭉쳐 있는 것을 캐낼 수 있는 물질도 아니다. 갈륨은 다른 원소들과 반응한 상태로 이곳저곳에 조금씩 포함되어 있다. 그래서 보통 다른 금속을 돌 속에서 뽑아내고 점점 순수하게 정제하는 과정에서 불순물로 걸러낸 물질을 분리해 갈륨을 찾게 되는 경우가 많다. 그러니 광산에서 캔 돌에서 무엇인가를 뽑아내는 공장이 많은 곳에서 갈륨도 많이 생산된다. 한국은 돌에서 아연을 뽑아내는 사업을 매우 큰 규모로 벌이고 있다 보니, 2013년까지만 해도 아연 공장에서 갈륨도 같이 뽑아내 판매했다. 당시 국내 갈륨 생산량은 연간 수 톤 정도로 추정해 볼 수 있다.

그러나 지금은 중국이 워낙에 온갖 돌에서 별별 금속을 다 뽑아내는 사업을 대규모로 하는 시대다. 자연히 중국이 값싼 갈륨을 대량 생산하고 있다. 좀 크게 잡아 보면 전 세계 갈륨의 90%가 중국에서 생산된다고 볼 수 있다고 한다. 마침 한국은 중국과 거리도 가까우므로 한국에서 갈륨을 사용하는 기업들은 중국에서 갈륨을 꾸준히 들여와 사용하고 있다. 국내 갈륨 생산 사업은 중국 업체에 경쟁이 되지 않아 2010년대에 사업을 중단했다.

2020년대에 들어서자 미국과 중국의 경쟁이 심해지면서 중국이 갈륨을 통제하려는 움직임을 조금씩 보인다. 미국은 중국을 견제하기 위해 중국에 첨단 기술, 특히 반도체 기술이 흘러드는 것을 막으려 하고 있다. 이에 중국도 지지 않고 첨단 기술 제품, 반도체를 만드는 데 꼭 필요한 갈륨이 다른 나라에 팔리는 것을 막으려고 한다. 국내 언론에서는 2023년 8월부터 중국에서 다른 나라로 갈륨을 파는 사업에 대한 통제가 강화된 사실을 보도하면서, 잘못하면 갈륨을 수입할 길이 뚝 끊길 위험이 있다는 이야

기를 꺼내기도 했다. 이런 정치적 대립 때문에 광물을 많이 생산하는 호주나 캐나다 같은 나라들이 중국 대신에 갈륨을 팔 수 있는 새로운 사업 기회를 잡게 될지도 모른다.

　재미있게도 갈륨은 처음 발견된 때부터 국가 간의 경쟁이나 자기 나라를 높이려는 마음과 관계가 있었다. 갈륨을 발견한 사람으로 널리 인정받는 인물은 19세기 프랑스의 화학자, 폴 에밀 르코크 드 부아보드랑Paul Émile Lecoq de Boisbaudran이다. 부아보드랑은 대학에 다니고 공부를 잘해서 성공한 사람은 아니었다. 그는 학교에 다니는 대신 부모님의 일을 도우며 성장했는데, 그의 집안은 술을 만들어 파는 일을 했다고 한다. 그중에서도 특히 코냑을 만들어 팔았다는 이야기가 있다. 코냑 같은 술을 만들기 위해서는 재료를 잘 섞고 가공하고 끓이고 다시 식히고 거르고 휘젓는 등의 작업이 이루어져야 한다. 이런 일은 화학 실험과 비슷하며 실제로 화학 분야의 지식이 많이 적용된다. 아마도 부아보드랑이 이런 집안일을 하다 보니 화학에 관심을 두게 되지 않았을까 싶다.

　전설처럼 도는 이야기에 따르면, 부아보드랑은 학교에 다니지는 않았지만, 어느 학교의 교과 과정표를 구해서 살펴보고 학생들이 어떤 주제들에 대해서 배우는지 알아낸 후, 스스로 그 주제에 관한 책을 빌려 보면서 과학을 익혀 나갔다고 한다. 그는 다양한 물질을 분리하고 확인하는 방법들을 알아냈고, 특히 당시 급속히 발전하던 분광분석법, 즉 물질의 색깔을 정밀 분석해서 그 물질이 무엇인지 알아내는 방법에 대해서 상당히 뛰어난 기술들을 개발했다. 이후 실험 중에 철, 아연 등이 잡다하게 뒤섞인 돌에서 그때까지 사람들이 모르고 넘어갔던 다른 금속을 발견해, 그 금속에 갈륨이라는 이름을 붙였다.

갈륨은 프랑스 땅을 예전에 갈리아라고 했던 데서 따온 이름으로, 갈리아의 금속, 즉 자신의 조국 프랑스의 금속이라는 뜻이었다. 새로운 원소에 나라 이름을 붙이는 일은 나라 간의 명예를 건 경쟁이 되기도 하므로, 이런 사례는 꽤 많다. 대표적인 사례로는 마리 퀴리Marie S. Curie가 폴란드 독립을 염원하며 이름 붙인 폴로늄polonium이라는 원소가 있고, 저마늄은 독일을 뜻하는 Germany에서 온 말이며, 그 외에도 미국을 나타내는 아메리슘americium, 일본을 나타내는 니호늄nihonium도 있다. 한국에서도 1조 5000억 원의 예산을 들여 중이온가속기 사업을 추진할 때, 그 홍보물에 만약 이 사업으로 새로운 원소를 발견한다면 코리아늄이라고 이름을 붙일 수 있다는 이야기가 나온 적이 있다. 그런 업적을 부아보드랑은 이미 140여 년 전에 코냑 만드는 곳 옆에 차린 실험실에서 이루어낸 것이다.

경쟁과 다툼에 관한 이야기를 많이 했는데, 사실 순수한 갈륨 덩어리는 좀 웃기고 재미난 물질이다. 갈륨은 금속치고는 매우 쉽게 녹아내리는 물질이어서 차가울 때는 꼭 철 덩어리처럼 보이지만 30℃ 정도의 온도만 되어도 은색 페인트처럼 흐물흐물하게 변해 버린다. 그래서 갈륨 덩어리로 칼이나 바늘을 만들어

서 누구에게 써 보라고 건네주면, 그것을 받은 사람이 막상 사용하려고 할 때 체온 때문에 녹아 버려서 깜짝 놀라게 된다. 그러고 나서도 다시 모양을 잡아 준 뒤에 찬 바람만 좀 쐬어 주면 또 언제 그랬냐는 듯이 튼튼한 강철 덩어리 같은 모습으로 되돌아간다. 손에 묻거나 피부에 스며들어서 딱히 좋을 것은 없는 물질이기에 이런 장난을 해서는 안 되겠지만, 과거에는 이런 독특한 성질을 이용해 갈륨으로 장난을 치는 과학자들도 많았을 것이다.

도라지무침을
먹으며

32 | Ge
저마늄

조선 전기의 이야기책《용천담적기》에는 당시 거문고 타는 솜씨가 매우 뛰어났다는 이마지라는 인물에 관한 이야기가 실려 있다. 솜씨가 워낙 출중해서 좋은 음악을 듣고 싶어 하는 부유한 사람들이 항상 그를 초대하려고 애썼다고 한다. 하루는 이마지가 정승쯤 되는 높은 사람들이 모인 자리에 초대를 받았다. 이마지는 거문고를 연주하기 시작했다.《용천담적기》의 작가 김안로는 음악이 시작되는 장면을 "구름이 가듯, 냇물이 흐르듯, 끊어질 듯하면서도 끊어지지 않다가, 갑자기 탁 트이는가 하면, 홀연히 닫히며, 퍼지고 오므라듦이 변화무쌍하여, 좌상에 앉은 이들이 음식 맛을 잃어 술잔을 멈추고, 귀 기울여 정신을 모으고 우두커니 앉았다"라고 묘사했다.

음악이 차츰 펼쳐지면서 거문고 소리는 더욱더 감동적으로 변해 간다. 사람들은 완전히 빠져들었다. 이 장면을 묘사한 김안로의 글솜씨도 훌륭하다. "고운 소리를 내니 버들개지가 나부끼듯, 꽃이 어지럽게 떨어지듯, 광경이 녹아날 듯, 고운 듯하여, 자신도 모르게 마음이 취하고 사지가 사르르 풀리는 듯하였다. 또다시 높이 올려 웅장하고 빠른 가락이 되니, 깃발은 쓰러지고 북은 울리는 듯, 백만의 병사가 일제히 날뛰는 듯하여, 기운이 뻗치고 정신이 번쩍 들며, 몸을 일으켜 자기도 모르게 춤추게 되는 것도 느끼지 못했다"라고 되어 있다. 그 자리에 모인 사람들의 마음은 모두 이마지의 음악을 따라가며 함께 울고 웃게 되었다.

감격스러운 연주가 끝나자 이마지는 거문고를 밀어 놓고 옷깃을 여몄다. 그런데 갑자기 하늘을 우러러 탄식을 하더니 이렇게 말했다고 한다.

"인생 백 년도 잠깐이요, 부귀영화도 한순간입니다."

모두가 감격할 만큼 훌륭한 연주를 하고도 어째서 탄식을 했을까? 이마지는 다음과 같이 설명했다고 한다.

글 쓰는 사람이 글을 남기면 그 사람이 세상을 떠난 후에도 그 글을 읽을 사람이 있다. 그림 그리는 사람도 그림을 남겨 놓으면 수백 년이 지나도 다른 사람이 그 그림을 볼 수 있다. 그렇지만 자신은 아무리 뻬어난 음악을 만들어 연주하더라도 먼 훗날 세상 사람들은 그 솜씨가 어떤지 알 길이 없다. 자기 몸이 한낱 아침이슬처럼 사라지고 나면, 그 음악도 연기가 사라지고 구름이 사라지듯 자취를 감출 것이라고 그는 안타까워한다. 그러고 나

서 긴 한숨을 쉬었다. 그러자 앉아 있던 사람들이 눈물로 옷깃을 적셨다고 한다. 이마지의 음악에 한껏 빠져 있던 사람들이 그러한 안타까움에 동감했기 때문일 것이다.

이마지의 지적은 옳다. 그의 훌륭한 음악을 500년 가까운 세월이 지난 지금 우리는 짐작하기 어렵다. 오랫동안 음악이라는 예술은 세계 어디에서든 비슷한 문제를 안고 있었다. 좋은 음악을 들으려면 그 곡을 연주하는 사람이 있는 곳으로 찾아가거나 그가 내 곁에 와서 연주를 들려주어야 했다. 그 시간이 지나면, 그 장소에 있지 않으면, 음악을 들을 수 없다. 그나마 체계적인 악보가 개발되면서 곡조의 기본은 기록해서 남겨 둘 수 있게 되었다. 그래도 빼어난 연주 솜씨나 사람의 목소리는 악보에 담기지 않는다. 베토벤이 처음 교향곡을 작곡해서 직접 지휘할 때의 음악이 어땠는지, 슈베르트가 작곡한 가곡을 가수가 처음으로 불렀을 때 어떤 느낌이었는지 우리는 알 수 없다.

자연히 이런 시대의 음악이란 공연장에 갈 수 있고, 공연하는 사람들을 초청할 여유가 있는 사람들을 위한 것으로 자리 잡았다. 그러니 음악가들은 이마지나 베토벤 같은 음악가를 초청할 수 있는 높은 벼슬아치들, 귀족들이 좋아하는 음악을 만들어야 했다. 사회의 상류층, 부자들을 위한 음악이 발전하고 그런 사람들이 필요하다고 하는 방향으로 음악이 만들어지는 것이 어쩔 수 없는 지난 수백 년, 수천 년 동안의 흐름이었다.

이런 흐름에 변화가 일어나기 시작한 것은 19세기 후반, 미국의 발명가 토머스 에디슨이 축음기를 개발해서 녹음 기술을 선보이면서였다. 음악을 무언가에 녹음해 두고, 특정 장치를 이용해 그것을 들을 수 있게 하면, 음악가가 내 앞에 없더라도 그 장치를 이용해 얼마든지 음악을 들을 수 있다.

만약 이마지가 에디슨 이후에 태어나 거문고를 연주했다면, 그 연주를 녹음한 자료가 남아 있어서 21세기의 우리도 그의 연주가 어땠는지 알 수 있었을 것이다. 게다가 이마지는 한 사람뿐이지만, 녹음한 자료는 대량으로 복사해서 판매할 수 있으므로 더 많은 사람이 음악을 즐길 수 있게 된다. 이마지가 서울에 살고 있더라도 녹음한 것이 전 세계에 판매되면 수백, 수천 곳에서 동시에 그 음악이 울려 퍼지게 할 수도 있다.

축음기가 등장한 뒤로 음악을 즐기는 문화는 그 바탕이 바뀌기 시작했다. 이제 음악은 음악가를 불러들일 만큼 부자인 사람들만 즐길 수 있는 것이 아니다. 녹음한 것을 들을 수 있는 전자제품을 살 정도만 되면 누구라도 음악을 즐길 수 있게 되었다. 그 덕에 더 많은 사람, 보통 사람들, 가난한 사람들의 취향에 맞는 음악도 인기를 끌 수 있게 되었다. 20세기가 되면서 고상한 고전음악 이상으로 재즈, 블루스, 대중음악이 성장할 수 있었던 이유가 녹음 기술 때문이라고 해도 큰 과장은 아니다.

대중음악이 발전하는 방향은 1950년대 후반부터 다시 한번 크게 바뀌었다. 1950년대 초까지만 해도 음악을 들으려면 비닐^{vinyl} 음반의 녹음을 들을 수 있는 전축^{전기 축음기}이라는 기계를 사야 했

다. 그게 아니면 대형 라디오를 사서 방송을 들어야 했다. 이런 장치는 가격도 비싸고 크기도 크며 가지고 다니기도 어렵다. 그러던 중에 1950년대 중반, 저마늄germanium이라는 물질로 만든 트랜지스터transistor라는 부품으로 소형 라디오를 만드는 기술이 개발되었다. 트랜지스터라디오는 가볍고 작았다. 그전에는 음악을 듣는 기계라고 하면 냉장고나 탁자만 한 덩치를 집 안 한쪽에 세워 두고 온 가족이 함께 듣는 장비를 떠올려야 했지만, 트랜지스터라디오는 주머니에 넣어서 가지고 다닐 수 있는 크기여서 어디서나 음악을 들을 수 있었다.

트랜지스터라디오는 굉장한 인기를 끌었다. 한동안 한국에서는 그냥 "트랜지스터"라고만 해도 곧 트랜지스터를 이용해 만든 소형 라디오라는 뜻으로 통할 정도였다. 세계 최초의 휴대용 트랜지스터라디오가 탄생한 지 몇 년 되지 않아 한국에서도 최초의 한국산 휴대용 라디오로 평가받는 TP-601이라는 제품이 등장했다. 이보다 앞서 처음으로 한국에서 개발되어 제대로 된 한국 전자 산업의 첫 번째 제품이라고 평가받는 최초의 한국산 라디오가 개발된 것이 1959년이었다. 그런데 휴대용 라디오인 TP-601이 개발된 것이 바로 그다음 해인 1960년이다. 그 정도로 급하게 TP-601을 만들어 팔아야 했을 정도로 휴대용 라디오가 인기였음을 짐작해 볼 수 있다.

하지만 냉정하게 따지자면 TP-601 같은 한국산 제품은 큰 성공을 거두지 못했다. 이미 한국에는 여러 경로로 외국산 라디오들이 들어오고 있어서, 그때야 겨우 전자 제품 개발에 걸음마를 뗀 1960년대 초의 한국 기술로는 경쟁하기가 쉽지 않았다. 그런데도 국내 기술로 개발해 판매해 보자고 도전할 정도로 당시 한국에서 트랜지스터라디오는 이미 매력이 넘치는 기계였다.

그 시절에는 휴대용 라디오가 값비싼 사치품이었다. 그럼에도 학생들이 등굣길에 이어폰을 꽂고 음악을 듣는 모습을 볼 수 있는 시대로 접어들었다는 점은 분명했다. 이마지 못지않은 뛰어난 현대 음악가들이 만든 음악이 내 손 안에 들어왔다. 버스를 타고 이동하거나 산책을 할 때도 귀에 음악이 울려 퍼지는 시대가 되었다. 이 시절 젊은이들은 휴대용 라디오를 자신의 보물로 애지중지하곤 했다. 저마늄 트랜지스터라디오가 그저 요긴한 전자 제품이기만 한 것이 아니라, 거기서 흘러나오는 음악이 내 감정을 뒤흔들 때, 내가 첫사랑에 울고 옛 추억에 웃을 때, 나와 함께한 기계였기 때문이다.

저마늄 트랜지스터라디오는 음악과 예술을 받아들이는 문화를 바꾸어 놓았다. 처음으로 음악의 감동을 언제 어디서나 많은 사람이 함께 즐길 수 있게 되었다. 음악이 사람의 마음속에 일으키는 생각이 더 많은 사람의 생각을 바꿀 수 있게 되었다.

게르마늄이라고도 부르는 저마늄은 최초로 개발된 트랜지스터의 주원료 물질이었다. 세상에는 철, 구리, 은같이 전기가 잘 통해서 도체로 분류되는 물질이 있고, 반대로 고무나 나무처럼

전기가 잘 통하지 않아 부도체로 분류되는 물질이 있다. 전기가 잘 통하는 도체는 전선이나 전기 회로를 만드는 데 사용하면 되고, 전기가 잘 통하지 않는 고무는 감전되지 않도록 보호해 주는 안전 장갑 같은 것을 만드는 용도로 사용하면 좋다.

저마늄 덩어리는 전기가 통할 듯한 특성을 많이 갖춘 금속이기는 한데, 막상 전기를 흘려 보면 그다지 잘 통하지는 않아서 부도체에 가깝기도 한 애매한 물질이다. 이래서야 전선으로 쓸 수도 없고 안전하게 전기 회로를 보호하는 소재로도 쓸 수 없으니 그 성질이 참 어중간하다. 하지만 과학자들은 바로 이 어중간한 성질을 잘만 이용하면 절묘하게 기능하는 훌륭한 전자 부품을 개발할 수 있겠다고 생각했다.

가장 쉽게 생각할 수 있는 용도는 통신 장치 부품이었다. 19세기에는 먼 곳과 통신을 하기 위해 전보를 보내는 용도로 전신기라는 장치를 사용했다. 전신기는 길게 이어진 전선을 통해 멀리까지 전기를 보내서 통신하는 방식이었다. 모스 부호를 활용해 전기를 보냈다가 보내지 않았다가 하는 방식이다. 그런데 먼 곳까지, 예를 들어 서울에서 부산까지 전기를 보내 통신을 하려고 하니 도중에 전기가 점점 약해져서 통신이 잘 전달되지 않았다. 전기가 흐르는 것인지 안 흐르는 것인지 구분이 되지 않을 정도로 신호가 약해지면 무슨 전보를 보낸 것인지 알아볼 수 없는 지경이 되기도 한다.

이런 문제는 어떻게 해결해야 할까? 일단 전기가 충분히 감지되는 중간 지점인 대전까지만 장비를 설치한다. 그리고 대전에서부터 부산까지 연결된 두 번째 전신 장비를 한 대 더 설치한다. 그런 다음 대전에 통신을 중계해 주는 사람을 한 명 배치한다. 즉, 서울에서 보낸 통신을 대전에 배치된 사람이 받아서 그대로 따라 해, 대전에서 부산까지 놓인 두 번째 전신 장비로 다시 통신을 보내는 것이다. 이렇게 하면 대전을 한 번 거쳐 서울에서 부산까지 통신을 보낼 수 있다. 이런 방법을 이어달리기에서 바통을 건네주는 것과 비슷하다고 해서 미국에서는 흔히 릴레이^{relay}라고 불렀다.

기술이 좀 더 발달하면서 사람들은 릴레이의 중간에 사람 대신 자동으로 돌아가는 기계 장치를 배치하는 것이 좋겠다고 생각하게 되었다. 톱니바퀴와 지렛대를 연결한 장치를 만들어 두고, 이 장치가 서울에서 오는 전선에 전기가 흐르는 것을 감지하면, 톱니바퀴가 철컥거리며 스위치를 눌러 대전에서 부산으로 전기를 보낸다. 그리고 서울에서 오는 전선에 전기가 흐르지 않으면, 톱니바퀴가 반대로 돌면서 스위치를 끊어서 대전에서 부산으로 전기를 보내지 않게 하는 절묘한 기계를 만든 것이다. 이렇게 하면 대전에 배치했던 사람 역할을 기계 장치가 대신할 수 있다. 그래서 이런 기계 장치 역시 릴레이라고 부르게 되었다.

기계를 그렇게 만들어 놓고 보니, 과학자 중에 색다른 생각을 하는 사람들이 나타났다. 전기가 흐르는지 안 흐르는지를 릴레이가 구분해서 전기가 흐를 때만 스위치를 누른다는 것은 아주

간단하기는 해도 어쨌든 판단을 한다는 뜻이다. 즉, 릴레이는 판단할 줄 아는 장치라는 생각이었다. 과학자들의 생각은 릴레이를 복잡하게 조합하면 더 복잡한 판단을 할 수 있는 장치를 만들 수 있겠다는 데까지 이어졌다. 어쩌면 더하기 빼기 같은 계산을 할 수 있는 기계를 만들 수도 있지 않을까? 그리하여 1944년, 미국 하버드대학교에서는 수백, 수천 개의 릴레이를 조합해서 복잡한 수를 자동으로 계산하는 거대한 기계를 개발해 설치했다. 이 기계에는 "하버드 마크 I Harvard Mark I"이라는 이름이 붙었는데, 미국에서는 이것을 이용해 핵폭탄을 만드는 데 필요한 계산을 하기도 했다.

릴레이보다 뒤에 개발된 진공관이라는 부품을 이용해도 릴레이와 비슷한 효과를 낼 수 있었다. 이를 두고 진공관이 릴레이처럼 "스위칭 switching" 기능을 가졌다고 표현하기도 한다. 사람들은 진공관을 이용해 자동으로 계산하는 장치를 만들었다. 그 장치는 나중에 컴퓨터가 되었다.

그런데 진공관은 전구처럼 생긴 부품이어서 부피가 크고 무거웠으며 열을 많이 내뿜었다. 또 부서지기도 쉽고 수명도 짧았다. 수천 개, 수만 개의 진공관을 연결해서 컴퓨터를 한 대 만들어 놓으면 그 크기가 대단히 커서 건물 하나를 가득 채울 정도였다. 전기도 굉장히 많이 들었다. 그런데도 조금만 사용하다 보면 고장이 났다.

그러다가 1947년에 미국의 과학자들이 진공관 대신 사용할 수 있는 더 좋은 부품을 개발했다. 전기가 잘 흐르지 않던 저마늄에 불순물을 조금 섞어 넣어서 교묘한 상태로 만들면 평소에는 전기가 흐르지 않다가 조건이 맞을 때만 전기가 흐르게 할 수 있었다. 이것을 잘 활용하면 릴레이를 대신할 수 있고, 진공관을 대신할 수 있다. 그것이 바로 트랜지스터라는 부품이다. 다시 말해 트랜지스터도 "스위칭" 기능을 할 수 있다. 그러면서도 진공관보다 크기도 훨씬 작고, 고장도 잘 나지 않고, 전기도 훨씬 덜 들었다. 이렇게 개발된 저마늄 트랜지스터를 일반적으로 반도체 산업의 시작으로 본다. 요즘의 고성능 반도체 제품, 스마트폰이나 컴퓨터의 핵심 부품들도 모두 아주 작은 트랜지스터를 수백만 개, 수천만 개씩 연결해서 만든다.

1950년대가 되자 사람들은 그전까지 진공관을 이용해서 만들던 라디오도 트랜지스터를 이용해서 만들기 시작했다. 트랜지스터라디오는 트랜지스터의 장점을 그대로 갖고 있었다. 전기를 적게 먹고 더 작게 만들 수 있었다. 건전지로 작동하는 휴대용 라디오를 만들기에 아주 적합했다. 이후 트랜지스터라디오가 차지한 위상은 앞에서 이야기한 그대로다.

60여 년 전, 처음 트랜지스터라디오가 등장했을 때와 비교하면 지금은 저마늄이 반도체에 사용되는 비중이 훨씬 줄어들었다. 세월이 흘러 이집트인 과학자 마틴 아탈라Martin M.J. Atalla와 한국인 과학자 강대원이 힘을 합쳐 모스펫metal-oxide semiconductor field

effect transistor, MOSFET이라고 부르는 새로운 방식의 트랜지스터를 개발하게 되면서, 저마늄 대신 규소로 트랜지스터를 만들면 훨씬 더 작은 크기로 편리하게 대량 생산할 수 있다는 사실을 알게 되었기 때문이다. 이것은 주기율표에서 아래위로 같은 줄에 있는 원소들끼리는 성질이 비슷하다는 주기율표의 기본 규칙 덕분이기도 하다. 주기율표에서 저마늄 바로 위 칸에는 다름 아닌 규소가 적혀 있으니, 저마늄 대신 규소로 반도체를 만든다는 생각은 쉽게 해 볼 수 있다. 그래서 요즘 대부분의 고성능 반도체 제품에는 저마늄 대신 규소가 주원료로 쓰인다. 한국에서 디램 dynamic random access memory, DRAM 같은 반도체를 잘 만들어 수출한다는 이야기는 널리 알려져 있는데 DRAM 반도체의 주재료도 저마늄이 아니라 규소다.

그래도 저마늄 트랜지스터는 사라지지 않고 어느 정도 사용되고 있다. 요즘은 트랜지스터 대신 저마늄이 사용되는 다른 분야가 조금씩 늘어나는 추세다. 유리의 주재료는 규소와 산소를 이용해서 만드는 이산화규소라는 물질이다. 그러면 저마늄 대신 규소로 반도체를 만들 듯이, 규소 대신 저마늄으로 유리를 만들 수는 없을까? 이런 생각이 현실이 되어 이산화규소 대신 이산화저마늄으로 유리 비슷한 제품을 만들어서 사용하는 사례가 꽤 많다.

저마늄으로 만든 유리는 규소로 만든 보통 유리보다 적외선을 잘 통과시키는 특징이 있다. 그래서 적외선을 잘 받아들일 필요가 있는 카메라를 만들 때 저마늄 유리 렌즈를 자주 사용한다. 적외선을 감지하는 기능은 어두운 밤에도 물체를 볼 수 있게 해 주는 장비나, 열을 내뿜는 물체가 어디에 얼마나 있는지 관찰하는 열화상 카메라 등에 사용할 수 있다. 당연히 이런 장비들 속에 저마늄이 들어 있는 경우가 많다.

저마늄으로 만든 유리가 활용되는 또 다른 분야도 있다. 요즘 인터넷 통신을 이용하기 위해 꼭 필요한 장비로 광케이블이 있는데, 광케이블은 광섬유라는 재료로 만든다. 그러니까 인터넷으로 정보를 주고받을 때 그 정보는 광섬유를 따라 흘러간다. 광섬유는 빨대처럼 생긴 가느다란 줄 한쪽 끝에 빛을 쏘여 주면 그 빛을 그대로 담아 반대쪽 끝으로 전달해 주는 장치다. 전선이 이쪽에서 저쪽으로 전기를 전달해 준다면, 광섬유는 이쪽에서 저쪽으로 빛을 전달해 준다고 보면 된다. 과학자들은 광섬유를 만들 때 보통 유리만 이용해서 만드는 것보다 약간의 저마늄을 같이 조합하면 성능이 더 뛰어난 제품을 만들 수 있다는 사실을 알아냈다.

그러고 보면 저마늄 트랜지스터의 전성시대는 지난 것 같아도 저마늄의 역할은 줄어들지 않은 것 같다. 요즘 인터넷을 사용하고 온라인 게임을 하고 OTT 서비스over-the-top media service로 영상을 보는 등 온갖 첨단 작업을 할 때, 그 정보를 실어 나르는 곳에서 저마늄이 여전히 중요한 역할을 하는 셈이다.

저마늄, 독일식으로 게르마늄이라는 원소 이름은 1886년에 이 원소를 처음으로 발견한 독일의 화학자 클레멘스 빙클러^{Clemens A. Winkler}가 붙인 것이다. 독일인을 흔히 게르만족이라고 하고, 영어로도 독일을 Germany라고 한다. 빙클러는 자기 나라 이름을 따서 독일의 원소, 독일의 금속이라는 뜻으로 새 원소에 게르마늄이라는 이름을 붙였다.

그런 만큼 저마늄은 독일인들에게 특히 사랑받는 원소일지도 모른다. 그런데 이유는 잘 모르겠지만 독일에서 한참 멀리 떨어진 한국에서 1990년대와 2000년대 무렵에 저마늄이 무엇인가 좋은 느낌을 주는 이름으로 사용되는 경향이 있었다. 한국의 돌 중에서 화강편마암 등의 변성암에 다른 암석보다 저마늄 성분이 조금 더 들어 있는 경우가 있는데, 그런 돌이 많은 지역에서 "우리 지역은 게르마늄이 풍부해서 좋습니다" 하고 선전하는 사례가 더러 있었다. 농산물이나 수산물 중에도 "게르마늄 쌀"이라거나 "게르마늄 바지락"이라고 광고하는 것을 어렵지 않게 찾아볼 수 있다.

실제로 땅에 저마늄 성분이 있다면 그곳에 심어 기른 작물에 저마늄 성분이 아주 약간 포함되는 현상은 충분히 나타날 수 있다. 예를 들어 이성태 선생의 연구팀이 2005년에 발표한 연구 결과를 보면, 경상남도 지역에서 캔 도라지에서 1kg당 약 108μg의 저마늄이 발견되었다고 한다. 평범한 쌀에서 발견되는 저마늄이 1kg당 68μg인 것과 비교하면, 이 도라지는 비교적 많은 저마늄을 품고 있다. 거의 쌀의 2배에 가깝다. 물론 108μg이라면 0.0001g 정도라는 뜻이다. 게다가 어지간히 도라지를 많이 먹더라도 한 사람이 한 번에 1kg의 도라지를 먹기란 어렵다. 그러니 도라지를 통해 사람 몸으로 들어오는 저마늄이 많다고 볼 수도 없다. 도라지에서 저마늄 맛이 느껴질 리도 없을 것이다. 그래도 도라지무침을 먹을 때, 저마늄 반도체가 어떻게 음악과 문화를 바꾸어 놓았는지, 저마늄을 이용한 광케이블로 전 세계 수많은 사람이 연결되면서 세상이 얼마나 달라졌는지, 한번 생각해 보아도 나쁘지 않을 것이다.

곶감 사건을
생각하며

33 | **As**
비소

조선 시대 역사에서 난폭한 임금으로 악명 높은 사람을 꼽아 보라면 가장 쉽게 나올 대답은 아마 연산군일 것이다. 그리고 연산군이 어떻게 그렇게까지 잔인하고 무서운 사람이 되었느냐에 관해서는 어머니인 폐비 윤씨의 죽음에 원한이 맺혀 이상한 일들을 벌였다는 이야기가 잘 알려져 있다. 사극에 항상 나올 만큼 널리 퍼진 이야기에 따르면, 중전 자리에서 쫓겨난 폐비 윤씨가 사약을 마시고 토한 피를 천에 묻히고는 자기 자식인 왕자 연산군이 나중에 옥좌에 오르면 그것을 보여 주라고 유언을 남겼다고 한다. 훗날 그것을 본 연산군은 어머니의 원수를 갚겠다는 마음이 치밀어서 더욱 난폭해졌다는 이야기다.

이런 이야기는 그야말로 전설일 뿐이다. 하지만 실제로 믿음직한 역사 기록에도 벌을 받아 목숨을 잃은 어머니의 복수를 하기 위해 연산군이 벌였다는 잔혹한 일들이 분명히 남아 있으므로 연산군의 포악함이 어느 정도는 어머니의 운명과 관련이 있다고 할 수 있다.

그렇다면 폐비 윤씨는 무슨 죄를 지었기에 중전 자리에서 쫓겨 나야만 했을까? 역사 기록에서 폐비 윤씨의 죄라고 지적되는 가장 큰 문제를 하나만 짚어 본다면, 감과 비상砒霜을 함께 가지고 있었다는 점이다.

앞뒤 정황상 여기서 말하는 감은 요즘 우리가 먹는 곶감 형태에 가까운 것으로, 후식이나 간식으로 먹을 만한 음식이었던 것 같다. 중전마마가 곶감을 가지고 다닌다고 하면 약간 우스운 느낌이 들기도 하지만, 중전도 사람이니 가끔 출출하면 주전부리가 생각날 수도 있을 것이다. 그렇게 생각하면 조선 시대의 호사스러운 한복에 장신구처럼 치렁치렁 달고 다니는 복주머니도 많으니, 거기에 곶감 두세 개쯤 넣어 다닌다고 해서 아주 이상할 것도 없다. 폐비 윤씨의 남편이었던 성종 임금이 아무리 중전과 사이가 안 좋았다 하더라도 "어떻게 체통 없이 중전이 곶감을 가지고 다니면서 먹는단 말입니까?"라며 부인에게 죄를 물었을 것 같지는 않다.

문제는 곶감을 비상과 함께 보관했다는 데 있다. 비상은 조선 시대에 가장 널리 알려진 독약이었다. 비상이라고 하면 그 자체로 독약이라는 의미로 쓰였다. 공짜라면 양잿물도 마신다는 속담도 있고, 요즘에는 무서운 독약으로 청산가리가 더 자주 등장

하는 것 같은데, 조선 시대에는 비상이 바로 양잿물과 청산가리의 위치를 차지하고 있었다. 비상이라는 말을 들으면 다들 누군가의 목숨을 빼앗으려는 의도로 사용하는 물질이라는 생각을 먼저 떠올리던 시대다. 그나마 나쁜 상상을 하지 않는다면, 동물이나 해충 따위를 없애려는 용도 정도를 생각했을 것이다.

그러니 곶감과 비상을 함께 지니고 있었다면 자연히 그 비상을 곶감에 섞어서 누군가에게 먹여 해칠 생각이었을 거라고 넘겨짚게 된다. 어쩌면 비상을 가루로 곱게 빻아서 곶감 겉면에 발라 놓은 상태를 떠올렸을지도 모른다. 상상 속에서는 누군가에게 이것을 맛있는 간식이라며 먹이는 장면이 자연스럽게 펼쳐진다. 혹은 누가 간식을 먹으려고 할 때 비상 바른 곶감을 슬쩍 끼워 넣는 방법도 있겠다. 중전이 가지고 있던 최상급 곶감이라면 분명 맛도 좋았을 것이다. 팝콘도 없고 아이스크림도 없던 시대에 좋은 곶감이라면 간식으로는 최고라고도 할 수 있겠다. 하지만 멋모르고 즐겁게 그 간식을 먹은 사람은 비상 중독으로 목숨을 잃을 것이다.

만약 폐비 윤씨가 그런 생각으로 곶감과 비상, 혹은 아예 비상 바른 곶감을 가지고 다녔다면 대체 그것을 누구에게 먹이려고 했을까? 중전이라면 궁중에서는 함부로 대할 사람이 거의 아무도 없을 만큼 높은 자리다. 심지어 다음 임금 자리를 이을 후계자의 어머니이니, 중전의 마음을 거스르려는 사람은 드물었을 것이다. 만약 싫은 사람이 있다면 다그치면 되고, 혼을 내면 된다.

그러나 아무리 높디높은 자리에 있는 중전이라도 궁중에서 절대 다그칠 수 없고, 혼낼 수 없는 사람이 한 명 있다. 바로 임금이다.

《조선왕조실록》의 기록에 따르면 성종 임금은 폐비 윤씨가 비상과 감을 갖고 있었던 이유가 다른 누구도 아닌 자신을 해치려는 생각을 품었기 때문이라고 주장했다. 그 정도의 죄라면 큰 벌을 받을 수밖에 없다.

물론 반론은 있었던 것 같다. 실제로 일이 진행되는 과정을 보아도 성종이 이 문제를 제기한 후 바로 수사가 이루어져 폐비 윤씨가 처벌을 받지는 않았다. 나중에 성종이 작심하고 폐비 윤씨를 처벌해 목숨을 빼앗으려고 하자 너무 심한 조치라고 반대하는 신하들도 있었다. 만약 폐비 윤씨가 성종을 살해하려고 한 것이 정말 확실했다면, 아무도 그 처벌에 반대하지 못했을 것이다. 그랬다가는 그 사람도 임금의 목숨을 빼앗으려는 역적과 한 패거리로 몰려 목숨이 위험했을 테니 말이다.

다른 각도에서는 폐비 윤씨와 성종이 굉장히 이상한 사이였다는 점도 생각해 보게 된다. 서로 열을 올리며 원수처럼 싸우다가도 어쩌다 급격히 가까워지면 서로 헤어나지 못했던 것 같다. 애초에 폐비 윤씨가 성종에게 불만을 품게 된 것은 성종이 다른 궁녀와 가까워진 일이 원인이었다. 그러니까 폐비 윤씨는 성종의 마음을 온전히 얻지 못한 질투 때문에 도리어 성종을 미워하게 된 것이다. 그런데 비상 곶감 사건이 발생한 것은 1477년이었는데, 폐비 윤씨는 그 뒤인 1479년에 연산군의 동생인 둘째를 낳았

다. 성종 임금의 주장이 사실이라면 그는 자신을 해치려고 한 여인을 멀리하지 못하고 그 사이에서 자식까지 낳은 것이다. 그런 부부 사이, 그런 사랑을 온전히 이해할 수 있겠는가?

과연 진실은 무엇일까? 정말로 폐비 윤씨는 비상 묻힌 곶감을 준비했을까? 정말로 성종 임금을 노린 것일까? 500년 넘는 세월이 지난 지금 진실을 밝힐 방법은 없다. 얄궂게도 폐비 윤씨가 받은 사약에는 비상이 들어 있었을 가능성이 크다. 삶의 마지막 순간, 자기 앞에 놓인 죽음의 약을 바라보는 폐비 윤씨는 남편이 자신을 향해 비상은 너나 먹으라고 소리치는 듯한 느낌을 받지 않았을까?

비상이 사람에게 독이 되는 가장 핵심적인 이유는 비소砒素라는 원소 때문이다. 비소라는 이름 자체가 비상의 핵심 원소라는 뜻이고, 사전에는 비砒라는 한자를 아예 "비상 비"라고 밝혀 두었을 정도다. 좀 더 자세히 설명하자면 비상의 원료가 되는 비석砒石이라는 돌이 있고, 비석을 가공해서 독약인 비상을 만드는데, 보통 조선 시대에 말하던 비상은 비소와 산소가 재료가 되어 만들어진 물질이 주성분인 것으로 보고 있다.

비소는 꼭 산소와 연결되지 않더라도 그 자체만으로 사람 몸에 독이 될 가능성이 큰 물질이다. 이것은 꽤 특이한 성질이다. 다른 원소와 비교해 살펴보자. 탄소의 경우, 탄소와 산소 원자가 하나씩 연결된 물질은 일산화탄소이며, 이것은 연탄가스 중독의 원인이 되는 대표적인 위험 물질이다. 하지만 탄소와 산소, 수소 원자가 다른 형태로 일정하게 연결된 탄수화물은 달콤한 음식이 된다. 염소 역시 염소끼리만 모여서 염소 기체를 이루면 대표적인 독가스 무기가 되지만, 염소와 소듐이 1:1로 붙어 있으면 음식 맛을 내는 데 빠져서는 안 되는 소금이 된다. 즉, 원소는 다른 원소와 어떻게 합쳐져 물질을 만들어 내느냐에 따라 성질이 아주 달라진다.

그런데 비소는 다른 원소를 어떻게 활용해서 무슨 물질을 만들든 대부분 사람 몸에 해를 끼치는 위험한 물질이 된다. 이런 원소는 몇몇 중금속 물질을 제외하면 절대 흔하지 않다. 더군다나 중금속 물질은 주로 사람 몸에 어느 정도 쌓였을 때 피해가 나타나지만, 비소는 적은 양으로도 사람 목숨을 빠르게 빼앗는 위험한 물질이 되는 경우가 많다. 이 때문에 비소라는 원소는 그 자체로 긴 세월 독약의 대표 원소로 자주 언급되었다. 조선에서는 진작부터 비소로 만들 수 있는 대표 물질 중 하나인 비상이 독약의 대표로 자리 잡았다면, 유럽에서는 그보다는 몇백 년쯤 늦은 시기에 비소라는 원소 이름 자체가 독약의 대표로 자리 잡았다. 심지어 "상속 가루"라는 별명이 붙었다는 소문도 꽤 알려져 있는데, 비소 계통의 독약으로 돈 많은 친척을 살해한 뒤에 그 돈을 상속받는 범죄가 자주 일어나서 생긴 말이라고 한다.

비소는 왜 이렇게 악랄한 독약이 되었을까? 사실, 비소는 사람을 살해하는 사악한 용도 외에 쥐를 잡는 약이나 살충제 등의

목적으로도 사용할 수 있다. 그렇다면 비소는 사람뿐 아니라 다른 동물의 몸도 공격할 수 있다는 뜻이다. 신기하게도 비소를 이용한 약품을 나무에 바르면 나무가 잘 상하지 않고 썩지 않게 만들 수 있다고 한다. 이 때문에 목재를 오래 보존하려는 용도로 비소 약품을 많이 쓰던 시절이 있었다. 나무가 상하지 않는다는 것은 나무를 갉아 먹고 변질시키는 세균이나 곰팡이 같은 것들이 활동하지 못한다는 뜻이다. 이 말은 비소가 사람과는 전혀 다른 구조를 가진 세균이나 곰팡이에게도 해를 끼칠 가능성이 크다는 의미다.

이렇게 보면 비소는 마치 지구상의 모든 생명체에 반대하는 원소인 것 같다. 어떻게 이럴 수 있을까? 비소가 생물의 몸에 해를 끼치는 방식은 여러 가지가 있겠지만 두 가지만 소개해 보자면 대략 다음과 같다.

지구상 모든 생명체의 몸을 이루는 주요 재료는 단백질이다. 그런데 갓 만들어진 단백질은 마치 기다란 실같이 단순한 모양만을 이룬다. 이래서야 사람의 몸을 이루는 온갖 부위의 다양한 모습, 사람 몸에서 다양한 반응을 일으키는 다채로운 성질을 지닐 수 없다. 그렇기에 단백질은 실 모양으로 가만히 있지 않는다. 실제 생물의 몸속 단백질은 일정한 모양으로 접히고 엉키면서 정해진 대로 다른 모양을 이루게 된다. 이때 단백질 속에 있는 황이 그렇게 접히고 엉켜서 생긴 다채로운 모양을 그대로 굳혀서 튼튼하게 유지해 준다.

정리하자면, 원래 단백질은 실 모양이지만 단백질 속에 군데군데 들어 있는 황 성분이 접착제처럼 그 실을 이리저리 엉키게 해서 붙이기 때문에, 단백질의 모양은 삼각형이 될 수도 있고, 네모 상자가 될 수도 있고, 별 모양이 될 수도 있다. 그리고 그렇게 모양을 잡은 단백질들이 다시 조립되어 생물의 몸을 이루게 된다. 이렇게 단백질이 이리저리 접히고 엉켜 필요한 모양을 갖추는 과정을 단백질 접힘protein folding이라고 한다. 생물의 근본 원리를 따지기 위해 대단히 많은 학자가 연구하고 있는 주제다. 지구상의 모든 생물은 몸을 만드는 데 필요한 단백질을 이런 방식으로 만든다.

그런데 비소를 이용한 물질 중에는 단백질이 접히면서 모양을 이룰 때 황과 황이 붙으며 고정되는 화학반응을 방해하는 것들이 있다. 이런 일이 벌어지면 단백질이 제 모양을 이루지 못하므로, 그 생물의 몸에서 해야 할 일을 제대로 못 하게 된다. 무슨 생물이든 이런 일이 벌어지면 몸을 유지할 수 없다. 그러니 비소가 생물을 해치는 독이 되는 것이다.

비소는 또 다른 원리로 생물을 공격하기도 한다. 이 원리는 아데노신삼인산adenosine triphosphate, ATP이라는 물질과 관련이 있다. 지구상의 모든 생물은 몸을 움직이기 위해 ATP가 ADP, 즉 아데노신이인산adenosine diphosphate이라는 물질로 바뀌는 화학반응을 활용한다. 이 또한 모든 지구 생물의 공통된 특성이다. 사람이 근육을 움직일 때건, 식물이 꽃을 피울 때건, 세균이 꼬리를 움직이

며 헤엄을 칠 때건, 지구상의 생명체라면 종류에 상관없이 모두 ATP가 일으키는 화학반응을 항상 활용한다.

겉보기에는 전혀 다른 온갖 동물, 식물, 미생물들이 왜 이런 공통점을 갖고 있을까? 화학자들은 아마도 먼 옛날 아주 단순하고 원시적인 생명체가 ATP를 요긴하게 이용해서 살아남는 데 성공했기 때문이라고 풀이하곤 한다. 그러니까 우연히 ATP라는 물질을 잘 활용해 살던 한 생명체가 있었는데, 바로 그 생명체가 진화해서 우리가 아는 지구상의 다른 모든 생명체가 생겨났고, ATP를 잘 사용하던 조상의 특징을 다들 물려받았다는 이야기다.

비소를 이용해서 만드는 물질 중에는 바로 이 ATP가 생겨나서 활용되는 반응을 방해하는 것들이 있다. 이렇게 되면 지구상의 생물은 무엇이건 힘을 쓰지 못하게 된다. 정말로 근육을 움직이거나 동작을 못 하게 될 뿐 아니라, 몸을 키우고 신경과 뇌를 사용하기 위해 전기를 만드는 온갖 활동이 멈추어서, 결국 건강을 해치고 목숨을 잃게 된다.

이런저런 원리로 비소가 지구상에 있는 거의 모든 생물을 공통으로 해치는 성분이다 보니, 2010년에 미국 항공우주국에서 굉장히 놀라운 사실을 발견했다면서 비소에 관한 소식을 발표해 큰 화제가 된 적도 있다. 그 발표를 하기 전에 중대한 사실이 발견되었다고 해서 분위기가 무척 떠들썩했는데, 그 바람에 대중은 드디어 외계인을 만났다는 발표인가 하는 기대로 술렁거리기도 했다. 하지만 그때 나온 이야기는 비소를 생활에 굉장히 많이 활용하는 생물, 그러니까 비소를 몸의 핵심 성분으로 사용하는 생물을 발견한 것 같다는 소식이었다. 발표 직후, 외계인이 아니라 고작 특이한 세균 같은 것 하나 발견했다는 이야기에 많은 사람이 굉장히 실망했던 기억이 난다.

그러나 만약 그 발표에서 기대한 대로 그런 생물을 발견했다면, 간밤에 비행접시에 들어가서 외계인을 만나 악수했다는 정도까지는 아니어도 충분히 놀랄 만한 소식이었을 것이다. 지구상의 모든 생물을 공격하는 비소의 특징이 통하기는커녕 비소를 오히려 몸의 핵심 물질로 사용하는 생물이라는 말은 그 생물이 굉장히 특이한 구조를 가졌다는 뜻이다. 가장 극적인 상황을 가정해 보면, 그 생물에게는 ATP와 연결된 반응을 방해하는 비소의 공격이 통하지 않는다고 할 수 있으니, 그것은 ATP를 이용하는 다른 모든 지구 생명체와는 다른 방식으로 살아간다는 뜻이다. 그렇다면 그것은 지금 우리가 알고 있는 지구 생명체와는 다른 계통의 생물이 발견된 것으로 볼 여지도 있다. 어쩌면 지구가 아닌 다른 행성에서 탄생한, 우리와는 아주 다른 생물이 옛날에 우연히 지구에 떨어져서 어느 구석에서 지금까지 살아오다가 발견된 것처럼 보인다고 상상력을 펼쳐볼 만도 했다.

시간이 흘러 그때의 발표는 지나치게 앞서나간 기대였던 것으로 마무리되었다. 당시에 발견된 생물은 비소를 마음껏 활용한다기보다는 비소를 견디는 능력이 뛰어난 생물이라는 쪽으로 정리되었다. 그것 말고도 21세기에 들어서 비소와 관계가 깊은 세

균이 몇 가지 발견되었다. 역시나 비소를 몸의 핵심으로 사용하는 정도는 아니지만, 비소를 자기 몸에 도움이 되는 용도로 조심스럽고도 교묘하게 활용하는 것들이 관찰되었다.

사람들이 애초에 비소를 사용하는 생물이 나타날 수 있다고 생각한 이유는 주기율표에서 비소가 인 아래에 적혀 있기 때문이다. 이 말은 비소와 인의 성질에 닮은 점이 있다는 뜻이다. 인은 ATP에 꼭 필요한 성분이고, ATP는 모든 생명체에서 많이 사용되는 물질이다. 그러니 어쩌면 다른 조건, 다른 상황, 다른 세계에서는 인 대신에 비소를 사용해서 생명체와 비슷한 활동을 하는 무엇인가가 있을 거라고 상상해볼 만도 했다.

생명체 말고 사람이 만든 물건 중에서는 주기율표의 원리를 적용해 인 대신에 비소를 사용해서 성공을 거둔 사례가 있다. 한국의 대기업에서 자주 사용하는 용도로는 반도체 제조를 꼽을 수 있다. 요즘 가장 흔하게 생산되는 반도체는 규소를 주재료로 쓰면서 불순물로 인이나 붕소를 아주 약간 섞어 원하는 성질이 생기도록 조절한다. 이때, 인 대신에 비소를 사용해도 비슷한 형태의 반도체를 만들 수 있다.

아예 규소 대신 갈륨과 비소를 이용해 독특한 반도체를 만들면 특수한 성능을 갖도록 할 수도 있다. 이런 반도체는 보통의 규소반도체보다 만들기가 어려워 널리 쓰이지는 않지만, 그 성능 때문에 수요가 있는 편이다. 규소반도체는 태양광발전에 사용하는 태양전지의 재료이기도 하므로, 갈륨과 비소를 이용한 반도체도 태양전지를 만드는 데 쓸 수 있다. 이 역시 만들기는 어렵지만, 성능이 좋은 제품이 필요할 때 사용된다. 예를 들어 인공위성에 달아 놓는 태양전지의 경우, 위성을 만들어 발사하는 비용과 비교하면 태양전지를 좀 더 비싼 재료로 만드는 것은 큰 문제가 아니다. 그래서 갈륨과 비소를 이용해 성능을 더 높인 태양전지가 자주 쓰인다.

영어로는 비소를 알세닉arsenic이라고 하며 다른 유럽 언어에서도 비슷한 발음의 단어가 널리 쓰이고 있다. 알세닉이라는 이름에 관해서는 몇 가지 이야기가 소문처럼 돌고 있다. 그중 하나는 이 말이 원래 아랍어 및 중동 언어 계통에서 유래한 단어라는 것이다. 알은 아랍어에서 관사로 사용하는 말로 알자지라, 알코올 같은 말 맨 앞에 붙은 "알"과 같은 뜻이고, 세닉은 황금빛을 의미한다. 조선 시대에도 가끔 발견되던 광물 중에 노란빛이 아름다운 웅황雄黃이라는 물질이 있는데, 웅황의 주요 성분 중 하나가 비소다. 그러므로 알세닉이라는 말이 자리 잡은 이유는 비소를 이용해 곱게 색을 내는 물질을 만들 수 있다는 사실과 관계가 깊을 것이다.

아닌 게 아니라 유럽에서는 비소를 이용해 색소나 물감 따위를 많이 만들어 썼다. 특히 19세기에는 산뜻한 초록색을 내기 위해 비소와 구리, 산소, 수소 등을 이용해 만든 비산구리라는 물질이 크게 유행한 적이 있다. 사람들은 실내의 벽을 좋은 색깔로 꾸미

려고 비산구리를 대량 사용했는데, 그 집에 사는 동안 벽에서 조금씩 떨어져 나오는 비소 성분을 계속해서 들이마시게 됐을 것이다. 당연하게도 이 때문에 건강을 해치는 일이 많았다. 이러한 문제를 알아차리고 비산구리를 이용해서 벽을 칠하는 일이 중단될 때까지 얼마나 많은 사람이 병을 앓았는지는 정확히 알 수조차 없다.

나폴레옹이 전쟁에서 완전히 지고 황제 자리에서도 쫓겨나 세인트헬레나섬에 갇혀 살다가 사망했을 때, 누군가가 나폴레옹을 암살한 것이라는 이야기가 유행한 적이 있다. 남아 있던 나폴레옹의 머리카락을 분석한 결과 비소 성분이 발견되어 누가 나폴레옹에게 몰래 비소를 먹여 그를 해친 것이라는 주장이 나온 적도 있었다. 그러나 나폴레옹의 시대에는 벽을 칠하는 용도를 비롯해 갖가지 잡다한 약에 비소가 든 성분을 남용했다. 그런 환경에서는 생활하면서 비소를 들이마시는 것만으로도 머리카락에 비소가 조금 쌓일 수는 있으므로 암살과는 상관이 없을 거라는 의견도 찾아볼 수 있다.

지금은 비소의 위험성을 충분히 파악하고 있는 시대다. 그러나 현대에도 우연한 비소 중독 피해가 세계 곳곳에서 나타나고 있다. 조선 시대에 이미 비석이나 웅황을 구해서 사용했고 비상을 제조하기도 했던 것을 보면 알 수 있듯이, 비소 성분은 돌과 흙 속에서 생각보다 어렵지 않게 발견된다. 그렇기에 유독 비소가 많은 지역에서 지하수를 개발해 물을 마시거나 그런 땅에서 농작물을 길러 먹는다면, 물이나 작물에 녹아든 비소를 자기도 모르게 조금씩 먹게 될 수 있다. 개중에 몇몇 농산물은 특히 비소가 잘 쌓이는 경향이 있어 보인다. 하필 이런 농산물을 비소가 있는 땅에 심어 기르면 문제가 될 수 있다. 가끔은 수입하는 농산물 중에 검사 결과 비소가 나온 것이 있다고 해서 사람들을 놀라게 하기도 한다.

동남아시아 지역에서는 우물을 파고 지하수를 개발해서 쓸 때, 그 물속에 비소가 있는 것을 모르고 사용하다 피해를 보는 곳이 많다는 지적도 꾸준히 나오고 있다. 방글라데시, 베트남, 캄보디아, 인도 등이 자주 언급되는 곳들이다.

사람이 물을 마시다가 곧바로 쓰러질 정도는 아니라 해도 물속의 비소가 사람 몸에 긴 시간 꾸준히 해를 입힌다면 결국 주민들의 건강에는 위협이 된다. 피부병에서 치명적인 중병까지 여러 질환에 걸리게 되고, 그 결과 수명이 짧아진다. 특히 방글라데시는 깨끗한 물이 부족해서 비교적 근래에 꽤 많은 우물을 설치해 사용했는데, 1990년대에 그 물에서 비소가 검출됐다고 해서 상당히 큰 사건이 되었다. 2017년, KBS에서는 국제 인권 단체 휴먼라이츠워치Human Rights Watch, HRW의 추정을 인용해 해마다 4만 3,000명이 이런 식의 비소 중독으로 사망하고 있다고 보도한 적이 있을 정도다.

비소는 위험한 원소의 대표 격인 만큼 비소를 검출하고 걸러낼 방법에 관한 연구도 어느 정도 진행되어 있다. 비소 때문에 피

해를 보고 있는 지역 사정에 맞게 이런 기술을 싼값으로 쉽게 활용할 수 있도록 계속해서 개선해 나가야 할 것이다. 사람이 비소 때문에 희생되는 일은 먼 옛날을 배경으로 한 동화 같은 이야기 속에서나 볼 수 있는 시절이 오기를 바란다.

조기를
구우며

34

Se
셀레늄

도대체 사람은 왜 늙은 것일까? 늙지 않는 비결을 찾으려고 노력했던 수많은 사람은 그 이유를 알고 싶어 했다. 중국에는 고대부터 신선이 되어 늙지 않고 영원히 살기 위해 노력했던 사람들의 이야기가 각양각색으로 많았다. 그 다양한 이야기 중에서 벽곡辟穀이라는 방법을 이용해 늙지 않으려고 한 사람들의 이야기가 조선에도 전해져서 많은 인기를 끌었다. 가령 임진왜란 때의 의병장으로 유명한 곽재우가 말년에 벽곡을 연구해서 신선의 비술을 알아냈다는 소문이 있었는데, 이것은 조정에까지 알려져 《조선왕조실록》 1603년 음력 1월 14일 기록에 실려 있다.

벽곡이란 간단히 말하자면 밥을 지어 먹지 않는 방법이다. 불을 지펴서 밥을 해 먹지 않고, 산에서 지내면서 나무 열매나 풀뿌리 같은 것만 먹고 살다 보면 자연스럽게 체질이 바뀐다고 조선 시대 사람 몇몇이 믿었다. 그리고 그 과정에서 온몸이 자연의 기운을 충분히 빨아들이면 산과 바위처럼 변하지 않고 오래가는 몸이 된다고 생각했다. 아마도 사람의 손을 거친 곡식이나 음식에는 어떤 속된 기운이 묻어 있어서 그런 것을 최대한 피해야만 몸이 상하는 것을 막아 늙지 않게 된다는 발상이 바탕에 있었던 것 같다.

현대 과학에서는 밥을 먹지 않고 나무 열매를 먹는다고 해서 젊음을 유지할 수 있다고 보지는 않는다. 사람 손으로 요리한 음식에 사람을 늙게 하는 이상한 기운이 있다는 것이 밝혀지지도 않았다. 그 대신 사람이 늙을 수밖에 없는 여러 가지 원리를 밝혀내고 확인하기 위한 연구가 계속되고 있다.

사람이 늙는 원인에 관한 연구 중에서 한동안 자주 언급되었던 것이 활성산소 계열의 물질에 관한 이야기다.

산소는 화학반응을 굉장히 잘 일으키는 물질이다. 지구는 산소가 풍부한 행성이어서 산소를 이용하는 온갖 화학반응을 일으키기 좋다. 대표적인 예가 불을 붙여 무엇인가를 태우는 일이다. 무엇인가에 불이 붙어 탄다는 말은 산소가 들러붙으면서 활발히 화학반응을 일으키며 빛과 열을 내뿜는다는 뜻이다. 이런 화학반응은 대단히 빠르고 격렬하게 일어난다. 산불이 발생하면 거대한 불길이 일어나 온 산을 잿더미로 만들어 버릴 정도다. 그만큼 산소의 화학반응은 위력이 세고 이용하기 편하다.

그래서 지구상의 수많은 생물도 산소를 이용하는 화학반응을

자주 사용한다. 몸에 필요한 물질을 만들고, 필요 없는 물질은 없애며, 몸을 움직이기 위해서 물질을 바꾸는 과정에 산소를 재료로 쓰는 일이 대단히 많다. 숨을 쉬는 것은 공기 중의 산소를 몸 곳곳에 사용하라고 빨아들여 넣어 주는 과정이다. 누구든 잠시만 숨을 쉬지 않아도 견디기 어렵게 답답하다. 그만큼 우리 몸은 언제나 많은 곳에서 산소를 사용하고 있다.

그런데 몸속에 산소가 많이 들어와 온갖 곳에서 사용되다 보면 가끔 산소가 다른 물질과 활발히 화학반응을 일으킬 수 있는 형태가 되어 몸속을 돌아다니게 될 때가 있다. 화학반응을 잘 일으키는 형태의 산소 때문에 이런 상태가 된 여러 가지 물질들을 활성산소종reactive oxygen species이라고 하고 알파벳 약자로 ROS라고 부르기도 한다. 산소 때문에 생겨난 ROS는 화학반응을 잘 일으키는 특징을 이용해 다른 물질의 상태를 바꿔 버릴 수 있다. 다른 물질을 태우거나 녹슬게 하는 것과 비슷한 현상을 일으킨다는 뜻이다.

ROS가 일으키는 이런 화학반응은 몸속에서 유용하게 사용될 때도 많다. 그러나 자칫 엉뚱한 곳을 건드리면 몸속의 유용한 성분이 다른 물질로 변해 버리기도 한다. ROS가 닿아 화학반응을 일으키면 산소 원자가 원래 있어야 할 자리가 아닌 엉뚱한 곳에 들러붙어 버려서 본래의 상태가 망가지기도 한다. 이런 현상을 가리켜 활성산소가 영향을 미쳐 몸 이곳저곳을 망가뜨린다고들 말한다.

사람은 늘 숨을 쉬며 살아가므로 확률상 세월과 함께 몸 곳곳에 이런 피해가 계속해서 쌓일 것이다. 그 때문에 나이가 들면 몸이 여기저기 약해지거나 과거와 달라진다. 이런 변화는 사람이 늙어 가는 것으로 보일 수 있다. 사람이 늙는 이유가 전부 이 때문은 아니지만, 몸이 약해지는 원인 중 하나가 이런 과정인 것은 사실이다. 한국어 표현 중에 "이제는 몸이 녹슬었다"라거나 "이제는 머리가 녹슬었다" 하는 말은 늙음의 원인을 활성산소로 지목하는 말이라고 볼 수 있겠다. 쇠가 녹스는 현상 역시 공기 중의 산소가 일으키는 반응으로, 활성산소나 ROS가 몸을 변화시켜 망가뜨리는 반응과 비슷하다.

활성산소에 초점을 맞추어 설명하자면, 사람은 밥을 먹어서 늙는 것이 아니라 숨을 쉬기 때문에 늙는 셈이다. 숨으로 몸에 들어온 산소 중에서 활성산소가 생기고, 활성산소가 ROS라는 물질을 만들고, ROS가 가끔 사람 몸에 손상을 입히기 때문이다. 활성산소의 피해를 최대한 줄여야 젊게 살 수 있다고 주장하던 건강식품 회사, 화장품 회사 사람들이 조선 시대에 벽곡을 연마하던 신선 지망생들을 만난다면 엉뚱한 방법을 추구하고 있다고 답답해하지 않을까? 아닌 게 아니라, 조선 시대 전설 중에서는 산소를 빨아들이는 방법을 특이하게 조절해 신선이 되었다는 이야기도 있었다. 《동국여지지》 등을 보면 조선 중기의 정렴이라는 인물은 복기服氣라는 독특한 호흡법을 연마해서 신선이 되려 했다고 한다.

과학자들은 특수한 호흡법을 익히지 않아도 생물 몸속에 원래부터 ROS가 주는 피해를 스스로 막아 주는 물질이 몇 가지 있다는 사실을 알아냈다. 특히 몸속에 있는 항산화 효소가 그런 역할을 한다. 이런 물질들은 몸속에서 ROS를 무력화하는 화학반응을 일으킨다.

사람 몸속에서 생겨나는 효소 중에는 ROS의 피해를 막기 위해서 셀레늄selenium이 들어 있는 물질을 재료로 사용하는 것들이 있다. 그래서 한때 셀레늄 영양제를 광고하는 회사들이 무척이나 많았다. 셀레늄을 먹어야 ROS를 막을 수 있는 효소가 제대로 활약할 것이고, 이런 효소가 제대로 활약해야만 사람 몸을 녹슬게 하는 ROS를 막을 수 있으니, 결국 셀레늄을 먹으면 건강해질 수 있다는 주장이다.

하지만 셀레늄을 무턱대고 많이 먹는다고 해서 몸이 젊어지지는 않는다. 셀레늄 영양제를 먹는다고 신선처럼 늙지 않는 것도 아니다. 셀레늄은 몸속 화학반응에 필요한 재료의 하나일 뿐이어서, 셀레늄만 많이 먹는다고 해서 좋은 효소들이 몸속에서 저절로 늘어나는 것은 아니기 때문이다. 설령 활성산소와 ROS의 악영향을 막을 수 있는 효소를 아주 많이 만들 수 있다고 해도, 몸속에 한 가지 효소만 너무 많아지면 분명히 다른 부작용이 생길 것이므로 좋기만 할 리는 없다. 결정적으로 사람이 늙는 이유는 활성산소 말고도 더 있으므로 셀레늄이 영원한 젊음을 주는 생명의 샘물은 아니다. 몸에 셀레늄이 부족한 사람은 셀레늄 영양제의 득을 볼 수 있다. 하지만 평소에 여러 음식을 골고루 먹어서 셀레늄이 몸에 필요한 만큼 있는 사람이라면 그것으로 충분하다. 셀레늄이 꼭 필요하기는 하지만, 그 양이 많지는 않으므로 무턱대고 많이 먹을 필요는 없다는 뜻이다.

셀레늄 영양제가 유행하던 시절에는 브라질너트에 셀레늄이 많다고 해서 인기를 끌기도 했다. 좀 더 흔한 음식 중에는 고기 내장 요리나 생선 속에 셀레늄이 많이 들어 있는 편이다. 삼성서울병원 임상영양팀의 자료를 보면 생선 중에서는 조기에 셀레늄이 많은 편이라고 한다. 항산화 성분을 보충하거나 활성산소를 처리하는 방법으로 젊음을 지키라고 강조하는 건강보조식품 광고를 볼 때마다, 나는 괜히 조선 시대의 곽재우나 정렴이 셀레늄을 보충해 줄 조기를 낚으려고 한가로이 낚시하는 광경을 상상해 본다.

셀레늄이 한국에서 특히 인기를 끌 만한 또 다른 이유로 노벨상 이야기를 해 볼 수 있겠다.

2020년 10월에 나는 한 방송사로부터 전화를 받았다. 당시 방송사 사이에 서울대학교의 현택환 교수가 그해에 노벨 화학상을 받을지도 모른다는 예상이 돌고 있는데, 만약 현택환 교수가 정말로 노벨상을 받는다면 방송에 출연해 현택환 교수의 업적을 알기 쉽게 설명해 줄 수 있느냐는 문의였다. 이런 일이 벌어진 이유는 그때 어느 전문 지식 컨설팅 회사에서 노벨상을 받을 확률이 높은 전 세계 최고 수준의 과학자를 선정해 명단을 발표하고 홍보했기 때문이다. 그 명단에는 현택환 교수도 포함되어 있었는데, 나중에 현택환 교수의 다른 인터뷰를 보니 그날 얼마나 관심이 쏠렸는지 어느 신문사에서는 현택환 교수가 살지도 않는 고향 동네에 괜히 찾아가기도 했을 정도라고 한다.

그래도 그때의 일을 단순한 설레발이라고만은 할 수 없다. 현택환 교수는 나노 화학 분야에 많은 영향을 끼친 훌륭한 연구를 여러 번 발표한 정상급 학자다. 수상 실적도 많으며 학계에서 널리 존경받고 있다. 2023년에는 현택환 교수와 비슷한 분야의 연구를 하던 문지 바웬디Moungi Bawendi 박사가 실제로 노벨상을 받기도 했다. 바웬디 박사가 노벨상을 받을 정도였다면 현택환 교수가 덜컥 노벨상을 받는다고 해도 크게 이상해 보이지는 않을 것이다. 2020년에 컨설팅 회사에서 만들었던 그 명단에는 실제로 바웬디 박사와 현택환 교수가 같이 올라 있기도 했다. 현택환 교수로서는 아쉽다면 아쉬울 수 있는 상황일 것 같다.

현택환 교수와 바웬디 박사의 연구 분야인 나노 화학이라는 것은 나노미터^{nm}, 즉 100만분의 1mm 단위로 따져야 할 정도의 크기로 물질을 가공하는 기술에 관한 과학을 말한다. 1mm 크기의 소금 알갱이 한 알을 상상해 보자. 그 소금 알갱이를 롯데타워 크기로 확대한다면, 100nm는 롯데타워만 해진 소금 알갱이 꼭대기에 앉아 있는 비둘기 정도의 크기가 된다. 그러니 아주 단순하게 생각하면 물질을 빻고 또 빻고, 갈고 또 갈아서 기가 막힐 정도로 고운 가루를 만드는 작업도 나노 화학이라고 볼 수 있다. 물론 다양한 방식으로 실제 활용하는 나노 화학에는 단순히 열심히 빻는 것보다는 훨씬 정교하고 교묘한 작업이 필요하다.

현대 과학에 가장 큰 영향을 끼친 충격적인 이론이 뭐냐고 물으면 아마도 양자이론이라고 답하는 사람이 가장 많지 않을까 싶다. 양자이론의 가장 기본적인 원리는 물체가 가진 에너지를 변화시키려고 할 때 일정한 단계별로만 변화시킬 수 있다는 것이다.

시속 20km로 달리고 있는 자동차가 있다고 해 보자. 이 차를 운전하면서 가속 페달을 잘 밟으면 조금 더 빠르게 달리게 해서 시속 22km로 달리게 할 수도 있고, 시속 25km로 달리게 할 수도 있으며, 시속 31km로 달리게 할 수도 있다는 것이 상식이다. 그러나 양자이론을 적용하면 그렇지 않다. 주변 조건에 따라 자동차의 속도를 바꿀 수 있는 단계가 정해져 있다. 시속 20km에서 더 빠르게 달리게 하면 그다음 단계인 시속 30km가 되어야만 한다. 그 사이의 단계는 없다. 반대로 더 느리게 달리게 하면 그전 단계인 시속 10km가 되어야만 한다는 식이다. 너무나 이상한 일이지만 시속 25km나 시속 17km 같은 속도로는 자동차를 달리게 할 수가 없다.

실제로 실험해 보면 거대한 자동차 같은 물체에서 이렇게 눈에 띄는 큰 차이로 속도가 달라지는 현상을 관찰하는 조건을 만들기란 매우 어렵다. 양자이론에서 말하는 이런 이상한 현상들은

주로 아주 작은 물체, 아주 작은 공간에서 쉽고 분명하게 관찰할 수 있다. 따라서 나노 화학을 이용해서 나노미터로 따져야 할 만큼 작은 물체를 잘 만들어 내면, 양자이론이 보여 주는 이상한 현상들을 관찰하기에 좋다. 이렇듯 충격적이고 이상해서 마법처럼 느껴지는 양자이론을 다양하게 관찰하고 실험할 방법이라는 이유로, 더 많은 과학자가 나노 화학에 뛰어들었다.

2023년에 노벨상을 받은 과학자들은 특히 양자점이라는 물질을 만드는 방법을 개발하는 데 많은 공을 세웠다. 양자점은 점 하나로 보일 정도로 아주 작은 알갱이를 말하는데, 그 크기를 수십, 수백 나노미터 정도로 아주 작게 만드는 것이다.

양자점은 quantum dot의 번역어이므로 국내에서는 흔히 약자로 QD라고 부르기도 한다. 과학자들이 양자점의 첫 번째 유용한 특성으로 꼽는 것은 에너지가 단계별로 정확히 정해져 있다는 점이다. 이 특징을 잘 활용하면 정확하게 정해진 색깔의 빛만 내뿜게 만들 수 있기 때문이다. 여러 가지 방법으로 빛을 뿜는 장치를 만들어 보면 빨간색인데 파란색도 약간 섞여 있는 빛이라든가, 빨간색인데 노란색 기운이 살짝 돈다든가 하는 빛이 나올 때가 많다. 하지만 양자점을 이용하면 언제나 정해진 색깔만 정확하게 내도록 할 수 있다.

물론 말처럼 쉽지는 않다. 양자점을 만들려면 고작 수십 나노미터, 그러니까 10만분의 1mm 정도밖에 안 되는 극히 고운 가루를 일단 만들어야 한다. 그런 물질을 하나만 만들면 되는 것도 아니다. 대량 생산해서 사용하려면 그것을 끝도 없이 만들어 내야 한다. 그렇게 곱고 고운 가루를 오차 없이 항상 같은 크기로 만든다는 것은 대단히 어려운 일이다. 이런 기술을 절묘하게 개발한 학자라면 과연 노벨상감이라고 할 만하다.

게다가 양자점을 어떤 부품이나 장치에 넣어 활용하려면 양자점을 보호하기 위해 주위에 다른 물질을 살짝 발라서 씌워야 한다. 이런 작업을 핵^{core} 주위에 껍질^{shell}을 씌운다고 말한다. 이때 그 작디작은 가루 알갱이 하나하나마다 보호용 껍질이 제대로 씌워지지 않으면 실패. 껍질을 씌운 뒤에는 이 알갱이들을 다른 물체에 고정하고 연결해서 쓰기 위한 일종의 갈고리나 접착제 역할을 하는 배위자^{ligand}라고 하는 물질들을 껍질 위에 붙여 줘야 한다. 제대로 된 배위자를 만들어 고르게 붙이지 못하면 역시 실패다.

이렇게 해서 완성된 양자점은 성게 비슷한 모양이 된다. 성게의 내장 부분에 해당하는 것이 양자점의 핵이고, 성게의 껍질에 해당하는 것이 양자점의 껍질, 성게의 가시에 해당하는 것이 배위자다. 다행히 온갖 고생 끝에 이런 모양을 10만분의 1mm 크기로 아주 작게 만들어 내고 그런 물체를 일정하게 대량으로 생산하는 데 성공하면, 이것으로 양자이론이 보여 주는 갖가지 신기한 현상들을 실험해 볼 수 있게 된다.

이토록 힘들게 만든 물질을 뭔가 실용적인 용도, 즉 돈 받고 팔수 있는 제품으로 만들 방법은 없을까? 그런 방법도 있다. 그 용

도가 무엇인지 알면 현택환 교수는 더욱 아쉬울 것 같다. 다른 나라도 아닌 한국의 전자 회사들이 양자점을 텔레비전 화면 만드는 데 적극적으로 활용하고 있기 때문이다. 넘겨짚어 보는 이야기이기는 하지만, 2023년에 양자점을 개발한 공로로 노벨상을 받을 수 있었던 이유를 생각해 보면, 어쩌면 한국 전자 회사들의 활약 덕택에 전 세계에 양자점이 널리 쓰이게 되었다는 점도 무시할 수 없을 것이다.

양자점을 이용해서 정확한 색깔의 빛을 내면 다른 방식으로는 얻을 수 없는 대단히 선명한 색상을 얻을 수 있다. 요즘 QLED라든가 QD-OLED 등 Q로 시작하는 이름을 달고 나오는 텔레비전은 바로 QD, 양자점을 활용하는 것들이 많다. 과학자 중에는 양자점 기술을 이용해서 더욱더 선명한 색상을 만들어 내면 나중에는 실제 물체와 구분하기 어려울 정도로 완벽한 색깔을 얻을 수도 있을 거라고 보는 사람도 있다. 만약 그런 제품이 개발된다면 가상현실virtual reality, VR 기계에서 정말 진짜 같은 영상을 사람 눈에 보여 주어 더욱더 실감 나는 체험을 하게 하는 것도 가능할 것이다.

이렇게 빛을 내는 용도로 사용하는 양자점의 핵을 만드는 재료로 과거부터 널리 사용되던 물질이 바로 셀레늄이다. 특히 셀레늄과 카드뮴cadmium을 섞어서 사용하는 경우가 많았던 것 같다. 최근에는 다양한 양자점이 개발되면서 카드뮴 말고 다른 물질과 셀레늄을 활용하는 방법도 쓰이곤 하는데, 2022년 국내 한 전자 회사의 발표를 보면 장은주 선생의 연구팀에서 아연과 셀레늄을 함께 이용해서 양자점을 만드는 기술을 개발해, 더 효율이 뛰어나고 안정적인 물질을 만드는 데 성공했다는 소식도 있었다.

텔레비전 화면의 색을 내는 양자점에 셀레늄을 사용하는 것과 비슷하게 셀레늄은 빛과 관련된 용도로 많이 사용되었다. 과거에 원시적인 태양전지의 원리를 실험하던 초창기에, 셀레늄을 섞어 만든 재료에 빛을 쬐면 그 속에 있던 전자가 측정하기 좋을 만큼 잘 튀어나온다는 사실을 알아낸 것이다. 이런 현상을 광전 효과photoelectric effect라고 하는데, 광전 효과는 초창기 양자이론이 발전할 때 중요한 계기가 된 실험이기도 하다. 즉, 셀레늄은 양자이론을 활용한 최신 기술인 양자점 이외에도, 20세기 초에 양자이론이 탄생하던 시절에도 큰 공을 세운 물질이다.

셀레늄을 섞어 만든 재료가 빛을 받고 전자를 뿜어낼 때, 그것을 한쪽으로 잘 모이게 하면 전자가 가진 전기를 사람이 활용할 수 있어서 태양전지가 된다. 그런 방법으로 강한 전기가 많이 생기도록 장치를 만들면 전자 제품을 작동시키는 용도로 쓸 수 있을 것이다. 반대로 전기가 많이 생기지는 않아도 장치가 민감하게 작동하도록 만들면 빛을 감지하는 용도로 사용할 수 있다. 빛이 많이 들어오면 전기도 많이 만들어지고, 빛이 적게 들어오면 전기도 적게 만들어질 것이므로, 그 정도를 보고 빛이 얼마나 감지되었는지 정밀하게 알아낼 수 있기 때문이다.

그래서 실제로 빛 감지기 같은 장치에 셀레늄이 쓰이기도 하고, 복사기나 스캐너같이 빛을 측정해야 하는 물건을 만들 때 셀레늄을 쓰는 사례도 있다고 한다.

또 방사선을 측정하는 장치를 만들 때 셀레늄을 쓰기도 하는데, 예를 들면 유방암 등을 진단하기 위해 엑스선을 이용해 유방을 살펴볼 때 셀레늄을 이용한 감지기를 쓰기도 한다. 그냥 살갗을 엑스선이 통과해 셀레늄 감지기에 닿을 때와 암세포가 있는 곳을 엑스선이 통과해 셀레늄 감지기에 닿을 때, 셀레늄에서 나오는 전기가 약간 달라진다는 점을 이용한 것이다.

셀레늄을 처음 발견한 사람은 스웨덴의 화학자 옌스 야코브 베르셀리우스Jöns Jakob Berzelius다. 처음에 베르셀리우스는 먼저 발견된 텔루륨tellurium으로 착각할 만큼 두 원소가 비슷해 보인다고 생각했지만, 결국 텔루륨과 다른 점을 알아냈다. 그래서 텔루륨이 땅, 지구라는 뜻이니, 새로 발견한 원소는 지구와 짝이 되도록 달이라는 뜻의 이름을 붙이려고 했다. 그런 이유로 달의 여신 셀레네Selene의 이름에서 따온 셀레늄이라는 이름이 탄생했다. 달에 셀레늄이 많은 것도 아니고, 달에서 셀레늄을 처음 발견한 것도 아니지만 어이없게도 그냥 발견한 사람이 텔루륨과 착각할 만했다는 이유로 셀레늄이라는 이름을 붙였다는 이야기다.

최근에는 셀레늄을 이용해서 성능이 더 좋은 태양전지를 개발해 보려는 움직임이 있다. 규소를 이용한 태양전지가 워낙 싸기 때문에 그보다 더 좋은 태양전지를 만드는 것이 쉽지는 않겠지만, 그래도 성능을 더 높이는 돌파구가 셀레늄에서 나올지도 모른다고 보기 때문이다. 양자점 기술을 활용해 태양전지를 더 좋게 만든다는 이야기도 있고, 구리, 인듐, 갈륨, 셀레늄의 약자를 따서 CIGS^{copper, indium, gallium, selenium}라고 부르는 재료도 자주 언급된다. 2023년 10월에는 국내 대기업이 CIGS를 응용한 새로운 태양전지를 개발하는 데 투자할 계획이 있다고 발표했는데, 잘만 하면 그다지 비싸지 않으면서도 아주 얇고 가벼운 태양전지를 만들 수 있다고 이야기했다.

만약 아주 가볍고 얇은 태양전지가 있다면, 지금 널리 쓰이는 규소 태양전지보다 좀 더 비싸더라도 그 가볍고 얇은 제품이 꼭 필요한 분야에서는 톡톡히 제 몫을 할 것이다. 어떻게든 최대한 가볍게 만들어야만 멀리 날아가는 데 유리한 우주선이나 인공위성을 만들 때는 이런 제품이 대단히 유리하다. 우주에서 전기를 얻는 방법으로 대부분이 태양전지에 매달리고 있는 만큼 이런 제품이 성공을 거둔다면 큰 도움이 될 것이다.

그렇게 된다면 달을 향해 날아가는 우주선이나 달에 착륙해서 기지를 세우고 작업을 하는 여러 가지 장비에 필요한 전기를 셀레늄을 이용한 CIGS 태양전지로 만들게 될지도 모른다. 그런 날이 온다면, 참으로 오랜만에 셀레늄이 달의 여신이라는 이름값을 하게 되겠다.

어묵탕을
끓이며

35 | **Br**
브로민

라면을 만들어 팔 때 사람들에게 강렬한 인상을 남기는 방법은 무엇이 있을까? 돌아보면 특별히 매운맛으로 눈길을 끈 라면도 있었고, 굵은 면발이나 반대로 아주 가는 면발로 눈길을 끈 사례도 있었다.

그런데 세계에서 1인당 즉석 라면을 가장 많이 먹고, 많이 생산하는 나라 순위 3위 안에 언제나 들어가는 대한민국의 국민으로서, 나는 한 가지 중요한 지적을 해 보고 싶다. 라면에 다시마를 넣어서 판매한 것 또한 아주 중요한 혁신이었다는 점이다.

보통 라면을 끓일 때는 알 수 없는 가루나 도대체 무엇으로 만든 것인지 얼른 봐서는 알기 어려운 동결 건조된 조그마한 식재료 조각들을 넣어서 국물을 만든다. 그런데 그 와중에 라면 봉지 안에서 말린 해조류의 모습을 그대로 간직한 다시마 한 조각이 발견되면 무척 믿음이 간다. 이 다시마가 국물 맛을 우려내는 데 좋은 효과를 줄 것 같기 때문이다. 우연히 다시마가 2개 들어 있는 봉지를 얻어 본 적이 있는가? 그러면 행운을 얻었다는 느낌이 강렬하게 몰려온다.

다시마를 우린 국물이 맛있는 이유는 아무래도 다시마 속에 들어 있는 글루타메이트glutamate 성분이 나오기 때문일 것이다. 요리할 때 조금만 넣어도 감칠맛이 확 도는 화학조미료 중에 글루탐산나트륨monosodium glutamate이라는 것이 있다. 흔히 MSG라고 부르는 바로 그 물질이다. 애초에 과학자들이 최초로 MSG를 개발할 때 다시마로 만든 국물을 이리저리 연구하면서 MSG 개발에 성공했다. 그러니 국물 요리에 다시마를 알맞게 넣으면 MSG를 팍팍 친 것만큼 훌륭한 맛을 낼 수 있다.

다시마는 바다 생물이므로 다른 해산물의 맛과 비슷한 맛도 같이 생길 수밖에 없다. 그래서 해산물 맛이 잘 어울릴 만한 국물 요리라면 무엇이든 다시마를 넣으면 훨씬 더 맛있어진다고 나는 생각한다. 가장 훌륭한 예시는 어묵탕일 것이다. 어묵이 생선 살 등의 해물로 만든 식품이니, 어묵을 넣고 국물을 만들 때 해조류인 다시마는 그야말로 자연스럽게 맞아떨어지는 재료다. 좀 과장하자면, 국물 속에서 다시마가 살아서 뿌리를 내리고 하늘거리는 중에 어묵이 물고기로 되살아나 해조류 사이를 헤엄치는데, 국물이 그대로 바다가 되는 느낌이라고 할까. 말 그대로 자연스러운 조화가 흘러넘친다.

다시마 같은 해조류는 바닷속에서 독특한 방식으로 살아간다. 그래서 다른 곳에서는 찾아보기 쉽지 않은 몇 가지 특이한 물질이 끼어 있는 경우가 많다. 코발트나 아이오딘iodine, 요오드 같은 물질이 대표적인데, 과거에 브롬이라고 했던 브로민bromine도 해조류에서 찾아볼 수 있는 특이한 물질의 사례로 볼 수 있다.

완도금일수협의 특산물 안내 자료를 보면 다시마에는 브로민이 0.02~0.09% 정도 들어 있다고 한다. 매우 작은 수치인 것 같지만, 대다수 동물이나 지상 식물 몸속에서는 이보다 훨씬 적은 양의 브로민도 찾아보기 어렵다. 그렇게 비교하면 다시마에는 상당히 많은 브로민이 있는 셈이다. 0.09% 정도면 대략 덜 매운 고추의 캡사이신 함량과 비슷할 정도는 된다. 그러니 고추의 매운맛이 캡사이신 덕분에 나는 것이라면, 다시마는 대략 그 정도만큼은 브로민 맛이 나는 음식이라고 볼 수도 있겠다.

그렇다고 해서 우리 혀가 다시마 속에 들어 있는 브로민 성분을 잘 감지해서 그 맛을 캡사이신의 매운맛처럼 쉽게 느낄 수 있다는 뜻은 아니다. 다시마에 브로민이 덩어리져서 박혀 있는 것도 아니고, 브로민을 이용해서 음식 맛을 살리는 조미료 같은 것을 만들기도 어렵다. 과거에는 빵이나 탄산음료를 만들 때 브로민을 재료로 만든 물질을 쓰는 경우가 간혹 있기는 했지만, 이것도 맛을 내려고 넣기보다는 가공의 편의나 질감을 위해서 사용했다. 게다가 브로민 성분은 사람 몸에 딱히 많이 필요한 물질도 아니다. 그러므로 다시마에 브로민이 많다고는 해도 그것이 사람 몸에 크게 도움이 되는 것은 아니다. 다시마 속에는 별달리 나쁠 것도 없고 좋을 것도 없이 그냥 있는 듯 없는 듯 약간의 브로민이 다른 물질과 엮여 자리 잡고 있을 뿐이다.

하지만 해조류 속의 브로민이 사람에게 정말 아무런 소용이 없는 것은 아니었다. 적어도 화학 발전에는 한 가지 큰 도움을 주었다. 해조류의 성분을 연구하다가 브로민이라는 새로운 원소가 그 속에 있다는 사실을 알아낼 수 있었기 때문이다.

브로민을 발견한 인물로 널리 알려진 사람은 19세기 초 프랑스의 화학자 앙투안 발라드Antoine J. Balard다. 그는 해조류를 불태우고 남은 재의 성분을 검토해서 어떤 새로운 성분이 있는지 알아내는 방법으로 연구를 했다.

물체를 불태운 뒤에 재를 분석하는 방법에는 좋은 점이 있다. 불태우는 과정에서 나오는 열기 때문에 물체는 대부분 원자 단위로 산산이 분해된다. 그렇게 되면 물체 속에 들어 있는 원자 중에 산소와 화학반응을 일으키기 쉬운 것들은 대부분 불타며 다른 물질로 변한다. 탄소, 수소가 가장 대표적인 물질이다. 탄소는 흔히 불타면서 산소와 반응하여 CO_2, 즉 이산화탄소가 되고, 수소는 산소와 반응하여 H_2O, 즉 수증기가 된다. 그리고 기쁘게도 이렇게 불타는 과정에서 이산화탄소와 수증기는 연기에 섞여 훨훨 날아가 흩어져 버린다.

그러니까 어떤 물체를 태우면 그 물체에 들어 있던 탄소, 수소

는 다 날려 없앨 수 있다. 생물의 몸을 이루는 원소 중에는 탄소, 수소, 산소가 특히 많다. 탄수화물, 지방, 단백질에 가장 많이 들어 있는 원소가 탄소, 수소, 산소다. 그러므로 태워서 연구하는 방식을 택하면 그런 흔한 원소들은 다 연기로 날아가 버리고, 특이한 원소만 잿더미 속에 남는다. 따라서 재를 분석하면 특이한 원소만 골라서 살펴볼 수 있다. 이런 연구 방법을 흔히 회분 분석이라고 부르며, 지금도 여러 분야에서 자주 사용한다.

앙투안 발라드는 이 방법으로 다시마 등의 해조류에서 대부분을 차지하는 탄소, 수소 같은 원소는 다 날려 버리고 나머지 특이한 성분만 남겨서 세세히 살펴보았다. 그렇게 해서 0.09% 정도 들어 있는 브로민을 찾은 것이다. 그가 처음 브로민을 찾고 나서는 다른 이름을 붙였던 것 같다. 그런데 나중에 브로민만 뽑아내서 모아 보니, 브로민 원자들이 둘씩 쌍쌍이 달라붙으면 그 물질에서 매우 불쾌한 냄새가 강하게 난다는 것을 알 수 있었다. 그래서 나쁜 냄새라는 뜻의 그리스어인 브로모스 bromos라는 말에서 브롬, 브로민이라는 원소 이름이 탄생했다고 한다.

냄새가 강하다는 말은 그만큼 화학반응을 잘 일으키는 원소라는 뜻이다. 코에 들어간 물질이 무슨 화학반응이든 간에 반응을 일으켰으니 코가 그것을 감지해서 냄새라고 느낀 것이다. 주기율표에서 아래위로 같은 줄에 적혀 있는 원소끼리는 성질이 비슷하다는 원리에 따라 브로민의 성질은 주기율표 바로 윗줄에 적혀 있는 염소와도 비슷하고, 그 바로 아랫줄에 적혀 있는 아이오딘과도 비슷하다. 그래서 염소, 아이오딘, 브로민 등의 원소들을 함께 묶어 할로젠 물질이라고 부르기도 한다. 현대의 각종 공장에서는 할로젠 원소들이 화학반응을 잘 일으킨다는 점을 활용해 여러 가지 물질을 만들어 내고, 특수한 성질을 지닌 물질을 만드는 데도 다채롭게 활용한다.

브로민을 대단히 유용하게 쓸 수 있는 가장 환상적인 용도로 사진 기술을 꼽을 수 있다.

1970~1990년대, 학생들이 많이 보던 잡지의 표지에 종종 "브로마이드 증정"이라고 적혀 있던 것을 기억하는 사람이 있을 것이다. 브로마이드란 대체 무엇일까? 정확히 알 수는 없었지만, 브로마이드를 준다고 하는 잡지를 사면 대체로 커다란 연예인 사진 같은 것이 들어 있었다. 그래서 다들 브로마이드는 커다란 사진을 뜻한다고 생각했던 것 같다. 당시에 그런 브로마이드를 얻으면 방에다 붙여 놓곤 해서, 누구는 머리맡에 이지연 브로마이드를 붙여 놓았다더라, 누구는 책상 위에 채시라 브로마이드를 붙여 놓았다더라, 하는 이야기를 하곤 했다.

브로마이드의 진짜 뜻은 무엇일까? 원래 브로마이드^{bromide}는 브로민을 이용해 만든 화학물질이라는 뜻의 영어 단어다. 대체로 브로민을 이용해 산화 반응이라는 화학반응을 일으켜서 만든 물질에 이런 이름을 자주 붙인다. 예를 들어 하이드로젠 브로마이드라고 하면 수소와 브로민을 이용해 만든 산성 물질을 말한다. 여기까지 알고 나면 무엇인가 이상하다는 생각이 들 것이

다. 브로마이드를 준다고 하는 잡지를 샀을 때 브로민으로 만든 화학물질이 담긴 약병을 주는 것은 아니지 않은가? 왜 이런 말을 커다란 연예인 사진이라는 뜻으로 쓰게 된 걸까?

그 까닭은 브로민이 화학반응을 잘 일으키는 성질을 이용해 빛에 잘 반응하는 물질을 만들어서 사진을 만드는 데 활용했기 때문이다. 특히 은과 브로민을 이용해 만든 실버브로마이드^{silver bromide}, 즉 브로민화은은 과거에 사진을 만들 때 굉장히 널리 사용하던 물질이다.

지금은 대부분 반도체를 이용하는 스마트폰 카메라, 디지털카메라로 사진을 찍어서 곧바로 화면으로 볼 수 있다. 하지만 과거에는 사진 촬영용 필름에 사진이 담기게 하고, 그 필름에 담긴 사진을 다시 종이에 나타내는 인화印畵라는 과정을 거쳐야만 사진을 볼 수 있었다. 이때 여러 가지 화학반응이 제대로 이루어져야만 깨끗하고 보기 좋은 사진이 나왔다.

그러다 보니 사진을 만드는 사람 중에 몇몇이 고급 사진을 만들 때 성능 좋은 특별한 브로마이드 물질을 사용했다는 사실을 자랑하게 되었다. 그러다가 나중에는 그냥 브로마이드라는 말 자체가 그런 좋은 물질을 사용해 만든 고급 사진이라는 뜻으로 얼렁뚱땅 변해 버린 것이다.

아마도 옛날에 잡지를 사면 주던 연예인 사진을 만들 때는 딱히 좋은 화학물질을 사용하지도 않았을 것이다. 그런데도 좋은 사진을 브로마이드라고 부르다 보니, 브로민과 크게 상관없이 다들 그냥 브로마이드라는 말을 무심코 썼던 것 같다.

　화학반응을 잘 일으키는 성질을 활용해 만든 놀라운 물질 중에는 브로민을 이용한 난연제도 있었다. 난연제는 어떤 재료가 불에 잘 타지 않게 만들어 주는 약품을 말한다. 예컨대 난연제를 섞어 만든 소재로 커튼을 만들면 그 커튼이 불에 잘 타지 않게 된다. 커튼 외에도 집을 지을 때 사용하는 재료에 난연제를 섞어서 만들면 집에 불이 잘 붙지 않는다. 화재를 예방한다는 관점에서 보면 난연제야말로 기가 막힌 현대 과학의 성과다.
　특히 온도가 높은 곳에서 사용해야 하거나 불 주변에서 사용해야 하는 제품이라면 난연제의 효과가 대단히 중요하다. 엔진에 연료를 넣어서 태우며 움직이는 장치인 자동차만 하더라도 혹시나 사고가 생기면 주변이 너무 뜨거워져서 불이 붙을 위험이 있다. 가전제품도 마찬가지다. 혹시 컴퓨터나 TV에 고장이 생기거나 너무 오래 사용해서 열이 많이 발생하게 되면 자칫 불이 날 수도 있다. 이런 자동차의 부품, 컴퓨터나 TV의 겉면 등에 난연제를 섞어 쓰면 화재를 막을 수 있다. 만에 하나 화재로 피해를 볼지도 모를 수많은 생명을 난연제로 구낼 수 있는 것이다.
　난연제 중에 굉장히 성능이 좋았던 제품이 바로 브로민을 이용한 것이었다. 이런 종류의 난연제들을 뭉뚱그려서 브롬계 난연제라고 부르기도 한다. 브롬계 난연제를 사용해 만든 물체에 불이 붙으려고 하면 그 속에 있는 브로민이 재빨리 화학반응을 일

으켜 불이 붙을 만한 물질을 성질이 다른 물질로 바꾸어 버린다. 이렇게 되면 불이 붙는 화학반응을 일으킬 재료가 없어져 버리므로 물체에 불이 옮겨붙지 않는다.

브롬계 난연제는 특히 플라스틱 제품에 섞어 쓰기 좋아서 플라스틱을 활용한 다양한 제품을 안전하게 만들어 수많은 사고를 예방했다. 집 안에 나무로 된 의자가 있다고 해 보자. 화재가 발생하면 그 나무 의자에 불이 옮겨붙어 피해가 커질 수 있다. 이와 달리 플라스틱 의자가 있는데 그 속에 브롬계 난연제가 포함되어 있다면 불이 옮겨붙지 않으니 피해를 줄일 수 있다.

그런데 20세기 후반부터 일부 브롬계 난연제가 엉뚱한 악영향을 미칠 수 있다는 이야기가 나오기 시작했다. 가장 크게 문제가 되었던 것은 폴리브로민화 바이페닐polybrominated biphenyl, PBB과 폴리브로민화 다이페닐 에테르polybrominated diphenyl ethers, PBDE라는 두 가지 난연제다. 이런 난연제를 섞어 만든 플라스틱 제품을 사용하다 보면 아주 서서히 플라스틱 바깥으로 난연제 성분이 흘러나올지도 모른다는 지적이 나온 것이다.

정말로 그런 일이 벌어진다면 주위에 있는 사람이 그 성분을 들이마시게 될지도 모른다. 브로민은 화학반응을 잘 일으키는 물질이므로 분명히 사람 몸속에서도 어떤 반응을 일으킬 것이다. 우연히 몸에 들어온 물질이 요행히 몸을 건강하게 해줄 가능성은 작다. 오히려 뜻하지 않은 화학반응으로 몸속의 뭔가를 바꾸어 놓아 사람에게 해가 될 가능성을 따져 보아야 한다.

연구 결과 PBB, PBDE 같은 난연제가 사람 몸속에 들어오면 간을 상하게 할 수 있다는 것을 알게 되었다. 특히 PBB, PBDE는 쉽게 분해되거나 배출되지 않고 몸속에 계속 쌓일 수도 있다는 의심을 받았다. 만약 텔레비전이나 벽 속 단열재에 PBB, PBDE가 들어 있다면, 그 물질들이 당장 사람을 아프게 하지는 않더라도 1년, 2년에 걸쳐 서서히 새어 나와 사람 몸속에 조금씩 쌓일 수 있을 것이다. 이런 환경에서 5년, 10년 생활하다 보면 정말로 간에 상당한 피해를 볼 정도로 PBB나 PBDE를 많이 들이마시게 될지도 모른다.

그런 이유로 PBB, PBDE는 21세기 들어 대부분의 나라에서 사용을 금지했다. 이런 변화에는 언제나 화학 회사 간의 경쟁이 엮여 있기 마련이다. 어떤 물질이 문제가 되면 그 물질 대신에 새로 개발된 제품을 쓰면 안전하다는 이야기가 항상 같이 나온다. 선진국 화학 회사일수록 안전 문제를 대충대충 생각하는 것이 아니라 거꾸로 이용해서 돈을 벌 기회를 노린다. 실제로 PBB, PBDE가 금지되던 무렵에 안전하게 쓸 수 있는 대체품을 개발하는 회사들이 기회를 잡았다. 그뿐 아니라 온갖 전자 제품, 완구, 생활용품을 만들던 회사들과 그 회사들에 재료를 공급하던 회사들도 자기 제품에는 PBB, PBDE가 없다는 것을 확인하고 증명하려고 애썼기 때문에, 어떤 물체 속에 PBB, PBDE 같은 물질이 있는지 없는지 측정하는 기술을 가진 회사들도 사업을 키울 수 있었다.

최근에는 PBB, PBDE뿐 아니라 브로민이 포함된 모든 난연제가 혹시라도 비슷한 문제를 일으키지는 않을까 하는 의심이 조금씩 퍼져 나가고 있다. 그래서 몇몇 사람들은 아예 모든 브롬계 난연제를 쓰지 말자고 주장하기도 한다. 자연히 브로민을 이용하지 않고 다른 방식으로 난연제를 만드는 회사들이 이런 주장을 좋아하기 마련이다. 대체로 인을 이용해 난연제를 만드는 방식이 브롬계 난연제의 대체품으로 자주 거론된다.

브로민을 이용해 만든 물질 중 PBB, PBDE 말고도 안전 문제 때문에 사라진 것이 또 있다. 대표적인 것이 납을 제거하기 위해 사용하던 브로민 계통의 제거제다.

지금은 기억하는 사람도 점차 줄어들고 있지만, 과거에는 주유소에 유연 휘발유와 무연 휘발유가 있었다. 여기서 연^鉛이라는 것은 납이라는 뜻인데, 납을 이용해 만든 약품을 휘발유에 섞은 것을 유연 휘발유라고 불렀다. 유연 휘발유를 사용하면 엔진이 훨씬 부드럽게 돌아간다고 해서 전 세계에서 몇십 년 동안 널리 팔렸다.

그런데 유연 휘발유를 사용하면 납 찌꺼기 같은 물질이 자동차 엔진 구석에 조금씩 끼는 문제가 있었다. 그래서 그런 찌꺼기를 제거하는 약품으로 엔진 내부를 씻어 줘야 했다. 이때 브로민을 재료로 만든 물질이 효과가 좋았다고 한다. 그래서 브로민을 이용한 이 약품을 전 세계의 자동차에 꼬박꼬박 사용했다. 당연히 이렇게 사용되는 브로민의 양도 엄청나게 많았을 것이다.

그러다가 휘발유에 납을 넣어서 사용하면 자동차 매연에 섞여 나온 납을 사람들이 들이마시게 되어 건강을 해칠 거라는 지적이 나왔다. 지금 생각하면 너무나 당연한 이야기다. 그 결과 1990년대를 전후로 해서 세계 대부분의 나라가 유연 휘발유를 금지했고, 저절로 브로민을 이용한 제거제도 사용하지 않게 되었다.

필름 사진도, 브로마이드도, 유연 휘발유도 점점 사라지고 있는 요즘 세상에서는 브로민이 생활 속에서 많이 사용되는 일도 확실히 줄어든 것 같다. 유연 휘발유가 그립지는 않지만, 필름 사진이나 브로마이드는 가끔 그런 것도 재미난 문화였다고 추억하게 될 때가 있다.

만약 브로민만 모은 덩어리를 병에 담아 놓은 것을 보게 된다면 꽤 신기할 것이다. 다른 것 없이 브로민만 모아 놓았는데도 찰랑거리는 액체가 되어서 마치 핏방울 비슷하게 불그스름한 색깔을 띠기 때문이다. 이렇게 한 가지 원소만 모아 놓았을 때 저절로 액체 상태가 되는 물질은 매우 드물다. 금속으로 분류되지 않는 원소 중에서는 오직 브로민밖에 없고, 금속 중에서는 수은이 있을 뿐이다. 그러니까 모든 원소 중에서 그것 한 가지만 모아 놓았을 때 저절로 액체가 되기 쉬운 물질은 브로민과 수은, 단 두 가지밖에 없다는 이야기다.

이렇게 보면 브로민과 수은이 굉장히 특수한 물질같이 느껴질

수도 있다. 그러나 이런 특이함은 지구의 평범한 환경에서만 그렇게 여겨진다. 철이나 구리 같은 쇳덩이도 아주 높은 온도로 달구면 결국 흐물흐물 녹아서 액체가 되기 마련이고, 헬륨 같은 물질도 아주 낮은 온도 속에 집어넣으면 굳어서 액체가 될 수 있다. 즉, 어떤 물질이 액체냐, 고체냐, 기체냐 하는 것은 주변 조건에 달린 문제일 뿐이다. 태양계에서만 따져 보아도 금성에 가면 납이나 아연 같은 금속 덩어리가 뜨거운 온도를 견디지 못하고 녹아서 흘러 다닐 것이고, 해왕성 같은 곳에 가면 너무 추워서 산소나 질소도 굳어서 웅덩이나 연못을 이룰 수 있을 것이다. 그러므로 지구에서 금속이 아닌 물질 중에서는 브로민만, 금속 중에서는 수은만 딱 이렇게 액체라는 점에서 이 두 물질이 지구를 대표하는 특이한 물질이 아닌가 싶기도 하다.

하필이면 액체 상태가 된 순수한 수은 덩어리와 순수한 브로민 덩어리는 둘 다 몸에 해로운 것으로 유명하다. 이런 것을 보면 지구에서 특이한 모습으로 산다는 것이 쉽지만은 않구나 싶은 생각도 든다.

포장마차
앞에 서서

36

Kr

크립톤

대한민국의 역대 법령 중에서 가장 아름다운 말로 표현된 법률은 무엇이었을까? 놀랍게도 대한민국 법률에 양자이론을 이용해 설명한 부분이 있었다. 바로 1961년 5월 10일 제정된 계량법 제5조 2항이다.

이것은 대한민국이 법률로 정한 표준 단위가 미터법임을 알리고, 온 나라에서 다 같이 미터법을 사용하자고 명시한 기록이기도 하다. 미터법은 전 세계 사람들이 합의해서 만든 가장 훌륭한 표준이다. 그런 만큼 쓰기 편리하고, 정확하며, 쉽고, 과학적인 단위다. 과거 한국에서는 고기를 살 때 한 근, 두 근 하는 식의 근수로 무게를 말하거나, 종이 길이 등을 따질 때 한 자, 두 자라는 식의 자 단위로 길이를 말하는 일이 대단히 흔했다. 그러다가 그런 부정확한 단위를 넘어서서 이제부터는 미터법이라는 세계 표준 단위를 쓰자고 법률로 명확히 정한 것이 바로 1961년의 계량법이라고 할 수 있다.

애초에 미터법이 탄생한 연유는 18세기 말 프랑스 대혁명을 전후로 프랑스 과학자들이 세계 어디에서나 쓰기 좋은 새로운 단위를 만들고자 했기 때문이다. 과거에 사용하던 길이 단위는 피트feet처럼 어떤 왕의 발 크기를 기준으로 한다든가, 인치inch처럼 보리 세 알을 늘어놓은 길이를 기준으로 하는 따위가 대다수였다. 도대체 어느 나라 왕의 발 길이를 기준으로 단위를 만들어야 하며, 세상 사람이 모두 평등한데 왜 하필 왕의 발 길이를 기준으로 정한 단위를 다른 사람이 써야 한단 말인가? 옛 단위는 실용적으로 불편하기도 했지만, 따지고 보면 자유와 평등을 내세우며 새로운 세상을 만들고자 했던 프랑스 대혁명의 사상에도 맞지 않았다.

그래서 당시 프랑스 과학자들은 전 세계 누구라도 공감할 수 있는 기준으로 단위를 만들기로 했다. 지구에 사는 사람이라면 누구나 기준으로 삼을 수 있는 지구 자체를 이용하기로 한 것이다. 북극에서 출발한 사람이 남쪽으로 계속 걸어가서 적도를 지나고, 계속해서 남쪽으로 걸어 남극까지 간다고 생각해 보자. 미터법을 처음 정한 사람들은 사람이 북극에서 출발해 남극까지 직진해서 간다고 했을 때, 그 중간 지점인 적도까지 걸어간 간 거리를 1만 km라고 부를 수 있도록 킬로미터라는 단위를 정했다. 즉, 북극에서 적도까지 길이의 1000만분의 1이 1m다.

자기 키가 몇 센티미터인지 아는가? 그렇다면 지구의 크기는 얼마인지 아는가? 미터법을 아는 사람이라면 지구의 둘레가 얼마쯤 되는지 바로 알 수 있다. 북극에서 적도까지, 즉 지구 둘레의 4분의 1이 1만 km다. 그러니까 애써 외울 것도 없이 지구 둘레는 4만 km가 된다. 미터법으로 내 키가 얼마인지 나타낸 크기와 전 세계 사람이 사는 지구의 크기가 연결된다.

대한민국에서도 제1공화국 정부가 들어선 이후 미터법을 공식 단위로 법률에 포함할 계획은 진작부터 세웠었다. 그렇지만 여러 가지 문제로 법률을 빨리 만들지 못했다. 만든다, 만든다, 하면서 지지부진하게 시간만 보냈다. 그러던 중에 1960년 4월 19일, 국민의 힘으로 독재 정권을 무너뜨린 4·19혁명이 일어났다. 대통령은 스스로 물러나 하와이로 망명했고, 정부 구조도 완전히 뒤집혀 바뀌게 되었다. 그리고 혁명 이후 모든 것을 새롭게 만들어 보고자 했던 제2공화국 시대, 1961년 5월 10일에 미터법이 법률에 확고히 포함된 대한민국의 계량법이 탄생하게 되었다.

이런 배경 때문에 나는 대한민국의 첫 번째 미터법, 계량법에는 불의에 맞서고 새로운 시대를 위해 모두가 힘을 모은 4·19 혁명의 바람이 서려 있다는 생각을 종종 한다.

18세기 말 프랑스 대혁명의 시대에서 20세기 중반인 1961년까지 세월이 흐르는 동안 미터라는 단위의 정확한 의미가 바뀌었다. 지구는 완벽하게 동그란 모양이 아니며, 산도 있고 계곡도 있는 울퉁불퉁한 모양이다. 따라서 북극에서 적도까지의 거리는 어디서 어떻게 재느냐에 따라 조금씩 차이가 날 수밖에 없다. 세월이 흐르면서 어떤 산이 무너지거나 사람들이 공사를 해서 깊은 구덩이를 만든다면 그것 때문에 지구 둘레가 아주 조금 바뀌기도 할 것이다. 그렇다면 지구 둘레를 기준으로 미터를 정의하면 언제 어디서나 정확한 단위가 되기 어렵다. 그래서 과학자들은 1m가 어떤 크기인지 정의하는 기준을 바꾸었다.

바로 그 내용이 개량법에 그대로 실렸다. 계량법 5조 2항은 이렇게 되어 있다. "미터는 진공 중에서 '크립톤' 86 원자의 $2p10$과 $5d5$ 준위 간의 전이에서 복사되는 파장의 1,650,763.73배 장이며, 국제 미터 협약에 의하여 대한민국에 교부된 미터원기로써 이를 현시한다."

이 말은 이제 더는 지구 둘레가 미터라는 길이를 정하는 기준이 아니며, 크립톤 krypton 원자의 특성을 이용해 1m를 새롭게 정한다는 뜻이다. 그렇기에 1m의 정확한 길이도 처음 프랑스 과학자들이 막연히 1m가 무엇이면 좋을지 생각했을 때와 약간 달라졌다. 정확한 요즘 단위로 재 보면 지구의 둘레는 딱 4만 km가 아니라, 그보다 약간 더 긴 4만 75km 정도 된다.

그렇다면 도대체 크립톤 원자의 어떤 특성을 이용해서 1m라는 길이를 정한 것일까? 핵심만 얘기하자면, 크립톤에서 빛이 나오게 한 뒤에 그 빛을 관찰하는 방식이다. 그리고 그 빛의 전기 특성을 조사해서 길이를 알아낸다.

세상의 물질들을 이루는 작은 알갱이인 원자 속에는 전자라는

더더욱 작은 알갱이가 있고, 전자는 이리저리 돌아다니고 있다. 그런데 전자는 빛을 받으면 빛의 힘을 얻어 움직이는 속도가 더 빨라지기도 하고, 반대로 움직이고 있던 전자가 빛을 뿜어내면 그만큼 힘을 잃어 움직이는 속도가 느려지기도 한다. 원자 속에 있는 전자는 이런 식으로 빛을 흡수하거나 내뿜는 일이 흔하다. 크립톤 원자도 마찬가지다. 그래서 크립톤 원자에 열을 주거나, 강한 전기를 주거나, 다른 빛을 쏘여 주거나 하는 방법으로 크립톤 원자 속의 전자를 더 빨라지게 하거나 느려지게 하여 그 전자가 뿜어내는 빛을 살펴볼 수 있다.

그런데 양자이론에 따르면, 무엇인가의 에너지가 달라질 때는 자유롭게 달라질 수 있는 것이 아니라 반드시 정해진 단계별로만 달라질 수 있다. 속력도 마찬가지다. 야구공을 던질 때, 던지는 사람이 힘을 조절하면 시속 30km로 던질 수도 있고, 시속 35km로 던질 수도 있고, 시속 42km로 던질 수도 있다는 게 우리의 상식이다. 하지만 양자이론에 따르면 아무리 힘 조절을 잘하는 사람이라고 해도 모든 속력으로 공을 던질 수는 없다. 시속 30km보다 조금 더 빠르게 던지려고 하면 바로 그다음 단계로 던질 수 있는 공의 속력은 시속 40km가 된다는 식이다. 그 사이의 시속 35km나, 시속 38km 같은 속력으로 던지는 것은 아무리 애를 써도 불가능하다.

물론 야구공처럼 큰 공을 던질 때는 이런 현상을 쉽게 느낄 수 없다. 그렇지만 아주아주 작은 공을 던질 때는 정말로 이와 비슷한 현상이 쉽게 눈에 보인다. 전자처럼 아주 작은 물체가 움직일 때도 마찬가지다. 그래서 전자가 움직일 수 있는 속력에는 단계가 있다. 가령 시속 2,000km로 움직이는 전자를 더 빨리 움직이게 하려고 하면, 아무리 애를 써도 시속 2,100km나 시속 2,200km로 움직이게 할 수는 없다. 아마도 시속 3,000km 정도될 그다음 단계로 움직이도록 해야만 한다.

크립톤 원자 속을 돌아다니는 전자에도 이런 단계가 정해져 있다. 전자가 움직이는 모양은 공이 움직이거나 드론이 하늘을 날아다니는 모양과는 달라서 정확히 시속 몇 킬로미터로 날아다닌다는 식으로 말하기는 어렵다. 양자이론에 대해서 어렴풋이 들어 본 사람이라면, 위치와 운동량을 동시에 알 수 없다고 하는 아리송한 말을 들어 보았을 것이다. 그렇다 보니 전자가 날아다니는 속력과 모양의 단계를 화학에서는 다른 방법으로 말한다. 그때 사용하는 말이 $1s1$, $2s1$, $2p1$ 같은 용어다. 계량법 5조 2항에 나오는 "$2p10$과 $5d5$" 준위라는 말이 바로 그 뜻이다.

조금 자세히 풀이하면, 크립톤 원자 속의 전자가 원래는 $2p10$ 단계로 날아다니는데, $5d5$ 단계로 빨라졌다가 다시 $2p10$ 단계로 느려지는 현상을 일으킬 때를 관찰하라는 뜻이다. 정확한 숫자는 아니지만 대략 시속 수천 킬로미터로 날아다니던 전자가 시속 수만 킬로미터 정도로 날아다니는 상황으로 바뀌었다가 다시 원상태로 돌아온다고 보면 얼추 비슷할 것이다.

이렇게 전자가 빨라졌다가 느려지면 특정한 색깔의 빛이 나온

다. 빛이 나온다는 말을 계량법에서는 "복사"라고 표현했다. 그런데 빛은 전기의 힘과 자기의 힘이 서로 얽혀서 공간을 날아가고 있다. 전기장과 자기장이 서로 연결되어 있다고 말하기도 한다. 그래서 빛을 전자기파라고도 부른다. 빛이 가진 전기의 힘은 빛이 날아가는 동안 빛을 따라가며 커졌다가 작아지기를 반복한다. 그런데 이 변화는 아주 규칙적이다. 즉, 빛이 날아가는 동안 전기의 힘은 똑같은 정도로 커졌다가 작아지기를 끊임없이 반복한다. 이렇게 빛이 날아갈 때 전기의 힘이 한 번 커졌다가 작아지는 동안 빛이 날아간 거리를 파장이라고 한다.

복잡한 이야기를 많이 했는데, 요점은 크립톤에서 나오는 빛도 날아가는 동안에 전기의 힘이 커졌다가 작아지기를 규칙적으로 반복한다는 것이다. 그리고 이 현상이 일어나는 정도, 그러니까 파장은 빛의 성질에 따라 다르다. 특히 크립톤 원자의 전자가 $2p10$에서 $5d5$로 빨라졌다가 느려지는 현상 때문에 나오는 빛은 대략 0.001mm도 안 되는 아주 짧은 거리를 날아가는 사이에 전기의 힘이 한 번 커졌다가 작아진다. 그리고 이 현상이 규칙적으로 반복된다. 따라서 크립톤 원자에서 나온 그 빛이 날아갈 때 전기의 힘이 커졌다가 작아지는 반복이 한 번 일어나는 거리, 즉 파장이 얼마인지를 측정해서, 거기에 1,650,763.73을 곱하면 그게 바로 1m라는 길이가 된다.

1m라는 길이를 뭐 이렇게 복잡하게 정했나 싶기도 할 것이다. 그렇지만 이렇게 해야 언제 어디서나 아주 작은 차이도 없이 정

확하게 1m를 정할 수 있다는 것이 1960년대 과학자들의 생각이었다. 이 기준은 1961년 당시 국제 협의에 따라 만든 것이고, 그 내용을 그대로 한국 사람들도 법률에 새겨 넣은 것이다.

주기율표를 살펴보면 크립톤은 헬륨, 네온, 아르곤 같은 원소와 아래위로 같은 줄에 적혀 있다. 아래위로 같은 줄에 있는 원소들끼리는 성질이 비슷하므로 크립톤 역시 헬륨, 네온, 아르곤과 마찬가지로 화학반응을 거의 하지 않는다. 이런 원소를 비활성 기체라고 부른다.

어떤 원소 하나만의 성질을 정확히 측정하는 실험을 할 때 순수한 크립톤을 구해 실험하면 편리하다. 특정 원자가 내뿜는 빛을 관찰하려면, 그 원자가 빛을 내뿜도록 전기를 걸거나 온도를 올려 주어야 한다. 만약 이런 실험에 화학반응을 잘 일으키는 수소 기체나 염소 기체를 이용한다면 원자가 전기나 열을 받아 빛을 내뿜기도 전에 화학반응을 일으켜 다른 물질에 들러붙으면서 엉뚱한 상태로 바뀌어 버릴 것이다. 이것이 1m를 정할 때 하필이면 크립톤이라는 낯선 물질로 실험하는 이유 중 하나다. 특히 크립톤은 빛이 선명하게 잘 보이고 정확하게 잘 나오는 특징까지 있다. 그래서 1m를 정확하게 알아내는 것처럼 정밀한 실험을 하기에 좋다.

크립톤은 19세기 말에 처음 발견되었다. 공기를 매우 차갑게 만들어 얼리면서 공기 속에 조금씩 섞여 있는 성분을 살펴보면

아르곤, 네온처럼 크립톤도 아주 약간 포함되어 있는 것을 알 수 있다. 그런데 공기 중의 크립톤은 정말이지 너무 조금밖에 없는 희귀한 성분이어서 마치 숨겨진 물질 같은 느낌이 든다. 그래서 숨겨 놓은 것이라는 의미의 그리스어를 써서 크립톤이라는 이름을 지었다. 암호화폐를 영어로 크립토커런시cryptocurrency라고 부르는데, 크립토crypto는 숨겨진 암호라는 뜻의 단어로, 크립톤과 뿌리가 같다. 이처럼 크립톤 하면 희귀하고 뭔가 비밀에 싸인 알 수 없는 물질이라는 느낌이 있다 보니, 〈슈퍼맨〉 만화를 처음 그린 사람은 슈퍼맨의 고향인 외계 행성에 크립톤이라는 이름을 붙였다.

만화 속에서 슈퍼맨은 크립토나이트kryptonite라는 특수한 돌덩어리가 가까이 있으면 악영향을 받아 초능력을 잃는 약점을 갖고 있다. 그러나 크립토나이트와 이름이 비슷한 실제 물질 크립톤은 비활성기체로, 아무 화학반응도 하지 않는다. 그러므로 사람 주위에 있다고 해서 냄새가 나지도 않고 몸에 악영향을 미칠 일도 없다. 물론 헬륨, 아르곤과 마찬가지로 사람이 숨을 쉬는 데도 아무 도움이 되지 않기에 주변에 크립톤만 가득하면 숨을 못 쉬어서 위험해질 수는 있다. 그러나 아르곤 같은 물질과 비교하면 크립톤은 워낙 희귀해서 웬만해서는 주위에 그렇게 크립톤이 많이 있을 만한 상황도 드물다.

그런데 과거에는 크립톤이 자주 쓰이던 용도가 한 가지 있었다. 유리로 만든 동그란 전등 중에 그 속에 필라멘트라는 가느다란 선이 들어 있는 옛날식 백열등이 있다. 바로 이 백열등 중에 크립톤을 사용해 만든 제품이 유행하던 시기가 있었다. 이런 옛날식 전등은 전기로 필라멘트를 뜨겁게 달구면 달궈진 필라멘트가 빛을 내는 방식으로 작동한다. 그렇다 보니 아주 뜨거워진 필라멘트가 주변의 산소와 반응해서 타 버리면 끊어져서 전등을 못 쓰게 되는 문제가 있었다. 그래서 이런 전등을 만들 때는 전구 안의 공기를 다 빼고 필라멘트를 이루는 물질과 잘 반응하지 않는 다른 물질을 채웠다.

이렇게 전구 안을 채우는 용도로 가장 많이 쓴 물질은 비교적 쉽게 구할 수 있는 아르곤이었다. 그러다가 아르곤과 크립톤을 같이 사용하면 더 좋다고 해서 크립톤을 섞어서 사용하는 제품들이 나중에 개발되었다. 크립톤은 아르곤보다 조금 더 무거운데, 전구 안에 이렇게 무거운 물질을 빡빡하게 넣어 두면 필라멘트를 더 강하게 압박해 주므로 필라멘트가 녹아내리고 끓어오르는 일도 덜 생긴다. 압력을 높여 필라멘트 성분의 녹는점을 높여 준다고 말해 볼 수도 있겠다.

백열등 말고 다른 방식으로 작동하는 조명 중에도 크립톤을 사용했던 사례가 있다. 옛날 밤길에 늘어선 포장마차에서는 백열등을 켜 놓고 장사를 하는 경우가 많았다. 포장마차는 밤에 간단한 군것질로 순대, 튀김, 떡볶이를 사 먹기도 좋았고, 헤어지기 아쉬운 친구들끼리 마지막으로 잠깐 앉아서 이야기를 나눌 때도 값싸고 간편해서 인기가 있었다.

지금이야 길거리 가판대에서도 대부분 전기가 덜 드는 LED 조명을 사용하고 있어서 백열등을 보기는 어렵다. 그렇지만 LED 조명이 널리 퍼지기 전인 2000년대 초반까지만 해도 전국 곳곳을 밝히던 불빛 중에 일부는 크립톤과 함께 빛나고 있었다. 특히 한국에서는 1990년대 초에 크립톤을 사용한 전구가 국산화되면서 꽤 많이 팔리던 시절이 있었다. 보통 전구보다 조금 더 작고 약간 납작하게 생긴 전구 중에 크립톤을 사용하는 제품이 여럿 있었던 것이 기억난다. 그런 제품이 더 좋은 전구라고 알려져서 분위기를 멋지게 꾸며야 하는 가게 입구나 제품 진열대 같은 곳에 자주 사용되었다.

만화에 나오는 크립톤은 슈퍼맨이 살던 머나먼 외계 행성이지만, 현실 세계에서 크립톤은 떡볶이 위에 따뜻한 빛을 드리우는 포장마차 불빛으로, 너무나 친숙하고 가까운 곳에 있던 물질이다. 포장마차 앞에 서서 이런 생각을 떠올려 보는 것도 과학의 재미 중 하나 아니겠는가.

크립톤을 채워 만들던 백열등은 거의 사라졌어도 크립톤은 다른 용도로 계속 쓰이고 있다. 그중 하나는 레이저를 만드는 용도다. 화학반응을 좀처럼 하지 않는 아르곤도 화학반응을 너무나 잘하는 플루오린과 반응시키면 플루오린화아르곤^{ArF} 이라는 특이한 물질이 되는데, 이것은 레이저 기기의 재료로 쓰인다. 그리고 아르곤 대신 성질이 비슷한 크립톤을 사용하는 플루오린화크립톤^{KrF} 레이저도 자주 쓰이는 편이다. 요즘은 KrF 레이저가 ArF

레이저만큼 자주 보이지는 않는 것 같다. 그러나 반도체를 만들 때 규소 판에 빛을 쪼여 회로를 새기는 공정이 있는데, 이때 KrF 레이저를 사용해야 회로를 잘 새길 수 있는 반도체 제품들이 꽤 있다고 한다. 그래서 한국의 반도체 공장들은 크립톤과 크립톤을 이용해 만든 물질들을 꽤 수입해서 쓰는 편이다.

크립톤을 이용해서 1m를 정하던 방식은 1980년대에 들어서 중단되었다. 세계의 과학자들이 더 정확한 방식을 개발했기 때문이다. 그래서 지금은 빛이 날아가는 속력을 기준으로 1m라는 길이를 정하고 있다. 게다가 계량법도 이제는 다른 법률로 바뀌어서, 크립톤과 양자이론이 멋지게 모습을 드러냈던 대한민국의 법률 조항은 사라진 상태다.

하지만 그 뒤로도 한국의 역사와 크립톤은 깊은 관계를 맺고 있다. 빼놓을 수 없는 것이 북한의 핵폭탄 개발이다.

핵폭탄을 만들려면 강력한 에너지를 만들어 내는 핵분열 반응을 일으킬 수 있는 물질을 모아야 한다. 가장 흔한 핵분열 물질은 흔히 우라늄235라고 표기하는 특수한 우라늄이다. 우라늄235는 보통 우라늄 사이에 0.7% 정도 되는 아주 적은 비율로 섞여 있다. 그런데 우라늄235는 보통 우라늄과 성질이 거의 완벽하게 같아서 우라늄235만을 골라내기가 쉽지 않다. 이것이 핵폭탄을 만들려고 할 때 만나게 되는 첫 번째 난관이다.

그래서 생각해 낸 다른 방법이 핵폐기물을 재료로 삼는 것이

다. 원자력발전소나 실험용 원자로 같은 시설을 가동하고 나면 핵폐기물이 생긴다. 핵폐기물 속에는 자연에서 찾아보기 어려운 별별 이상한 방사성 물질이 가지가지 들어 있다. 과학자들은 그 중에 핵분열 반응을 일으킬 수 있는 특수한 물질이 있을 것으로 생각했고, 실제로 플루토늄plutonium이라는 물질을 발견했다.

플루토늄은 우라늄과는 완전히 다른 물질이므로 골라내기가 어렵지 않다. 하다못해 그냥 녹이기만 해도 된다. 순수한 우라늄 가루가 플루토늄 가루와 섞여 있다고 가정해 보자. 이때 우라늄은 1,000℃까지 온도를 올려야 녹아내리지만, 플루토늄은 600~700℃면 녹아내린다. 따라서 600~700℃ 정도에서 녹아 똑똑 떨어지는 물질을 따로 모으면 그게 바로 순수한 플루토늄이다. 이렇게 핵폐기물에서 플루토늄만 뽑아내서 쓰기 위해 하는 일종의 재활용 작업을 흔히 재처리라고 부른다. 그래서 재처리는 가장 쉽게 핵폭탄 재료를 구하는 방법으로 유명하다. 그런 식으로 플루토늄을 몇 킬로그램 정도만 모으면 핵폭탄 한 발을 만들 수 있다.

북한에서도 이 방법으로 핵폭탄을 만들고자 했다. 그래서 영변 핵시설이라고 부르는 원자력발전소를 가동해서 핵폐기물을 만들었고, 그 핵폐기물을 잘 가공하여 그 속에 있는 플루토늄만 모아 보려고 했다. 국립통일교육원 자료에 따르면, 북한의 영변 핵시설은 전력 기준 5MW메가와트 정도의 규모라고 한다. 남한의 큰 원자력발전소가 1,000MW에 달하는 규모인 것과 비교하면 영변 핵시설은 그 200분의 1밖에 되지 않는 조그마한 장치다. 그렇지만 이런 장치라도 1년 365일 꾸준히 가동하면서 계속 핵폐기물을 만들어 내면 핵폭탄 몇 발 만들 정도의 플루토늄은 충분히 구할 수 있다.

과연 북한은 핵폐기물을 이용해 플루토늄을 뽑아내는 재처리 작업을 언제부터 했을까? 그것을 조사할 수 있는 가장 좋은 방법은 핵폐기물을 재처리할 때 나오는 연기가 조금씩 새어 나와 퍼지는 것을 멀리서 감지하는 것이다. 이때 특히 요긴하게 살펴볼 만한 물질이 바로 크립톤, 그중에서도 방사성을 띤 크립톤85라는 물질이다. 이것은 1960년대에 1m를 정하기 위해 사용하던 크립톤86보다 아주 약간 가벼운 크립톤이다.

연기 속에 섞여 있는 여러 물질 중에서도 하필 크립톤에 관심이 많았던 까닭은 일단 크립톤이 기체여서 작업 중에 조금이라도 새어 나오면 공기에 섞여 멀리멀리 날아올 수 있기 때문이다. 게다가 크립톤은 화학반응을 일으키지 않아서 도중에 변하지 않고 그 모습 그대로 날아온다. 화학반응을 잘 일으키는 산소 같은 물질이라면 날아오는 도중에 쇠에 달라붙어 녹슬게 하거나 동물의 들숨에 섞여 몸속에 흡수될지도 모른다. 그렇지만 크립톤은 아무 화학반응도 일으키지 않고 그대로 계속 퍼져 나간다. 설령 동물이 들이마신다고 해도 결국에는 다시 몸 밖으로 나올 수밖에 없다.

그래서 남한 과학자들은 항상 북한 쪽에서 날아오는 크립톤,

특히 크립톤85가 아주 조금이라도 감지되는지 확인하려고 애쓴다. 2003년 7월에는 미국 방송국 NBC에서 미국 정보기관이 북한에서 날아온 크립톤85를 감지했다고 보도했다. 이것은 북한이 플루토늄을 얻기 위해 재처리 작업을 하고 있으며 이런 방법으로 핵폭탄을 자꾸만 더 만들어 내고 있을 가능성이 크다는 것을 시사한다고 해서 큰 화제가 되었다.

핵폭탄의 재료를 만드는 재처리 작업 말고 실제로 핵폭탄을 터뜨려 보는 핵실험을 했을 때도 방사성 크립톤이 생겨서 튀어나온다. 그러므로 북한이 핵실험을 하는지, 했다면 어떤 재료로 어느 정도의 폭탄을 만들었는지 알아내기 위해서라도 남한과 미국 당국에서는 크립톤을 정밀하게 측정해야 한다. 이런 이유로 극히 적은 양의 크립톤85라도 정확하게 감지하는 기술을 계속해서 가다듬고자 노력하고 있다.

최근에는 미래를 위한 좋은 기술 중에서 아주 멋지게 크립톤을 사용할 수 있는 분야가 생겼다. 바로 우주에서 크립톤을 사용하는 기술이다.

미국의 우주 기업 스페이스X는 스타링크라는 회사를 만들어 우주에 띄워 놓은 수많은 인공위성을 통해 인터넷을 사용할 수 있게 하는 사업을 하고 있다. 이렇게 하면 지구에 있는 사람들이 무선으로 인공위성들과 직접 통신하여 인터넷을 사용하게 되므로 지상에 유선으로 인터넷망을 설치해 연결할 필요가 없다. 따라서 인터넷망을 연결하기 어려운 허허벌판이나 사막 한가운데,

바다 한가운데에서도 인터넷을 사용할 수 있어 매우 편리하다. 인공위성 인터넷은 전쟁이나 재난으로 유선 인터넷망이 파괴된 상황에서도 인터넷을 쓸 수 있게 해 준다. 실제로 스타링크 회사에서는 러시아의 공격을 받은 우크라이나 사람들이 스타링크를 유용하게 활용하고 있다고 홍보하기도 했다.

그런데 이런 인공위성 인터넷을 전 세계에서 쉽게 사용하도록 하려면 인공위성을 굉장히 많이 띄워야 한다. 스타링크에서는 2023년 기준으로 3,000대가량의 인공위성을 띄웠고, 앞으로도 1만 대 이상의 인공위성을 더 띄울 계획이라고 발표했다. 이렇게 많은 인공위성이 우주에 나가서 지구를 거의 뒤덮은 채 돌고 있으면 인공위성을 이리저리 움직여서 줄을 맞춘다거나 서로 부딪히지 않게 조종하는 작업도 굉장히 중요할 것이다.

이때 사용되는 물질이 바로 크립톤이다. 아무 반응도 일으키지 않는 크립톤은 한곳에 오랫동안 안전하게 가두어 놓고 사용할 수 있다. 그러면서도 묵직한 물질이어서 모아 놓은 크립톤을 한쪽으로 뿜어내면 그 반동으로 우주에서 인공위성이 움직이게 할 수 있다. 이럴 때, 크립톤이 전기를 띠게 만들어서, 인공위성에 장착된 태양전지로 얻은 전기의 힘으로 크립톤을 굉장히 빠르게 밀어내면 크립톤은 더 강하게 뿜어져 나올 것이다. 그러면 반동이 더 세져서 인공위성이 더 잘 움직일 것이다. 이런 방식으로 우주에서 우주선을 움직이는 장치를 흔히 이온엔진ion engine이라고 한다. 이온엔진은 보통의 로켓 엔진보다 오랫동안 꾸준히 사용

할 수 있다는 장점이 있다. 그래서 몇 날 며칠, 몇 달, 몇 년 동안 꾸준히 작동해야 하는 인공위성이나 장거리 우주선에 사용하면 특히 좋다.

스타링크의 인공위성들이 사용하는 이온엔진은 더 정확하게 말하면 홀 효과 추력기 Hall-effect thruster 라고 하는 종류다. 이런 우주선용 이온엔진에 제논 xenon 같은 물질을 사용하면 성능을 더 높일 수도 있다. 그런데 아마도 가격을 생각하면 제논까지 사용할 필요는 없고, 크립톤 정도면 적당한 물질이라고 생각한 것 아닌가 싶다.

크립톤은 아무 화학반응도 일으키지 않는 고요한 물질인 것 같지만, 정반대로 무시무시한 핵폭탄의 흔적이 되기도 하고, 지구 밖에서는 로켓 불꽃을 대신하여 우주 공간을 헤치고 나가는 새로운 힘이 되어 주기도 한다.

곰취나물과
밥을 비비며

37

Rb

루비듐

Rb

곰취나물에는 루비듐^{rubidium}이 아주아주 조금 들어 있다. 루비듐은 이름도 낯설고 일상생활에서 마주칠 일도 드문 원소다. 당연히 음식에도 루비듐이 많이 들어 있을 이유는 딱히 없다. 그렇지만 별별 다양한 산나물을 다 식재료로 이용하는 한식 요리 중에는 특이하게도 루비듐이 들어 있는 음식을 찾을 수 있다. 그중에 루비듐이 조금이라도 더 많은 것으로 보이는 식재료가 바로 곰취다. 2018년 홍영신 선생이 발표한 논문을 보면 곰취에는 구리보다도 루비듐이 더 많이 들어 있다고 한다. 구리는 흔한 물질이고 여러 식재료에서 자주 볼 수 있는 원소다. 곰취에 그런 구리보다 루비듐이 많이 들어 있다는 것은 신기한 일이다.

곰취나물은 특유의 쌉싸름한 맛이 매력적이다. 한편으로는 그냥 다른 나물들과 함께 뒤섞어 비빔밥으로 먹는 바람에 그게 곰취인지 뭔지 모른 채 우적우적 먹게 되는 나물이기도 하다.

원소 중심으로 생각하면 곰취나물은 아주 희귀하고 가치 있는 음식이다. 구리는 사람이 쉽게 접할 수 있는 금속이다. 1년에 전 세계에서 생산되는 구리의 양은 2000만 t 정도다. 이와 달리 루비듐 생산량은 1~2t 또는 2~3t이 될까 말까다. 그래서 루비듐이 황금보다 더 비싸다는 이야기도 자주 한다. 그런데 한국의 어느 산속, 아무도 안 보는 곳에 지금도 자라나고 있을 산나물 곰취는 그 귀한 루비듐을 구리보다 더 많이 품고 있다.

그렇다고 해서 루비듐이 곰취 안에서 신비로운 일을 해낸다거나, 곰취나물을 많이 먹은 사람이 루비듐 덕분에 무병장수하게 된다는 연구 결과가 있다는 말은 전혀 아니다. 지금까지 밝혀진 지식으로는 루비듐이 사람 몸속에서 딱히 대단한 역할을 하는 것 같지는 않다.

주기율표에서 아래위로 같은 줄에 적혀 있는 원소들끼리는 비슷한 역할을 할 수 있는데, 루비듐은 포타슘potassium, 칼륨과 같은 줄에 적혀 있다. 그래서 동물이 루비듐을 먹으면 어떻게 되는지 실험을 해 보면, 몸에서 포타슘 성분이 필요한 곳에 루비듐이 흘러간다.

루비듐 중에는 방사성을 띠는 루비듐82라는 물질이 있다. 이것은 아주 복잡한 방법으로 인공적으로 만들어 내는데, 경상북도 경주시 건천읍에 있는 양성자과학연구단에 이 물질을 만들 수 있는 장비가 있다.

곰취나물과 밥을 비비며

279

루비듐82는 보통 루비듐과는 다르게 반물질antimatter을 뿜어내는 놀라운 특성이 있다. SF를 좋아하는 사람들은 반물질이라고 하면 미래의 우주선 연료나 외계인들이 사용하는 강력한 무기의 재료를 먼저 떠올릴지도 모르겠다. 그렇지만 경주시 건천읍에서 루비듐82를 만드는 사람들은 반물질을 외계인과의 전투에 사용하지 않는다. 대신 심장병과 싸우는 데 사용한다.

루비듐82가 뿜어내는 반물질은 양전자positron라는 것이다. 이 물질은 전자 제품 속을 돌아다니는 평범한 전자와 거의 모든 점에서 똑같아 보이지만, 전자가 ⊖전기를 가진 것과 반대로 ⊕전기를 가진다. 그래서 옛 SF 작가 아이작 아시모프는 미래에 양전자를 이용해서 전자 제품을 만들면 뭔가 더 좋은 제품을 만들 수 있을 거라 상상하고, 미래의 로봇이나 인공지능 기계 속에는 양전자 컴퓨터가 있을 거라는 이야기를 소설에 자주 썼다.

실제로는 루비듐82가 뿜어내는 양전자로 인공지능 컴퓨터를 만들지 않는다. 대신 양전자와 정반대 전기를 띤 전자와 부딪혀 반응하게 만든다. 그러면 양전자와 전자가 서로 소멸하며 강력한 빛을 내뿜는다. 이 빛은 맨눈에 보이지는 않지만 어지간한 물질을 다 뚫고 나온다. 그리고 정확히 반대인 방향으로 두 줄기 빛이 동시에 나오기 때문에 어느 위치에서 빛이 나오는지 관찰하기가 좋다. 그래서 양전자가 소멸하면서 나오는 강력한 빛을 관찰하면 그 양전자가 몸속 어디에 있었는지 정확히 알 수 있다. 다시 말해 양전자를 내뿜는 물질을 몸에 주입하면 그 물질이 몸속에서 돌아다니는 위치를 정밀하게 알 수 있다는 뜻이다.

그런 물질이 사람 핏줄을 타고 돌아다니면서 위치를 표시해 주면, 마치 투시력으로 꿰뚫어 보듯이 몸속 핏줄의 모양을 볼 수 있다. 이런 방법으로 어떤 물질이 사람 몸속을 돌아다니는 모양을 촬영하는 기술을 양전자방출단층촬영 positron emission tomography 이라고 부르고, 알파벳 약자로 PET라고 쓰며, 펫이라고 읽는다. 요즘은 암을 살펴보기 위해 일반인에게도 자주 사용된다. 그래서 한국의 대형 병원에서는 이 장비를 심심찮게 찾아볼 수 있다.

루비듐82를 사람 몸에 주입하고 PET으로 살펴보면 다른 방법으로는 조사하기 어렵다는 몇 가지 심장병을 관찰할 수 있다. 2022년에는 한국원자력연구원에서 루비듐82를 잘 만드는 방법을 개발했다고 발표하여 화제가 되었다. SF 속 인공지능 로봇의 양전자 두뇌와 산나물 비빔밥 속의 곰취나물은 전혀 상관이 없을 것 같은데, 루비듐이라는 물질로 두 주제가 이어진다.

물론 곰취나물 속에 있는 루비듐은 반물질을 내뿜는 루비듐82와는 전혀 다른 평화로운 루비듐이다. 그 특징 역시 그냥 포타슘과 비슷하다는 정도로 쉽게 요약할 수 있다. 아마도 사람이 먹으면 몸속에서도 그저 포타슘이 많이 든 식품을 먹었을 때와 비슷한 역할을 할 것으로 짐작해 볼 수 있다.

그러나 만약 순수한 루비듐만 따로 추출해서 많은 양을 모아놓을 수 있다면 문제가 좀 달라진다. 루비듐 역시 포타슘처럼 화

곰취나물과 밥을 비비며

학반응을 아주 잘 일으키는 물질이기 때문이다. 따져 보면 루비듐은 포타슘보다도 더 화학반응을 잘한다. 포타슘은 그냥 맹물에 집어넣기만 해도 맹렬하게 화학반응을 일으키는 물질인데, 루비듐은 그 이상이다. 곰취나물을 1t 정도 구해서 거기에 있는 순수한 루비듐만 추출해 한 덩어리로 모은다면 아마 쌀알 하나, 보리 한 알 정도의 아주 적은 양이 될 것이다. 이렇게 작은 알갱이라 해도 그것이 순수한 루비듐 덩어리라면 맹물에 던지자마자 폭죽이 터지는 것 같은 소리를 낼 것이다. 작은 루비듐 조각 하나일 뿐이지만, 맹물과 빠르게 화학반응을 일으켜 새로운 물질을 급격히 만들어 내는 과정이 그야말로 폭발적인 반응으로 나타나는 것이다.

그래서 순수한 루비듐 조각은 아무 데나 던져 놓아도 주변의 온도를 확 높인다. 공기 중의 수증기나 주위의 수분과도 얼마든지 빠르게 화학반응을 일으키기 때문이다. 나무나 종이 같은 데 조그마한 루비듐 조각을 하나만 던져두어도 빠른 화학반응으로 온도가 높아져 바로 불이 붙을 것이다. 루비듐은 애초에 물렁물렁한 금속이기도 하고 온도가 좀 높아지면 잘 녹기도 한다. 그래서 루비듐 조각을 아무 데나 던져 놓으면 뜨거워지고 불이 붙다가 스스로 녹아서 여기저기로 튀기도 한다. 그러면 튄 루비듐 방울이 또 화학반응을 일으켜 불이 번지기도 한다.

그 정도로 화학반응을 잘 일으키는 물질이다 보니, 보통 화학 물질로는 쉽지 않은 반응을 일으켜 특이한 성질을 가진 다른 물질을 만들어야 할 때 루비듐이 가끔 사용된다.

　이렇게나 화학반응을 잘하는 만큼, 순수한 루비듐 덩어리는 굉장히 조심스럽게 다루어야 한다. 보통 루비듐 덩어리를 보관할 때는 공기가 통하지 않는 유리관에 담아 밀봉해 둔다. 이때 그 유리관 안을 공기 대신 다른 물질로 꽉 채워 둔다. 공기만 하더라도 산소 기체나 이산화탄소 같은 물질이 섞여 있고, 루비듐은 이런 물질과도 얼마든지 화학반응을 일으켜 다른 물질을 만들 수 있다. 그런 일이 벌어진다면 운이 좋아 봐야 루비듐이 변질되어 못쓰게 될 것이고, 운이 나쁘면 루비듐을 담아 둔 유리관이 폭발해 버릴 것이다. 그래서 아르곤처럼 화학반응을 일으키지 않으려는 성질이 강한 물질로 주변을 가득 채워 두어서 루비듐이 화학반응을 못 하도록 막는다.

　이렇게 이야기하면 또 루비듐이 아주 기이한 물질 같지만, 막상 그렇게까지 희귀한 물질은 아니다. 세상의 돌과 흙 성분을 조사하다 보면 루비듐을 어렵지 않게 찾아볼 수 있다. 루비듐이 워낙 화학반응을 잘 일으키다 보니 대부분 다른 물질과 화학반응을 일으킨 상태로 엮여 있어서 순수한 루비듐을 뽑아내기가 어려울 뿐이다.

　현대 과학 기술이면 루비듐을 뽑아내지 못할 것도 없다. 그런데도 루비듐이 희귀하게 느껴지는 이유는 굳이 고생해서 순수한 루비듐을 뽑아낼 마땅한 이유가 없기 때문이다. 루비듐을 사용할 곳이 별로 없으니 사람들이 대량 생산을 하려고 애쓰지 않아

서 가격이 높을 뿐이다. 루비듐82라면야 반물질을 내뿜으니 쓸 곳이 많겠지만, 이런 방사능 루비듐은 특수 기술로 아주 조금씩 만드는 것이지, 돌이나 곰취나물 속에 들어 있는 평범한 루비듐이 아니다.

그렇다면 평범한 루비듐은 어디에 쓸 수 있을까? 일단 루비듐이라는 말을 내세우면서 판매하는 제품으로는 루비듐 시계가 있다. 원자시계라는 초정밀 시계를 만들 때 루비듐을 써서 만든 제품이 여럿 개발되어 현재 판매되고 있다.

원자시계는 흔히 원자의 진동수를 따져서 시간을 측정하는 시계라고들 하는데, 과학 상식을 설명한 책 중에 이 말을 원자가 정말로 덜덜 떨면서 진동하는 거라고 설명한 경우가 생각보다 많다. 그 탓에 원자시계의 원리가 그런 것이라고 오해하는 사람도 적지 않다. 그러나 원자시계는 원자의 떨림을 감지해서 만드는 시계가 아니다. 원자시계는 원자가 뿜어내는 빛을 관찰하고, 그 빛이 가진 전기의 힘이 어떻게 떨리는지를 보는 장치다. 조금 더 정확히 이야기하면 빛은 항상 규칙적으로 변화하는 전기장과 자기장을 지니고 있으므로 그것을 관찰한다는 뜻이다.

원자가 뿜어내는 빛은 눈에 보이지 않는 빛일 때도 많다. 그런데 어떻게 그런 빛을 관찰해서 시간을 알까? 쉽게 설명하자면 물질의 색깔을 이루는 빛 중에 측정하기 좋은 것을 골라 잘 관찰하면서, 그 빛이 만들어 내는 전기의 힘이 일정하게 떨리는 것을 시계추가 왔다 갔다 하는 것이라 치고 측정하여 시계로 사용한다는 이야기다. 시계추가 왔다 갔다 하는 것과 비교하면 원자가 뿜어내는 빛의 진동은 훨씬 더 일정하다. 따라서 이런 방식을 이용하면 수천 년, 수만 년 동안 시계를 사용해야 겨우 오차가 1초 날까 말까 할 정도의 초정밀 시계를 만들 수 있다.

이런 장치를 만들려면 당연히 측정하기 좋은 빛을 균일하게 잘 뿜어내는 물질이 있어야 한다. 그런 물질 중에 가장 좋은 평가를 받는 것은 세슘cesium이고, 루비듐도 세슘 못지않게 좋은 평가를 받는다. 특히 루비듐은 이런 복잡한 장치를 작은 크기로 만들기에 좋다고 한다. 요즘 기술을 이용하면 손바닥 위에 올라오는 루비듐 원자시계를 만들 수 있다.

이 같은 초정밀 시계는 의외로 굉장히 다양한 곳에 사용할 수 있다. 자그마한 루비듐 시계는 무게를 줄이는 것이 관건인 우주선이나 인공위성에 사용하기에 특히 유리하다. 최근에는 큐브위성, 나노위성이라고 해서 과거보다 훨씬 작은, 신발만 한 크기의 인공위성을 띄우는 일이 점점 유행하고 있는데, 이런 장비 속에 초정밀 시계가 필요하다면 루비듐 원자시계가 요긴할 것이다.

루비듐에서 나오는 빛의 색깔은 루비듐의 발견과도 관련이 깊다. 19세기 독일의 화학자 로베르트 분젠Robert W. Bunsen이 루비듐을 처음 발견할 때 색깔 연구를 통해 새로운 원소가 있다는 사실을 알아냈기 때문이다. 분젠은 가스 불로 물체를 데우는 분젠버너Bunsen burner라는 실험 장치를 개발한 인물이기도 하다.

분젠의 연구 성과 중에 분젠버너보다 더 큰 업적으로 칭송받는 것이 있다. 물체의 색깔을 정밀 분석해서 성분을 추측하는 분광분석법을 사실상 개발한 것이다. 특히 분젠이 좋아했던 방법은 물체를 태울 때 그 불꽃 속에서 물체가 원자 하나하나로 낱낱이 쪼개졌다가 다시 화학반응을 일으키며 달라붙는 현상을 이용하는 것이었다. 물체가 불탈 때 나타나는 색깔 속에 정확히 어떤 색들이 포함되어 있는지 측정해 보면, 그 색들을 낼 수 있는 원소가 물체 속에 포함된 것으로 볼 수 있다고 추측한 것이다.

현재 이 기술은 흙 속에 중금속 성분이 있는지 알아보기 위한 분석부터, 우주 저편에서 빛나는 별의 색깔을 분석해 우주가 어떤 물질로 만들어져서 변화해 가고 있는지 알아보는 분석에 이르기까지 아주 넓은 영역에 사용되고 있다. 그런 만큼 분광분석은 물질 분석의 기본 중의 기본인데, 이런 기술이 개발되는 과정에서 분젠을 비롯해 구스타프 키르히호프Gustav R. Kirchhoff 같은 독일 과학자들이 큰 공을 세웠다.

분젠은 돌가루를 수없이 많이 태워 보다가 어느 돌가루를 태운 불꽃 색깔을 분석한 자료에서 다른 원소에서는 찾아볼 수 없는 독특한 붉은 색이 나온다는 사실을 알아냈다. 그것은 아마도 그 색을 낼 수 있는 독특한 원소가 그 돌에 포함되어 있다는 뜻일 것이다. 그래서 분젠은 그 원소의 이름을 붉은색이라는 뜻의 라틴어에서 따와 루비듐이라고 붙였다. 붉은색 보석 중에 루비가 있는데, 이 역시 루비듐과 같은 뿌리를 가진 말이다. 그렇다고는 해도 루비의 성분에 루비듐이 있는 것은 전혀 아니다. 루비는 돌 속에서 흔히 발견되는 알루미늄이나 산소 등의 원소와 색이 진한 광물에 자주 포함되는 크로뮴 등의 물질로 되어 있다.

　루비듐은 과학의 가장 근본적인 문제를 밝히는 데도 큰 도움을 준 물질이다. 한 예로, 물질의 기본을 따지는 이론 중에 어떤 물질을 이루는 가장 기본적인 알갱이가 페르미온^{fermion}이냐, 보손^{boson}이냐를 구분해 보자는 이야기가 있다. 전자처럼 쉽게 접할 수 있는 물질의 기본 재료는 페르미온으로 분류되는 경우가 많다. 이와 달리 빛은 평소에 손으로 잡거나 어딘가에 모아 둘 수 없다. 그래서 보통은 빛이 물질이라고 생각하지 않는다. 그런데 잘 살펴보면 빛 또한 광자^{photon}라는 알갱이로 되어 있다. 광자는 보손으로 분류한다. 그래서 전자같이 평범한 물질이 페르미온이고, 빛 같은 것이 보손이라고 보면 일단 대표적인 것을 대강 하나씩 고른 셈이다.

　과학자들은 평범한 물질의 재료와 빛이 이처럼 성질이 다른 이유가 무엇일지 고민하다가, 물질을 이루는 기본 알갱이가 뱅글뱅글 돌고 있는 것 같은 느낌이 얼마만큼 나느냐로 구분할 수 있다는 기발한 생각을 해냈다. 이런 생각을 입자의 스핀^{spin}을 따져서 페르미온과 보손을 구분한다고 말한다.

　따라서 이론상으로는 평범한 물질도 스핀이라는 수치만 잘 맞추면 보손과 같은 느낌, 즉 마치 빛줄기와 비슷한 성질을 충분히 나타낼 수 있다. 이에 대한 기본 이론을 처음 만든 사람이 인도의

사티엔드라 나트 보스Satyendra Nath Bose 박사였고, 알베르트 아인슈타인Albert Einstein도 이 이론에 공이 있기에, 이렇게 만드는 아주 이상한 물질을 보스-아인슈타인 응축Bose-Einstein condensate이라고 부른다. 보스-아인슈타인 응축은 많은 원자가 모여 있는 물방울 같은 물체지만, 물방울처럼 움직이지 않고 마치 빛줄기와 비슷하게 하나의 덩어리인 것처럼 움직이게 할 수 있다.

이렇듯 말로 설명하기도 혼란스러운 너무나 기괴한 물질을 과연 실제로 만들 수 있을까? 20세기 말, 과학자들은 이런 이상한 물질을 아주 조금이지만 실제로 만들어 내는 데 성공했다. 이때 사용한 물질이 바로 루비듐이었다. 개발 과정에서 엄청나게 낮은 온도로 작업해야 했다고 하는데, 이 일을 해낸 과학자들은 2001년 노벨상을 받았다.

루비듐이 이런 종류의 이상한 실험에 자주 사용되는 이유 중 하나는 루비듐이 금속이면서도 쉽게 녹고 잘 끓어오르기 때문이다. 금속은 대개 고체다. 이 말은 수천억 개의 원자들, 수천조 개의 원자들이 서로 다닥다닥 붙어 있는 엄청나게 많은 원자의 덩어리라는 뜻이다. 이런 상태라면 원자 하나하나에 각각 영향을 주어야 하는 정밀한 조작을 하기가 어렵다. 원자를 하나하나 조작하려면 덩어리가 아니라 원자를 하나하나 떼어 놓은 상태로 만들어야 한다.

가장 쉬운 방법은 물질을 원자들이 떨어져 각자 돌아다니는 상태인 기체로 바꾸는 것이다. 그러나 어지간한 금속을 녹여서 액체로 만들려고만 해도 쇠가 녹을 정도로 높은 온도가 필요하다. 하물며 그렇게 쇳물이 된 금속을 끓여서 기체로 만들기는 더욱더 어렵다. 그런데 루비듐은 쉽게 녹고 쉽게 끓는다. 그러니 어떤 작업을 금속으로 해야 하는데, 원자 하나하나를 움직여야 한다면 루비듐이 좋은 재료가 된다. 그런 이유로 레이저를 이용해 원자 하나하나를 각기 붙잡고 따로 움직이는 실험을 할 때 루비듐은 단골 실험 대상이다. 가끔 원자 하나하나를 이용해서 글자 모양을 만들었다든가, 100만분의 1mm 크기로 그림을 그렸다고하는 과학 실험 기사가 나올 때, 재료로 루비듐을 사용한 사례를 자주 볼 수 있다.

2023년 3월 언론에는 카이스트의 안재욱 교수를 주축으로 한 연구진이 레이저를 이용해 루비듐 원자를 하나씩 집어서 던지고, 다시 그것을 받아 붙잡는 기술을 개발했다는 기사가 실렸다. 루비듐 원자 하나의 크기는 1000만분의 1mm 단위로 따져야 할 정도밖에 안 되는데, 그 정도 크기의 물체로 공놀이를 하는 정밀 기술이 만들어졌다고 볼 수 있겠다.

이렇게 작은 물질의 세계에서는 물질이 순간 이동을 하기도 하고, 두 군데의 장소에 동시에 있는 것처럼 보이기도 하는 현상들, 즉 양자이론에 따라 일어나는 이상한 현상들을 관찰할 수 있다. 과학자들은 이런 현상들을 복합적으로 이용해서 새로운 방식의 컴퓨터인 양자컴퓨터를 개발하면, 현재의 컴퓨터로는 풀기 어려운 몇몇 문제들을 아주 쉽게 풀 수 있을 거라고 내다본다. 안재욱

교수 연구진은 루비듐 공놀이 기술 역시 양자컴퓨터를 만드는 기술로 활용될 것으로 전망하고 있다. 실제로 그렇게 된다면, 루비듐으로 SF 속 양전자 두뇌 로봇을 만들지는 못하더라도 루비듐 양자컴퓨터를 만들어서 그 기계가 아주 신기한 대답을 척척 하는 모습을 볼 수 있을지 모른다.

솜사탕을
건네주며

38	Sr
	스트론튬

설탕을 만드는 일은 대단한 산업이다. 사람이 먹고 살아가는 데 당장 필요 없는 식재료 중에서 설탕만큼 세상을 크게 바꾸어 놓은 것도 드물다. 후추가 몹시도 값비쌌던 신항로 개척 시대에 수많은 유럽 선원이 목숨 걸고 대양을 항해했다는 이야기는 워낙에 유명하다. 그런데 설탕이 역사에 미친 영향은 후추보다 크면 컸지 작지는 않다. 그도 그럴 것이 후추는 고기 먹을 때나 종종 쓰이고 매운 느낌 때문에 싫어하는 사람도 가끔 있지만, 설탕은 과자에서 요리까지, 어린이들의 솜사탕부터 어른들이 마시는 칵테일까지 식생활의 광범위한 영역에 굉장히 널리 쓰이기 때문이다.

설탕이 처음 개발된 곳은 인도로 추정된다. 그런 만큼 설탕의 원료로 쓰기 좋은 사탕수수는 인도 같은 열대 지방에서 잘 자란다. 신항로 개척 시대 이후 유럽 사람들은 자신들이 정복한 열대의 땅에 사탕수수를 심어서 막대한 돈을 벌 계획을 세우고 실행에 옮겼다. 이때 사탕수수를 길러서 설탕을 뽑아내는 작업은 아프리카에서 납치해 온 노예들에게 시키면 된다고 생각한 사람들도 많았다. 그런 방법으로 유럽 사람들은 세계 각지에 사탕수수밭을 만들어 엄청난 돈을 벌었다. 아이티 같은 나라는 프랑스인들이 사탕수수 농장에 투입하려고 아프리카에서 데려온 노예들로 인구 대부분이 채워져 버리기도 했다. 애플파이에서 마카롱까지 유럽의 달콤한 후식 요리들은 바로 이렇게 생산되어 퍼져나간 설탕 덕분에 탄생했다.

19세기로 접어들며 세상은 조금씩 변해 가기 시작했다. 프랑스 대혁명 이후 사람들은 자유와 평등에 대해 더 진지하게 생각하게 되었다. 아이티 사람들은 노예의 나라에서 벗어나기 위해 프랑스에 대항해 독립운동을 벌였다. 그런데 프랑스 대혁명의 주인공이었던 프랑스 사람들은 정작 자신들이 지배하던 아이티 사람들을 대할 때는 가혹한 탄압을 일삼았다. 이렇듯 설탕 산업 때문에 수많은 사람이 목숨을 걸어야 했던 것이 한때 인류의 역사다. 아이티는 결국 독립했다.

그 당시 설탕을 생산할 수 있는 사람들이 가진 경제력은 쉽게 무시할 수 없었다. 20세기 중반 한국이 독립운동을 벌일 때도 하와이 사탕수수 농장에서 일하며 자리 잡은 한국인 이민자들이 돈을 모아 독립운동 단체들을 지원했다는 사실이 잘 알려져 있

다. 그렇게 보면 대한민국 역시 독립을 이루는 데 사탕수수와 설탕의 도움을 받은 셈이다.

유럽 사람들은 설탕을 더 싸고 쉽게 얻는 기술을 개발하는 데도 많은 돈을 투자했다. 사탕수수가 아니라 사탕무라는 작물에서 설탕을 뽑아내는 방법도 그중 하나였다. 사탕무는 한국에서 근대라고 부르는 식물로, 비트라는 작물의 품종을 개량한 것이다. 달짝지근한 맛이 꽤 많이 나서 어떻게 잘만 하면 여기서도 설탕을 뽑아낼 수 있을 것 같았다. 사탕무는 열대 지방보다 더 추운 지역에서도 잘 자란다. 한국에서도 키울 수 있을 정도다. 만약 사탕무에서 설탕을 뽑아낼 수 있다면 따뜻한 지역을 많이 정복하지 못한 나라도 귀한 설탕을 생산할 수 있게 된다.

아마도 그런 이유로 독일 사람들이 사탕무에서 설탕을 뽑아내는 기술을 개발하는 데 더욱 매달렸던 것 같다. 여러 사람이 실패한 끝에 18세기 말 독일인 화학자 프란츠 카를 아샤르^{Franz Karl Archard}가 사탕무로 설탕을 만들어 대량 생산하는 기술을 완성했다. 이 기술을 개발하기까지 숱한 실패를 겪었던 아샤르는 자신의 가난한 처지에 괴로워할 때도 많았다고 한다. 전설처럼 도는 이야기에 따르면, 어느 영국인이 아샤르를 찾아와 막대한 돈을 줄 테니 사탕무 설탕 기술이 실패했다고 발표하라고 제안한 일이 있었다고 한다. 열대 지방에 사탕수수 농장을 많이 가진 영국 사업가가 자신의 사탕수수 사업으로 계속 돈을 벌어들이기 위해서 사탕무 기술 개발을 포기하게 하려고 했다는 이야기다. 아샤르는 제안을 거절했다. 긴 시간과 노력을 쏟은 기술에 대한 애정 때문이었을 수도 있고, 독일인을 비롯하여 세상의 많은 사람이 더 쉽게 설탕을 맛보게 해 주겠다는 꿈 때문이었을 수도 있을 것이다.

19세기에는 사탕수수나 사탕무에서 설탕을 뽑아내는 기술을 한층 더 개선해 값싸고 품질 좋은 설탕을 만들고자 도전한 사람들이 있었다. 그때까지 설탕을 뽑아내던 과정을 요약해 보자면, 먼저 사탕수수나 사탕무를 잘게 잘라서 즙이 가득한 죽 같은 것을 만들고, 그것을 끓여 찐득한 국물을 우려낸다. 그런 다음 건더기를 걸러내고 잡다한 다른 물질을 빼낸 뒤 물을 말리면 설탕만 남는다. 그러나 이 방법은 작업 효율이 떨어질 뿐 아니라 이렇게 대충 만들어서는 순수한 설탕을 얻기가 어렵다.

그래서 화학자들은 재료를 끓여 만든 찐득한 국물에서 설탕을 뽑아낼 때 화학반응을 이용해 효율을 높이고자 노력했다. 그 결과로 한때 자주 사용된 방법이 바로 탄산스트론튬을 사용하는 것이었다. 탄산스트론튬은 화학반응을 상당히 잘 일으키는 스트론튬strontium이라는 금속 원소와 탄소, 산소를 이용해 만든 물질로, 당시의 최신 개발품이라고 할 만한 신물질이었다. 이 물질을 적당한 조건에서 사탕수수나 사탕무의 찐득한 국물에 집어넣으면 화학반응을 잘하는 스트론튬과 설탕이 서로 반응을 일으켜 스트론튬, 설탕, 산소 등이 결합한 또 다른 이상한 물질이 탄생한다. 이후 이 물질을 차가운 곳으로 옮기면 결합해 있던 것이 다시

분해되어 설탕만 뚝 떨어져 나온다. 탄산스트론튬이 찐득한 국물에서 순수한 설탕만 골라 오는 일종의 끈끈이 같은 역할을 하는 셈이다.

하지만 공장에서 탄산스트론튬을 이용해 설탕을 뽑아내는 방법 역시 말처럼 쉽지는 않다. 또 지금은 이 방법이 거의 사용되지도 않는다. 아마도 지금은 더 좋은 방법이 있기 때문일 것이다. 그러나 19세기 당시에는 설탕을 만드는 데 탄산스트론튬을 사용하면 비용이 훨씬 덜 들어서 인기가 좋았다. 그렇게 상당 기간 스트론튬은 설탕 공장에 유용한 물질이었다.

그런 만큼 그 시절에는 스트론튬을 구하려는 사람도 갑자기 많아졌을 것이다. 몇십 년 전만 해도 그게 무슨 물질인지 아는 사람도 없었던 스트론튬이 기술과 산업의 변화로 갑자기 큰돈을 벌 수 있는 상품이 되었다. 정확한 기록을 찾기는 어렵지만, 아마도 설탕 산업이 발달한 나라에서는 광산에서 스트론튬이 들어 있는 돌을 캐면 큰돈을 벌 수 있을 것으로 판단해서 스트론튬 광산이 될 만한 땅을 재빨리 차지하려는 경쟁도 있지 않았을까 생각해 본다.

스트론튬이 설탕 공장과 사탕수수 농장에서 사용되던 시기는 이 물질이 발견되고 얼마 지나지 않은 때였다. 사람들이 스트론튬에 대해 어렴풋하게 감이라도 잡은 것은 18세기 무렵이었던 듯하다. 처음에 스코틀랜드 사람들이 스트론티안이라는 지역의 어느 광산에서 좀 특이해 보이는 돌을 발견하면서 그 지역 이름을 따서 돌의 이름을 붙였다. 이후 19세기 초에 그 시대 영국을 대표하는 유명한 화학자이자, 마이클 패러데이Michael Faraday의 스승으로도 유명한 험프리 데이비Humphry Davy가 그 돌 속에 새로운 원소가 들어 있다는 사실을 알아냈다. 아마도 데이비의 주특기였던, 전기를 이용해 물질을 이리저리 바꾸는 실험을 하는 과정에서 새로운 원소를 찾아낸 것으로 보인다. 그런 이유로 새로 발견된 원소의 이름은 스트론티안의 돌에서 나온 원소라는 뜻으로 스트론튬이 되었다. 자연히 스트론튬을 이용하는 여러 방법도 19세기 이후에 본격적으로 개발된 것으로 보인다.

20세기에 들어서자 스트론튬은 새로운 용도로 더욱 많이 사용되었다. 바로 20세기 사람들의 생각, 사상, 문화를 가장 크게 바꾸어 놓은 발명품인 텔레비전을 만들 때 스트론튬이 요긴하게 쓰였다.

그렇다고 텔레비전의 핵심 원리와 스트론튬이 큰 상관이 있는 것은 아니다. 옛날식 텔레비전의 기본 원리는 전자가 부딪히면 빛을 내는 물질을 유리판에 발라 놓고, 전자를 원하는 방향으로 빠르게 발사하는 전자총이라는 부품을 이용해서, 유리판을 향해 전자를 이리저리 발사하는 것이다. 그 유리판을 멀리 떨어져서 보면 전자가 유리판에 부딪혀 생긴 빛이 그림을 이루게 된다.

전자는 ⊖전기, 즉 음전기를 띠고 있다. 그래서 이런 장치를 음극관cathode ray tube, 알파벳 약자로 CRT라고 부르기도 한다. 그러

므로 옛날 텔레비전은 전자총으로 전자를 발사해서 CRT에 원하는 모양으로 빛이 나오게 하는 방식으로 영상을 만들어 내는 장치라고 설명할 수 있다. 여기까지의 모든 과정에서 스트론튬은 아무런 역할을 하지 않는다.

그런데 전자가 유리판에 부딪혀 영상을 만들어 낸 후에 문제가 생긴다. 이처럼 빠르게 움직이는 전자가 충돌해서 갑자기 속력을 잃다 보면 엑스선 등의 방사선이 나온다. 강한 방사선을 만들어 내야 하는 입자가속기 같은 기계에서는 일부러 빠른 전자를 어디인가에 부딪히게 해서 방사선을 만들기도 한다. 그런데 텔레비전은 방사선을 만드는 데 쓰는 장치가 아니다.

입자가속기와 비교하면 텔레비전에서 나오는 엑스선이 약하기는 하다. 실험용으로 CRT를 가끔 사용한다면 별문제가 되지 않을 거라고 말할 수도 있다. 그렇지만 텔레비전을 보는 사람은 몇 시간이고 그 앞에 앉아 있을 때가 많다. 텔레비전 프로그램 중에는 어린이 프로그램도 있다. 이런 기계에서 엑스선이 쏟아지게 만들 수는 없다.

그래서 텔레비전에서 생기는 엑스선을 흡수하거나 엑스선이 튀어나오지 못하게 방해하는 물질을 일종의 방어막처럼 텔레비전 화면에 얇게 발라야 했다. 실험 결과 이 용도로 쓰기에 적합한 물질이 바로 스트론튬이었다. 이것이 한동안 스트론튬의 가장 큰 쓰임새였다. 20세기에 수많은 사람이 텔레비전 앞에서 그렇게 많은 시간을 보내고도 지금까지 무사한 이유는 스트론튬이 텔레비전 보는 나를 지켜 주는 방어막이 되었기 때문이라고 할 수도 있겠다.

20세기에 한국 경제가 성장하고 전자 산업이 발전하던 시기에는 한국도 텔레비전을 많이 생산했다. 2006년의 한 기사에 따르면 한국의 어느 전자 회사 하나가 1977~2001년 사이에 1억 대의 컬러텔레비전을 생산했다고 한다. 1990년대 말 무렵에는 전 세계 사람들이 구매하는 텔레비전의 10% 정도가 한국에서 만든 것이라고 해도 될 정도로 어마어마하게 많은 텔레비전이 전국 각지의 공장에서 생산되었다. 자연히 그 시대에는 한국이야말로 어떤 나라 못지않게 스트론튬을 대량으로 소비하던 나라였다. 반대로 말하면 한국이 스트론튬을 많이 소비하는 동안 한국 경제가 빠르게 발전했다.

공교롭게도 19세기에 설탕 때문에 스트론튬이 크게 인기를 얻었다가 20세기쯤 그 인기가 사그라들었듯이, 20세기에 텔레비전 때문에 생긴 스트론튬의 인기 역시 21세기에 들어서면서 사그라들었다.

왜냐면 요즘은 유리판에 전자총으로 전자를 쏘는 CRT 방식 텔레비전을 별로 생산하지 않기 때문이다. 지금 한국의 전자 회사들은 LCD라고 부르는 액정표시장치liquid crystal display나 OLED라고 부르는 유기발광다이오드organic light-emitting diode 등 훨씬 가볍고 화질이 좋은 새로운 방식의 텔레비전을 전 세계에 판매하고 있다. 이런 방식의 텔레비전에는 스트론튬 방어막이 필요 없다. 한

국뿐 아니라 다른 나라의 전자 회사들도 CRT 방식을 포기한 것은 매한가지다.

21세기 한국에서는 스트론튬이 별로 달갑지 않은 소식에서 자주 언급된다. 평범한 스트론튬 말고 방사성을 띤 특수한 스트론튬이 사람에게 해를 입힐 위험이 있는 골치 아픈 물질이라는 이야기가 많이 나온다.

원자력을 이용하려면 우라늄의 핵분열이라는 핵반응을 끌어내야 한다. 핵분열은 무척 이상한 핵반응으로, 우라늄이라는 무거운 원소가 여러 개의 가벼운 원소로 변하면서 열을 내뿜는다. 원래 원소란 다른 원소로 변하지 않는다고 보았기에 근원이 되는 물질이라는 뜻에서 원소元素라고 한 것인데, 여기에도 예외는 있었던 것이다. 방사성 물질의 경우 한 원소가 방사선을 내뿜고 전혀 다른 원소로 변하는 예외적인 일이 벌어진다. 그런 일을 일부러 많이, 격렬히 일으켜 막대한 힘을 끌어내는 것이 바로 원자력이다.

핵폭탄을 터뜨리면 그 잿더미 속에 우라늄이 변해서 생긴 갖가지 괴상한 다른 원소들이 아주 풍성하게 들어 있다. 우주에서 가장 흔한 물질이라는 수소가 방사성을 띤 상태로 변해서 들어 있기도 하며, 플루토늄처럼 이런 방식이 아니고서는 도저히 만들어 내기 어려운, 아주 드물고 괴이한 온갖 물질이 들어 있다.

그런 물질들이 20세기 중반 이후로 전 세계에 아주 조금씩 퍼져서 먼지가 되어 온 세상을 돌아다니게 되었다. 냉전 시기에 세계 여러 나라가 자기네 무기를 과시하고자 핵폭탄을 공기 중에 뻥뻥 터뜨리는 실험을 대놓고 했기 때문이다. 미국에서는 1950년대의 핵실험으로 생긴 방사성 물질 때문에 개미, 전갈, 도마뱀 같은 생물에 돌연변이가 일어나 탄생한 거대한 괴물이 사람들을 공격하는 내용의 영화가 여러 편 나왔다.

한국에는 핵무기가 없는데도 다른 나라의 핵실험 때문에 한국 주변에서도 이런 핵폭발이 여러 차례 일어났다. 중국은 1964년 10월 16일에 첫 번째 핵실험을 했고, 그 사실을 자랑스럽게 전 세계에 알렸다. 이후로 어떤 핵실험을 몇 번이나 했는지는 알 수가 없다. 좀 더 가까운 사례로는 1996년에 프랑스가 했던 핵폭탄 실험도 있다. 프랑스는 자기 나라에서 최대한 멀리 떨어진 곳에서 핵실험을 하기 위해, 식민지로 점령하고 있던 태평양 지역의 섬에 군대를 보내서 그 지역 바닷속에서 핵폭탄을 터뜨렸다. 이런 식으로 실험하면 핵폭탄에서 나온 방사성 물질이 태평양 곳곳으로 퍼질 수밖에 없다. 당연히 한국, 일본을 비롯한 태평양 주변의 여러 나라 환경 운동가들이 반대했지만 별 소용은 없었던 것 같다.

스트론튬은 여러 방사성 물질 중에서도 특히 골칫거리로 자주 언급되는 물질이다. 정확히 말하면 보통 스트론튬보다 약간 더 무거운 스트론튬90이 문제다. 보통 스트론튬과 무게를 비교하면 88:90 정도로 약간 무겁다. 스트론튬90은 방사선을 오랫동안 꾸

준히 내뿜는 점도 문제지만, 사람에게 피해를 줄 가능성이 커 보인다는 점에서도 걱정스러운 물질이다. 주기율표에서 아래위로 같은 줄에 적혀 있는 원소끼리는 성질이 비슷한데, 스트론튬 바로 위에는 칼슘이 적혀 있다.

방사성 물질이라고 해도 몸속에 오래 머무르지 않고 금방 몸 밖으로 나온다면 별 피해가 없을 수도 있다. 실제로 방사성 물질 중에는 그런 것도 여럿 있다. 그런데 스트론튬은 하필 칼슘과 성질이 비슷하고, 칼슘은 뼈에 많이 들어 있다. 그렇기에 스트론튬이 몸속에 들어오면 우리 몸은 스트론튬을 칼슘으로 착각해서 뼈를 만드는 데 칼슘 대신 스트론튬을 사용할 수 있다. 만약 그것이 보통 스트론튬이 아니라 방사성을 띤 스트론튬90이라면, 뼛속에 스트론튬90이 끼어들 수도 있다는 이야기다.

무엇인가가 사라지지 않을 정도로 마음속 깊이 남았을 때 쓰는 말 중에 "뼛속 깊이 사무친다", "뼈에 새겨졌다"라는 말이 있는데, 사람이 스트론튬90을 접하다 보면 방사성 물질이 말 그대로 사람 뼛속에 새겨지게 된다. 그리고 뼛속에서 스트론튬90이 내뿜는 방사선이 계속해서 몸에 퍼질 것이다. 이런 일이 정말로 일어나면 방사선 피해를 더 심하게 입을지 모른다.

핵실험으로 주변에 생기는 피해를 따질 때 스트론튬90이 꼭 언급되는 이유가 바로 이 때문이다. 원자력발전소 사고로 일어나는 피해를 따질 때도 마찬가지다. 2011년 일본 후쿠시마 원전 사고가 났을 때도, 후쿠시마 원자력발전소에서 새어 나온 물질 중에 스트론튬90이 바닷속에 얼마나 퍼졌는지, 혹시 한국까지 퍼져 오지는 않는지가 꾸준한 관심거리였다. 제주도는 2022년부터 제주 남동쪽의 4개 지점에서 바닷물을 떠서 석 달에 한 번씩 꼬박꼬박 스트론튬90을 측정하며 위험을 확인하고 있다.

2023년에 후쿠시마 오염수 방류 문제가 불거졌을 때도 당연히 스트론튬90이 화제가 되었다. 일본 당국에서는 다핵종제거설비advanced liquid processing system, ALPS라는 것을 개발했는데, 이 설비를 이용하면 오염수에서 스트론튬처럼 문제가 되는 성분을 걸러내고 방류할 수 있다고 발표했다. 그런데 과연 ALPS라는 장비가 기대한 대로 잘 작동해 스트론튬 등을 모두 걸러낼 수 있을지, 잘 작동한다고 해도 문제없이 계속해서 정상 가동하며 유지할 수 있는지에 대한 의심이 곳곳에서 나왔다. 결국, 이 문제가 어떻게 되어 가는지 감시하기 위해서 스트론튬을 찾아내 분석할 수 있는 기술이 중요해졌다. 언뜻 우리 생활과 별 상관없는 것 같았던 스트론튬이 2023년부터는 한국, 일본 두 나라의 정치·외교 문제에서 대단히 중요한 물질이 되어 버렸다.

이렇듯 보통 스트론튬보다 약간 무거운 스트론튬90은 방사선 피해를 줄 수 있어 골칫거리다. 그러면 보통 스트론튬보다 약간 가벼운 스트론튬도 있을까? 있다. 약간이지만 자연에도 그런 물질이 퍼져 있다. 가장 흔한 보통 스트론튬을 스트론튬88이라고 부른다면, 그보다 살짝 더 가벼운 스트론튬86, 스트론튬84 따위도 있다. 이렇게 같은 스트론튬이지만 무게만 살짝 다른 스트론

튬90, 스트론튬84 등등을 스트론튬의 동위원소라고 부른다.

이런 동위원소들은 고고학에 유용하게 쓰인다. 지역마다 스트론튬 중에 스트론튬86이나 스트론튬84가 포함된 비율이 조금씩 다르기 때문이다. 예를 들면 남부 지역 도시의 물속에는 스트론튬84가 조금만 있고, 북부 지역 농촌의 물속에는 스트론튬84가 그보다 더 많다는 식으로 차이가 있다는 뜻이다. 과학자들은 이런 차이가 어느 정도인지 지역별로 평균을 측정해서 지도로 만들어 두기도 한다. 그러면 어떤 흙 속에 스트론튬84, 스트론튬86 등이 얼마나 있는지 정밀 측정해서 그 흙이 어느 지역에서 온 것인지 추측할 수 있다.

이 기술이 요긴한 이유 중 하나는 스트론튬이 칼슘과 성질이 비슷해서 사람의 뼈와 치아에 스며들 수 있기 때문이다. 사람이 특정 지역의 물을 많이 마시고, 특정 지역에서 생산된 농산물을 많이 먹다 보면, 그 지역에 퍼져 있던 스트론튬이 사람의 뼈와 치아에 스며들 것이다. 따라서 그 사람 뼛속의 스트론튬 중에 스트론튬88과 스트론튬86, 스트론튬84가 어떤 비율로 포함되어 있는지 살펴보면 그 사람이 어느 지역에서 살았는지 추측해 볼 수 있다.

고고학자들은 뼈가 발견되었을 때 이런 식으로 그 사람이 어느 지역 출신인지 짐작한다. 이 방법을 스트론튬 동위원소 분석이라고 하는데, 범죄 수사에도 유용하게 쓸 수 있을 것이다. 한국전쟁 전사자의 유해가 발견되면 한국기초과학지원연구원은 국방부 유해발굴감식단, 국립과학수사연구원과 함께 이 방법으로 그 사람의 고향을 추측하는 연구를 진행한다.

21세기에 보통 사람이 생활에서 스트론튬을 가장 가까이 접하게 되는 경로는 아마도 치약이 아닐까 싶다. 치약 역시 스트론튬이 칼슘과 비슷해서 치아나 뼈에서 칼슘 대신 반응을 일으키는 원리를 활용해 만든다. 염화스트론튬처럼 스트론튬을 이용해 만든 물질을 이용하면 치아를 보호해 주는 반응을 일으킬 수 있다. 비슷한 원리로 뼈에서 스트론튬이 반응하게 해서 골다공증에 좋은 영양제를 만든다는 생각도 있다. 그래서 치약이나 영양제 광고에서 종종 스트론튬이라는 원소 이름을 볼 수 있다.

스트론튬이 칼슘과 비슷하다는 이유로, 칼슘이 들어 있는 다른 물질을 개선하거나 조작하는 기술을 개발하는 데 스트론튬을 이용하는 사례들이 또 있다. 칼슘 성분이 많이 든 물질 중에 실생활에서 굉장히 많이 사용되는 제품으로는 시멘트와 시멘트를 이용해서 만드는 콘크리트가 있는데, 바로 시멘트나 콘크리트의 품질을 높이거나 공정을 개선하기 위해서 스트론튬을 이용해 약품을 개발하는 과학 연구도 심심찮게 볼 수 있다.

그밖에 불꽃놀이 때 빨간 불꽃을 보여 주기 위해 스트론튬을 사용하는 경우가 종종 있다고 한다. 스트론튬이 불에 탈 때 선명한 빨간색을 내뿜기 때문이다.

양배추를
썰며

39 | Y

이트륨

스웨덴은 전통적으로 철강 산업이 발달한 나라다. 요즘은 한국 철강 기업들이 초대형 설비를 건설하여 계속해서 첨단 기술을 개발해 나가고 있어서 스웨덴 철강이 한국 철강보다 밀리기도 한다. 그래도 크게 뒤떨어졌다고 할 수준은 아니다. 사실, 스웨덴 철강 업체들은 새로운 기술을 개발해서 단박에 한국 업체들을 따돌릴 준비도 하고 있다. 용광로에서 철광석을 녹여 쇳물을 뽑아내려면 석탄을 이용할 수밖에 없는 것이 현대 철강 기술의 한계인데, 스웨덴 철강 업체들은 석탄을 쓰지 않고 수소 등의 다른 물질을 이용해 쇳물을 뽑아내는 기술에서 앞서 나가고 있기 때문이다. 바로 수소환원제철이라는 혁신적인 기술이다.

석탄을 쓰지 않으면 이산화탄소 배출량을 줄일 수 있으므로 기후 변화를 막는 데 도움이 된다. 현재의 철강 업체들이 어마어마한 양의 석탄을 소모하면서 이산화탄소를 많이 배출하고 있으니, 이 문제는 주목할 가치가 있다. 만약 스웨덴 철강 업체가 석탄을 쓰지 않는 철강 기술을 개발한 후에, 유럽연합 당국을 움직여서 석탄으로 만든 철강 제품 수입을 금지한다면 어떻게 될까? 기후 변화는 지구 전체에 심각한 문제이므로 이런 조치에 반발하기는 어렵다. 그러면 한국 철강 제품은 하루아침에 판매할 수 없게 된다. 그래서 한국 역시 철강 산업에 수소를 이용하는 기술을 부지런히 연구하며 스웨덴을 뒤쫓고 있다.

스웨덴이 탄탄한 철강 산업을 갖추게 된 이유는 뭐니 뭐니 해도 스웨덴 땅에서 철광석이 많이 나기 때문이다. 19세기 유럽에서 석탄을 이용해 철광석에서 품질 좋은 철을 대량으로 생산하는 기술이 개발되던 바로 그 무렵, 스웨덴의 대형 광산들이 빠르게 개발되었다. 그렇다 보니 널려 있는 철광석을 이용해서 좋은 철을 만들어 파는 산업이 자연히 성장했다. 한국의 철강 산업은 20세기 후반에 멀리 지구 반대편의 호주 같은 지역에서 캐낸 철광석을 사 와서 철을 만들며 성장했다. 그것과 비교하면 스웨덴은 훨씬 상황이 좋았다.

스웨덴의 광산 산업은 규모가 어찌나 큰지, 21세기 들어 키루나라는 도시의 여러 구역을 통째로 이전한다는 이야기가 화제가 된 적이 있다. 광산 개발로 땅이 무너져 키루나의 몇몇 동네가 파괴될 위험에 처하자, 그 도시의 건물들을 통째로 뜯어내 단체로 옆 동네로 옮기는 거대한 사업을 진행한다는 소식이었다. 그렇

게 해서라도 광산 개발을 계속할 만큼 스웨덴의 광산업계는 많은 돈을 벌어들인다.

스웨덴에서 광산 개발과 관련된 산업과 기술이 발전했던 역사는 주기율표의 원소들에도 뚜렷한 흔적을 남기고 있다. 대표적인 것이 이트륨^{yttrium}이다. 스웨덴의 이테르뷔^{Ytterby}라는 마을에서 발견된 돌에서 나온 원소라고 해서 그런 이름이 붙었다.

18세기 말 스웨덴의 군인 겸 화학자가 이테르뷔에서 특이한 돌을 발견하고 그 돌에 이테르바이트라는 이름을 붙인 것이 시작이었다. 이후 19세기에 화학이 발달하면서 사람들이 이테르바이트에서 새로운 원소를 발견해 이트륨이라고 불렀다. 그런데 이테르바이트에서는 이트륨 외에 다른 원소도 발견되었고, 그중에 이테르뷔라는 마을 이름을 따서 원소 이름을 붙인 것이 세 가지나 더 있다. 이테르븀^{ytterbium}, 테르븀^{terbium}, 에르븀^{erbium}이 그것으로, 요즘에는 이터븀, 터븀, 어븀이라고 쓰기도 한다.

독일의 게르만 민족을 나타내는 원소 이름인 게르마늄^{저마늄}을 비롯해 프랑스의 옛 이름 갈리아를 나타내는 원소 이름 갈륨 등 나라 이름이나 지명을 딴 원소 이름은 적지 않다. 그렇지만 한 마을의 이름이 네 가지나 되는 원소의 이름에 쓰인 경우는 아마 스웨덴의 이테르뷔 밖에 없을 것이다. 그러니 이 마을을 원소의 마을이라고 불러도 될 법하다. 또 그만큼 당시 스웨덴 사람들이 광산과 관련된 산업에 관심이 많았다는 뜻으로도 해석해 볼 수 있겠다.

그러고 보면 이테르뷔 마을에서 유래한 네 원소 말고도, 스웨덴의 수도 스톡홀름에서 홀뮴holmium이라는 원소 이름이 나왔고, 스웨덴이 있는 스칸디나비아반도에서 스칸듐이라는 원소 이름이 나왔다. 이 또한 스웨덴이 과학 기술 강국으로 빠르게 성장했던 시대의 흔적이다.

요즘도 이테르뷔는 세계 산업계에 또 다른 방식으로 영향을 미치고 있다. 세계에서 귀한 자원이자 산업에 꼭 필요한 자원으로 자주 언급되는 희토류가 바로 이테르뷔에서 광물을 캐다가 발견되었기 때문이다.

스마트폰, 배터리, 전기차 등 유망하다고 손꼽히는 산업에서 제품을 만들 때 희토류가 쓰인다. 양이 많이 필요한 것은 아니지만 일정한 물량은 반드시 확보해야 한다고 한다. 희토류라고 하니 희귀한 원소인 것 같지만, 막상 분석해 보면 다수의 희토류 원소들이 지구에서 그렇게 희귀한 원소는 아니라고 한다. 하지만 광물로 대량 채굴해서 사용하기에 어려운 형태로 흩어져 있는 사례가 많아 귀한 물질로 취급받게 되었다.

최근 들어 세계의 선진국, 강대국들이 희토류를 서로 차지하려고 경쟁하는 일이 자주 보도된다. 2010년에 중국과 일본이 갈등을 빚을 때, 중국이 자기 나라에서 많이 나는 희토류를 일본에는 팔지 않겠다고 하자, 일본이 희토류를 구하기 위해 중국에 굽히고 들어갈 수밖에 없게 되었다고 보도한 기사는 상당한 충격을 주기도 했다.

Y 양배추를 썰며

현대에 희토류로 분류되는 광물들은 이테르뷔에서 발견된 이 트륨과 비슷한 물질이라고 생각하면 대체로 들어맞는다. 주기율 표에서 이트륨 바로 위에 적혀 있는 스칸듐과 이트륨 바로 아래 칸 근처에 있는 란타넘lanthanum이 대표적인 희토류이기 때문이 다. 란타넘의 경우에는 주기율표 모양이 그 근처에서 확장되는 형태로 바뀌기 때문에 정확히 이트륨 바로 아래 칸에 적혀 있다 고 할 수는 없지만, 이트륨과 같이 엮어 생각하기에 큰 무리는 없 다. 그리고 란타넘과 비슷한 점이 있어서 란타넘족 원소라고 분 류하는 네오디뮴neodymium, 디스프로슘dysprosium 등 여러 원소까지 모두 합쳐 희토류라고 부른다. 그러니 화학 발전의 역사에서는 이트륨이 희토류의 대표라고 할 만하다.

그렇지만 이트륨은 다른 희토류 물질과 비교하면 특별히 자주 언급되는 편은 아니다. 자료를 찾아보면 양배추에 이트륨이 좀 많이 포함된 것 같다는 기록이 있기는 한데, 그렇다고 양배추에 이트륨이 듬뿍 들어 있어서 몸에 좋다거나 하는 것은 아니다. 그 양이 미미할뿐더러 이트륨이 사람 몸에 들어가면 어떤 활동을 하는지에 관한 연구도 찾아보기 어렵다. 그러니 이트륨이라는 원소 이름을 들어 본 기억이 많지 않을 수밖에 없다.

그나마 이트륨의 이름이 좀 드러나는 활용 분야를 소개하자면 레이저 중에서 널리 사용되고 있는 YAG 레이저가 좋은 예시일 듯하다. 흔히 야그 레이저라고도 하는 YAG 레이저는 Y, A, G 세

가지 물질을 주성분으로 하는 레이저 발생 장치를 말한다. 여기서 Y, A, G는 각각 이트륨, 알루미늄, 가닛garnet, 석류석을 가리키고, 가닛은 규소, 산소, 철, 마그네슘 등의 원소가 합쳐져서 만들어진 보석이다. 이렇게 들여다보면 YAG 레이저에 쓰이는 여러 원소는 대부분 친숙하고 흔한 물질인데, 이트륨만 특이한 축에 속한다. 그러므로 YAG 레이저에서 핵심 물질, 특이해서 눈에 띄는 물질을 골라 보라고 하면 역시 이트륨이라고 할 수 있겠다.

레이저는 빛과 물질 속의 전자가 서로 독특한 반응을 일으키는 현상을 이용해 특수한 빛을 내뿜는 것을 말한다. 자연 상태의 빛은 여러 성질이 섞여 있고, 진행하는 동안 사방팔방으로 퍼져 버린다. 이와 달리 레이저는 빛의 성질이 잘 가다듬어져 있으며, 잘 퍼지지 않고 일직선으로 곧게 뻗어 나간다. 이런 빛을 만들려면 물질 속에 들어 있는 전자를 잘 조정해야 한다. 원하는 색깔의 빛이 생기도록 전자가 특정한 속력으로 움직이고 적절한 힘을 받으며 돌아다니게 만들어야 한다는 얘기다. 과학자들은 온갖 물질을 조합해 보다가 이트륨, 알루미늄, 가닛을 적절한 비율로 섞어 놓으면 그 물질 속을 돌아다니는 전자들이 레이저로 쓰기에 좋은 조건이 된다는 사실을 알아냈다. 그렇게 해서 YAG 레이저가 실용화되면서 다양한 용도로 쓰이게 되었다.

YAG 레이저는 다목적 레이저다. 레이저로 뭘 할 수 있다더라, 하는 이야기를 할 때 바로 그 작업을 YAG 레이저로 하는 경우가 흔하다. 간단하게는 레이저로 화려한 빛을 보여 주는 조명 쇼를

Y 양배추를 썰며

할 때 YAG 레이저를 쓰기도 하고, 공장에서 레이저로 정확하게 물체를 녹이거나 잘라서 제품을 가공할 때 YAG 레이저를 쓰기도 한다. 한국에서는 전자 제품의 화면 제조 공정에서 YAG 레이저로 재료를 자르고 나눌 때가 있다고 한다. 이처럼 YAG 레이저는 산업계에서 다양한 용도로 쓰이고 있다.

그런가 하면 전쟁용 무기 중에 레이저로 목표를 지적해 주면 미사일이나 폭탄이 바로 그곳으로 유도되어 떨어진다는 것들이 있는데, 그 무기의 레이저로도 YAG 레이저를 종종 쓴다. 가깝게는 피부과에서 레이저로 무슨 시술을 한다고 할 때도 YAG 레이저가 쓰이는 때가 많다. 이트륨과 함께 희토류 원소에 속하는 네오디뮴_{원소 기호 Nd}까지 같이 써서 성능을 개선한 것도 있는데, 이런 제품을 Nd-YAG 레이저라고 쓰고 엔디야그 레이저라고 읽기도 한다.

조금 더 심오한 용도로 YAG 레이저가 사용된 사례도 있다. 2023년 노벨 물리학상은 아토초 펄스_{attosecond pulse}를 개발한 과학자들이 받았다. 미터법 단위에서 밀리_{milli}라는 말은 1,000분의 1을 의미한다. 그러므로 1mm는 1,000분의 1m, 즉 0.001m라는 뜻이다. 1mm의 1,000분의 1을 $1\mu m$_{마이크로미터}라고 한다. 그러니 $1\mu m$는 0.000001m밖에 안 되는 아주 작은 크기를 말한다. $1\mu m$의 1,000분의 1을 1nm_{나노미터}라고 하고, 1nm의 1,000분의 1을 1pm_{피코미터}라고 하며, 1pm의 1,000분의 1을 1fm_{펨토미터}라고 하고, 1fm의 1,000분의 1을 1am_{아토미터}라고 한다. 1am라는 것은 그 정도로 작은 단위다. 마찬가지로 1아토초는 1초의 1,000분의 1의 1,000분의 1의 1,000분의 1의 1,000분의 1의 1,000분의 1의 1,000분의 1을 말하는 아주 짧은 순간이다. 1아토초 펄스라는 것은 이렇게 짧은 시간 동안 빛이나 전기가 반짝하고 켜졌다가 꺼지게 만드는 기술을 말한다.

도대체 이렇게 짧은 시간 동안 반짝이는 빛을 만드는 기술이 왜 필요할까? 이렇게 짧게 빛을 주었다가 멈추는 기술이 있으면, 그만큼 짧은 시간에 벌어지는 일을 정확하게 볼 수 있다. 감이 느린 카메라로 움직이는 물체를 찍으면 잔상이 많이 생기지만, 빠르게 동작하는 카메라로 찍으면 움직이는 물체가 정확히 보이는 것과 같은 원리다. 세상에서 가장 빠른 속도로 움직이는 빛이 1,000분의 1mm 크기밖에 안 되는 원자 하나를 통과하면서 무슨 일을 벌이고 지나가는지 보려면 이 정도의 짧은 시간 단위로 관찰해야 한다. 빛이 말 그대로 빛의 속도로 원자를 지나면서 벌어지는 일을 관찰한다는 것은 대단히 기이한 일 같지만, 빛을 받으면 물질이 어떻게 되는가 하는 너무나 기초적인 현상을 이해하려면 이처럼 정밀한 관찰이 바탕이 되어야 한다.

2023년에 노벨상을 받은 과학자들은 이렇게 짧게 반짝이는 빛을 개발하기 위해 정밀하게 다룰 수 있는 특별한 빛을 초창기 실험에 사용했는데, 바로 레이저 중에서 그렇게 널리 쓰인다는 YAG 레이저였다.

이트륨은 다른 물질과 함께 섞어서 강력한 자력을 만들어 내는 초전도 현상을 일으키는 재료로도 사용할 수 있다. 초전도체 역시 희토류 물질이 사용되는 것으로 잘 알려진 용도다.

짚어볼 만한 또 다른 용도로는 산소와 이트륨을 재료로 만드는 산화이트륨이 있다. 산화이트륨은 아주 강한 재료는 아니지만 몇 가지 화학적인 반응을 잘 견디는 특징이 있다. 특히 뜨거운 물질을 이용해서 전기적인 방식으로 물질을 파괴하는 반응을 견뎌 낸다. 그 덕택에 산화이트륨이 위력을 발휘하는 때가 있다.

물질을 뜨겁게 만들다 보면 끓어올라서 증기가 된다. 그런데 그렇게 증기가 된 물질이 전기를 띤 상태로 변할 때가 있다. 예를 들어 물질을 너무나 뜨겁게 만든 나머지 물질 속에 있는 전자조차 견디지 못해 떨어져 나오면, 원래 물질이 전자 때문에 가지고 있던 ⊖전기가 부족해져서 ⊕전기를 띤 상태가 되어 버린다. 이런 식으로 물질이 전기를 띤 상태로 기체처럼 흩어져 날아다니는 모습을 플라스마plasma라고 한다. 플라스마라고 하면 아주 특수한 물질인 듯 느껴지지만, 그냥 평범하게 불을 지피는 상황에서도 생겨나며, 형광등이나 네온사인을 밝힐 때 그 안에서 빛을 내는 그 빛 덩어리도 플라스마다.

그런데 플라스마는 뜨겁고 전기를 띤 물질이다 보니 이것을 강하게 만들어 다른 물질에 문질러 대면 그 물질이 손상될 수 있다. 그래서 SF 속 미래의 무기 중에 플라스마를 이용한 것이 흔히 보인다. 플라스마 대포, 플라스마 총 같은 무기는 SF 영화를 볼 때

심심하면 한 번씩 나온다. 〈둠〉 같은 컴퓨터 게임 시리즈에서 사용하는 무기 중에도 플라스마 총이 있다.

현실에서도 플라스마의 이런 특성을 이용하는 사례가 있다. 한국에서는 특히 반도체 가공 용도가 자주 언급된다. 반도체를 만들 때는 조그마한 크기의 규소 판 위에 전자 회로를 극도로 세세하게 새겨야 한다. 이런 작업을 조각칼로 할 수는 없기에 빛과 약품을 교묘하게 활용해서 원하는 모양대로 물질을 녹이는 방식으로 전자 회로를 새긴다. 이 공정을 한국의 업계에서는 식각蝕刻이라고 부르며, 바로 이 식각 공정에 플라스마를 자주 이용한다.

미국이나 일본에서 나온 SF 영화 속 플라스마 장치는 수백 미터 크기의 거대한 외계인 우주선을 박살 내는 미래의 무기지만, 현실의 한국 공장에서 플라스마 장치는 0.0001mm 단위로 규소를 조각하는 아주 미세한 칼날로 사용된다.

그런데 이렇게 다른 물질을 잘 파괴하는 플라스마를 이용하려면 플라스마를 잘 견디는 물질도 있어야만 플라스마를 조작하는 장비를 만들 수 있다. 플라스마로 전자 회로를 새기는 기계를 만들었는데, 그 기계 자체가 플라스마를 못 견디고 줄줄 녹아내린다면 오래 쓸 수 없을 것이다. 이 문제를 해결하는 데 사용되는 물질이 바로 산화이트륨이다.

산화이트륨은 높은 온도의 화염을 잘 견디는 특징이 있어서 내화 소재, 내플라스마 소재라고 불리기도 한다. 한국 반도체 산업이 어떻게 발전하느냐에 따라 이트륨으로 이런 특수 소재를 만

드는 회사들도 같이 발전할 기회를 얻을 것이다. 18세기 말 스웨덴에서 발견되어 그 나라 마을 이름이 붙은 금속이 정작 스웨덴이 아니라 멀리 한국에서, 그 당시 사람들은 꿈도 꾸지 못했던 용도로 중요하게 사용되고 있다는 점도 참 재미있다.

실없는 상상을 하나 보태자면, 미래에 외계인의 함대가 플라스마 대포로 지구를 공격해 온다면 그 공격을 막기 위해서 한국의 반도체 장비 회사들이 이트륨을 부지런히 구해서 방패를 만들어야 할지도 모른다.

과자 봉지를
뜯으며

40	Zr
	지르코늄

환경을 해치지 않기 위해 플라스틱을 쓰지 말아야 한다는 이야기를 많은 사람이 들어 보았을 것이다. 그런데 플라스틱을 왜 쓰지 말아야 할까? 그 이유를 제대로 설명해 놓은 자료는 생각만큼 많지 않다. 무엇이 문제일까? 플라스틱은 인공적으로 개발된 물질이니 어쩐지 자연적이지 않은 느낌이고, 그래서 자연에 해로울 것 같은 느낌이 든다는 이유만으로 플라스틱을 쓰지 말자고 주장하는 예도 있을 정도다. 플라스틱이 도대체 어떻게 해서 자연에 해를 입힌단 말인가?

플라스틱은 오히려 이로운 점을 쉽게 찾을 수 있는 소재다. 플라스틱을 잘 사용하면 나무를 베어서 도구를 만들거나 종이를 사용하는 일을 대체할 수 있다. 숲을 보호할 수 있다는 뜻이다. 초창기 플라스틱의 주요 용도는 상아로 만들던 당구공을 대체하는 것이었다. 플라스틱이 아니었다면 코끼리는 멸종했을지도 모른다. 돈이 없어 비단옷을 입을 수 없는 수많은 사람도 플라스틱 재료로 만든 합성 섬유 덕분에 따뜻한 옷을 입을 수 있다.

플라스틱은 탄생하면서부터 나쁜 물질이었던 것이 아니다. 오히려 플라스틱을 잘 활용한 덕분에 세상의 많은 생명을 구했고, 많은 사람이 더 좋은 삶의 질을 누리게 되었다.

그런 플라스틱이 세상에 해를 끼치게 되는 가장 큰 이유는 사람들이 플라스틱을 아까워하지 않고 마구 낭비하기 때문이라고 생각한다. 우리가 얼마나 플라스틱을 아까워하지 않느냐면 "그거 플라스틱으로 만든 거야"라고 하면 곧 싸구려 제품, 별 가치 없는 값싼 제품이라는 느낌을 줄 정도다. 그만큼 플라스틱이 저렴하고 쉽게 사용할 수 있는 재료이기 때문이다.

플라스틱 제품은 다들 대량 생산해서 잠깐 쓰고 아무렇게나 버린다. 그러면서 별로 아까워하지도 않는다. 그 과정에서 자원과 연료를 쓸데없이 많이 소모하게 되고, 불필요한 이산화탄소 배출이 늘어나 기후 변화에 악영향을 미친다. 게다가 아무 데나 버린 플라스틱 쓰레기는 그 질기고 튼튼한 특징 때문에 오래 남아 긴 시간 눈에 띄게 된다. 그런 플라스틱 쓰레기가 제대로 처리되지 않고 아무 곳에나 굴러다니면 동물이나 식물도 해를 입게 되고, 플라스틱이 조금씩 부서지면서 미세 플라스틱이 발생하기도 한다.

우리가 생각을 바꿔 플라스틱 재료를 값싸다고 무시하지 않고

소중하게 사용한다면, 플라스틱이 일으키는 문제의 많은 부분을 해결할 수 있을 것이다. 필요한 분야에서 필요한 만큼만 플라스틱을 사용하고, 사용 후에는 재활용하기 위해 애써야 한다. 그러기 위해 플라스틱을 제대로 분리해서 버려야 한다. 그런 노력과 실천이 "플라스틱은 인공적이니까 사악한 것 같다"는 느낌을 강조하는 일보다 더 시급하고 중요하고 생각한다.

플라스틱은 어째서 이렇게 값싸게 만들 수 있는 것일까?

우리가 흔히 비닐이라고 부르는 비닐봉지의 재료는 폴리에틸렌polyethylene 또는 폴리프로필렌polypropylene이라는 물질이다. 참고로 원래 비닐이라고 부르던 제품은 폴리염화비닐polyvinyl chloride이라는 재료로, 폴리에틸렌이나 폴리프로필렌과는 다르다. 폴리염화비닐은 비닐장판, 인조 가죽 소파 등을 만들 때 쓰는 재료다. 알파벳 약자로 PVC라고도 부르며, 배관 등을 만드는 재료로도 널리 쓰인다. 지금 흔히 비닐이라고 부르는 폴리에틸렌, 폴리프로필렌 등은 원조 비닐과는 다르지만, 그냥 비닐이라고 부르게 된 물질이다. 따지고 들자면 비닐과 전혀 관계가 없진 않으나 어쨌든 원조 비닐은 따로 있다.

어쩌다 보니 비닐이라고 부르게 된 폴리에틸렌, 폴리프로필렌이 얼마나 흔한지 생각해 보자. 폴리에틸렌, 폴리프로필렌으로 만든 비닐봉지는 사람들이 가치가 아예 없다고 생각할 정도로 흔해 빠진 제품이다. 심지어 그것을 제품이라고 생각하지도 않는다. 한국에는 공짜로 비닐봉지를 주는 일이 너무 많이 일어나서, 비닐봉지를 공짜로 주면 처벌하겠다는 금지 법규까지 있을 정도다. 길바닥에 비닐봉지가 굴러다닌다면 사람들은 그냥 쓰레기가 굴러다닌다고 생각하지, 뭔가 가치 있는 것이 버려져 있다고 느끼지 않는다. 너무나 흔하기 때문이다.

그렇지만 폴리에틸렌, 폴리프로필렌이 대량 생산되기 전의 세상을 생각해 보면 이런 봉지는 결코 흔한 제품이 아니었다. 만약 비닐봉지만 한 종이봉투를 만들었다고 해 보자. 종이 한 장을 아깝게 생각하던 조선 시대였다면, 그런 종이를 큼지막하게 잘라 만든 종이봉투도 나름대로 중요한 제품으로 생각했을 것이다. 그런데 비닐봉지는 종이봉투보다 성능도 훨씬 좋다. 가벼우면서 질기고 튼튼하다. 물에 젖었다고 약해지는 일도 없다. 종이봉투에 이것저것 물건을 넣어 들고 가다가 갑자기 아래가 확 뚫리는 바람에 안에 든 것을 다 쏟아 본 경험이 있는 사람이라면, 비닐봉지가 왜 좋은지 이미 깊은 감각을 갖고 있을 것이다.

폴리에틸렌과 폴리프로필렌은 봉지 외에도 워낙에 다양한 용도로 활용할 수 있다. 좀 더 튼튼하고 두껍게 만들면 과자 봉지도 되고, 병뚜껑, 장난감부터 생활용품까지 별별 제품을 다 만드는 플라스틱으로 대단히 널리 쓰이고 있다.

폴리에틸렌, 폴리프로필렌 같은 물질은 이름에서 알 수 있듯이 에틸렌, 프로필렌 같은 물질을 재료로 만든다. 그런데 에틸렌, 프로필렌은 석유를 정제한 뒤에 그 일부에 열을 가해서 변형해 만들어 내는 물질이다. 문제는 에틸렌, 프로필렌은 보통 액체나 기

 과자 봉지를 뜯으며

체 상태라는 점이다. 우리가 알고 있는 플라스틱 모양과는 전혀 다르다. 이 물질을 가만히 두거나 그냥 대충 지지고 볶는다고 저절로 플라스틱 덩어리가 생기지는 않는다. 누가 석유를 한 바가지 퍼 주었다고 해 보자. 이것을 그냥 두면 저절로 조금씩 플라스틱이 생기는가? 끓이거나 식힌다고 플라스틱으로 변하는가? 그렇지는 않다. 무엇인가 다른 물질을 넣어서 특정 화학반응이 일어나도록 해야 한다.

1950년대에 독일의 화학자 카를 치글러와 이탈리아의 화학자 줄리오 나타는 어떤 촉매를 개발했다. 이 촉매를 조금만 집어넣으면 에틸렌, 프로필렌 같은 멀건 국물이 말랑말랑한 플라스틱 덩어리로 빠르게 변한다. 그 촉매 덕택에 에틸렌, 프로필렌이 서로 엉겨 붙어 폴리에틸렌, 폴리프로필렌이라는 물질로 변하는 화학반응이 일어나기 시작해서 계속 이어지기 때문이다. 이렇게 만든 플라스틱을 굳히면 우리에게 친숙한 그 플라스틱 질감으로 변한다. 바로 그 촉매를 치글러와 나타의 이름을 따서 치글러-나타 촉매라고 부른다. 영어식으로 발음해 지글러-나타 촉매라고도 한다. 치글러-나타 촉매를 이용하는 대규모 공장에서는 너무나 쉽게 막대한 양의 플라스틱을 만들 수 있다. 그리고 우리는 비닐봉지를 이렇게까지나 낭비할 수 있게 되었다.

치글러-나타 촉매가 처음 등장했을 때 핵심 재료로 자주 사용했던 물질은 타이타늄이다. 그런데 주기율표에서 아래위로 같은 줄에 적혀 있는 원소는 성질이 비슷하다. 이 사실을 아는 사람이라면 자연히 타이타늄 아래에 적혀 있는 지르코늄zirconium을 대신 사용해 볼 생각도 들 것이다. 정말로 지르코늄도 플라스틱 만드는 화학반응의 촉매 재료로 사용할 수 있다. 타이타늄과 비슷하면서도 더 무겁고 성질이 약간 다른 지르코늄을 잘만 활용하면 앞으로 더 좋은 플라스틱을 만드는 새 촉매를 개발할 수 있을지도 모른다.

요즘 세계의 플라스틱 업체들은 치글러-나타 촉매를 능가하는 새로운 촉매를 개발하고자 노력하고 있다. 메탈로센metallocene 촉매 등 이미 실용화된 제품들도 꽤 보인다. 더 튼튼한 플라스틱, 더 가벼운 플라스틱, 쭉쭉 늘어나는 플라스틱을 만드는 촉매가 개발되어 한국에서도 자주 사용되고 있다.

이런 다양한 촉매를 개발하는 과정에서 지르코늄이 제 몫을 할 때가 종종 있다. 치글러-나타 촉매가 처음 나왔을 때 타이타늄이 널리 활용되던 것과 비교하면 산업 현장에서는 아직 지르코늄 촉매가 많이 쓰인다고 할 수 없다. 그렇지만 플라스틱과 관련된 촉매 반응을 탐구한 자료나 플라스틱에 관하여 특별한 화학반응을 일으킬 수 있는 새로운 촉매를 실험하는 과정을 찾아보면 그 재료로 지르코늄이 자주 등장한다.

언젠가는 버려진 플라스틱을 분해해서 새로운 플라스틱을 만들어 내는 촉매라든가, 미세 플라스틱을 다시 뭉쳐서 원래 상태로 되돌리는 촉매 등도 개발될 것이다. 석유가 아니라 이산화탄소를 원료로 플라스틱을 만들어 내는, 훨씬 더 뛰어난 미래의 촉

매가 개발될지도 모른다. 그런 세상에서는 온갖 군것질거리를 담는 비닐봉지와 갖가지 플라스틱 제품을 사용할 때마다 지르코늄의 도움을 받고 있다고 이야기해 볼 수 있을 것이다.

생각해 보면 촉매 연구는 화학에서 가장 마법 같은 분야다. 원래는 안 일어날 화학반응을 촉매를 써서 일어나게 만들면 그야말로 마법 같은 일이 벌어진다. 그런 일은 일상생활에서도 흔히 일어난다.

예를 들어 사람이 설탕물을 많이 먹으면 살이 찐다. 너무나 당연한 일이다. 그러나 화학의 눈으로 살펴보면 이것은 대단히 신비롭고 놀라운 일이다. 설탕이라는 별것 아닌 재료가 어떻게 사람의 살이라는 귀중하고 복잡한 물질로 변하는 것일까? 설탕물 1kg을 주면서 그것으로 사람 살 1kg을 만들어 보라고 하면 말도 안 되는 기적을 일으키라는 요구처럼 들릴 것이다. 그러나 사람의 몸에서는 그런 일이 너무나 당연하게 일어난다.

우선 설탕물을 분해해서 사람 몸에서 쓰기 좋은 원료를 만들어 내는 촉매가 몸속에 있다. 그리고 그 원료를 다시 조합해서 지방을 만들어 내는 촉매도 몸속에 있다. 그 때문에 설탕물이 살로 바뀌는 마법이 일어난다. 생물 몸속에서는 대개 효소라고 부르는 물질이 촉매 역할을 한다. 효소라는 말을 들으면 어째 중요하고 좋은 성분인 것 같은 느낌이 드는 이유는 실제로 그것이 이런 신비로운 일을 벌이기 때문이다.

더 단순하지만 더 극적인 예를 살펴보자. 물은 수소 원자와 산소 원자가 붙어서 만들어진 물질이다. 그래서 화학식으로 H_2O라고 쓴다는 것도 잘 알려져 있다. 그런데 만약 어떤 뛰어난 촉매가 있어서 물이 다시 산소와 수소로 분리되는 화학반응이 저절로 일어나게 할 수 있다면 어떨까? 정말로 이런 촉매가 개발된다면 지구를 구할 수 있다. 석탄이나 석유를 쓸 필요 없이 맹물만 있으면 무한히 수소를 만들어 내서 연료로 쓸 수 있기 때문이다. 심지어 수소는 태워도 이산화탄소가 생겨나지 않으므로 기후 변화 문제도 해결할 수 있다. 옛날 영화 중에 〈맹물로 가는 자동차〉라는 1974년 작 한국 영화가 있는데, 훌륭한 촉매만 있다면 이 영화의 제목이 현실이 될 수 있다.

실제로 수소차를 비롯해 수소 관련 기술을 개발하는 한국 업체들은 물에서 수소를 분리해 내는 촉매의 성능을 끌어 올리는 데 많은 투자를 하고 있다. 지금은 전기라든가 다른 원료가 있어야만 물에서 수소가 분리되고, 그나마 그 촉매를 만드는 데도 비용이 많이 들어서 기후 변화 문제를 곧 해결하게 될 거라고 이야기할 수준은 아니다. 그렇지만 촉매가 점점 개선될수록 그만큼 더 싼 값에 더 많은 수소를 만들어 낼 수 있을 거라는 전망은 해 볼 수 있다.

촉매라고 볼 수는 없지만, 과학자들은 지르코늄이 물에서 수소를 뽑아내는 화학반응을 어느 정도 일으킬 수 있다는 것을 알아냈다. 단, 주변을 뜨겁게 만들어야만 이런 반응이 일어난다. 이

말은 연료를 사용해 불길로 주변을 뜨겁게 덥혀 주어야 수소가 생긴다는 뜻이다. 그러면 수소라는 연료를 얻기 위해 다른 연료를 소모해야 한다는 뜻이므로 딱히 큰 득이 되지는 않는다. 게다가 지르코늄 자체도 그리 흔한 재료가 아니다. 그렇기에 아직은 지르코늄 덕택에 연료를 무한정 얻어서 기후 변화 문제에서 벗어났다는 소식은 들려오지 않고 있다.

반대로 지르코늄의 이 반응 때문에 커다란 사고가 발생했다는 소식은 있었다.

2011년 3월, 일본 동부 지역은 거대한 지진 피해를 겪었다. 특히 대규모 쓰나미가 발생해 바닷물이 마을을 휩쓰는 바람에 생긴 피해가 컸다. 이 재해 때문에 후쿠시마의 원자력발전소도 지진 피해와 바닷물 피해를 보게 되었다.

다행히도 원자력발전소의 핵심이자 핵물질이 열을 내며 핵분열을 일으키는 시설인 원자로는 거의 손상을 입지 않았다. 그뿐 아니라 자동 안전장치가 정상 작동해서 원자로를 비상 정지하는 기능도 대부분 잘 작동했다. 원자로는 내부에 중성자neutron라는 물질이 돌아다녀야 핵반응을 일으키면서 강한 열을 낸다. 따라서 핵반응을 멈추려면 중성자를 빨아들이는 제어봉이 작동해야 한다. 후쿠시마에서는 이 장치도 제대로 작동했다. 이제 핵반응은 곧 중단되고, 원자로도 아무 반응 없는 그냥 쇳덩어리로 돌아갈 것으로 기대할 만한 상황이었다.

그러나 문제가 완전히 해결된 것은 아니었다. 제어봉으로 중성자를 없애도 원자로 안에는 어느 정도의 열이 남아 있기 마련이다. 가스레인지나 난로를 오래 사용하고 나면 불을 끈 후에도 여전히 뜨거운 것과 비슷한 이치다. 원자로 안에는 단순한 불덩어리가 아니라 여러 방사성 물질이 많이 들어 있기에, 작동을 중지한 뒤에도 꽤 오랫동안 계속해서 열이 발생한다. 그래서 물을 부어 꾸준히 열을 식혀 주어야 한다. 그러지 않으면 작동을 멈춘 원자로라고 해도 찌꺼기처럼 남은 열 때문에 너무 뜨거워질 위험이 생긴다.

안타깝게도 이때 후쿠시마의 원자로에 찬물을 부어 줄 좋은 방법이 없었다. 계획대로라면 물 펌프로 찬물을 부어 주어야 했지만, 바닷물이 들이닥쳐 전기 기기들이 고장 난 상태라 그 방법을 쓸 수가 없었다. 만약 이때 어떻게든 찬물을 부어 줄 수만 있었다면 원자로는 차차 식었을 것이고, 이후의 거대한 사고는 일어나지 않았을 것이다. 그러나 열이 남아 있는 원자로를 식힐 방법을 찾지 못하는 사이에 시간은 계속 흘러갔다.

그러는 동안 원자로 내부의 온도는 계속해서 올라가 1,200℃에 가까워졌다. 높은 온도이기는 해도 이 정도에서는 시설물이 최소한은 견딜 수 있다. 철은 1,500℃가 넘어야 녹는다. 만약 이때라도 원자로가 저절로 식기 시작했다거나 어떻게든 식힐 방법을 찾았다면 역시 이후의 큰 피해는 막을 수 있었을 것이다. 그러나 후쿠시마에서는 그런 방법도 찾지 못했다.

그러자 지르코늄에서 문제가 발생했다.

지르코늄은 중성자와 반응하지 않는 특성이 있다. 그 때문에 중성자가 많이 돌아다니기 마련인 원자로 내부에 들어갈 재료로 지르코늄을 사용하는 일이 많다. 평상시라면 이것은 매우 좋은 생각이다. 원자로에서는 중성자를 잘 조절하여 원하는 만큼 핵반응을 일으켜야 하는데, 이런 시설 내부에 지르코늄 재료를 이용하면 중성자 조절 작업에 방해가 되지 않으므로 안전에 큰 도움이 된다.

그러나 온도가 1,200℃에 가까워지자 지르코늄이 물과 반응해 수소를 만들어 내는 엉뚱한 성질을 드러내기 시작했다. 지금은 물에서 수소를 뽑아내는 반응을 전혀 할 필요가 없는 상황인데, 높은 온도라는 조건이 갖춰지자 지르코늄은 아무도 바라지 않는 수소 생성 반응을 시작한 것이다. 원자로 안에 있던 물과 수증기는 지르코늄 때문에 산소와 수소로 분해되기 시작했다. 연료가 필요한 상황에서는 수소야말로 지구를 구할 깨끗한 물질이지만, 그런 것이 전혀 필요 없는 원자로 내부에서 수소가 풀풀 피어오르면 이것은 골칫거리만 된다. 심지어 지르코늄은 물에서 수소를 뽑아내면서 열도 내뿜기 때문에, 원자로 안의 온도는 더욱더 올라갔다.

평상시 안전을 위한 방어 판 같은 용도로 넣어 두었던 지르코늄이 이런 비상 상황에서 오히려 수소라는 불쏘시개를 잔뜩 만들어 낸 셈이다. 수소가 좋은 연료라는 말은 기본적으로 불이 잘 붙는 물질이라는 뜻이다. 결국, 수소는 불이 붙어 폭발을 일으켰다. 원자력발전소의 장비들이 박살 났고 걷잡을 수 없이 모든 것이 망가지기 시작했다. 얼마 후 원자로 안에 있던 방사성 물질들이 주변으로 튀어나오게 되었다. 후쿠시마 원자력발전소 주변에서는 일반인이 살 수 없게 되었고, 어마어마한 양의 물에 방사성 물질이 섞여 오염수가 산더미처럼 쌓이게 되었다.

후쿠시마 사고 이후, 한국을 비롯한 세계 여러 나라의 원자력 기술을 연구하는 과학자들은 만약의 경우 원자로 안에서 이렇게 수소가 생기기 시작하면 어떻게 해야 할지를 전보다 더 치밀하게 연구하게 되었다. 맹물로 가는 자동차, 청정에너지 수소, 신비의 촉매 기술은 이렇게 무서운 사고와도 멀지 않은 곳에 있다. 과학의 원리는 사람이 어떻게 이용하는가에 따라 달라지는, 선과 악의 양쪽에 동시에 걸쳐 있는 것이 많다.

원자로 같은 특별한 곳 말고 일반 소비자 제품에도 지르코늄은 쓰인다. 다이아몬드와 비슷해 보이지만 다이아몬드는 아닌 가짜 보석 중에 흔히 지르콘zircon이라고 하는 것이 있는데, 이 물질의 핵심 성분이 바로 지르코늄이다. 원래 사람들은 지르코늄보다도 지르콘을 먼저 알고 있었다. 지르콘이라는 말은 페르시아어 계통의 언어에서 "금 같은 물질"이라는 뜻으로 쓰던 말이 변해서 생겼다는 설명을 여기저기서 찾아볼 수 있다. 이에 관하여 확실한 것은 알 수 없지만, 지르코늄이라는 원소 이름은 예부터 지르콘이라고 부르던 가짜 보석의 성분이라는 뜻으로 붙인 것이라고

한다. 흔히 큐빅cubic이라고 부르는 것도 지르코늄을 가공해서 만들 수 있으므로 비슷한 계통의 물질일 때가 많다.

지르코늄과 성질이 비슷한 타이타늄은 산소와 2:1로 조합하면 이산화타이타늄이 되어 하얀색을 내는 색소로 쓰기 좋다. 마찬가지로 지르코늄도 산소와 2:1로 쉽게 조합할 수 있다. 그런데 지르코늄은 산소와 조합하면 아름다운 광택을 내는 보석 같은 모양이 된다. 그 물질이 바로 지르콘이니, 가짜 보석은 지르코늄과 산소의 덩어리라고 볼 수 있겠다.

기 드 모파상의 단편 소설 중에서, 진짜 보석으로 만든 목걸이와 가짜 목걸이를 헷갈리는 바람에 한 사람이 인생을 망칠 정도로 큰 고생을 했다는 이야기가 굉장히 유명하다. 나는 그 소설에 나오는 가짜 목걸이가 아마도 지르콘, 큐빅 등으로 만든 제품이 아닐지 짐작해 본다. 지르코늄을 활용해서 만든 제품 정도는 되어야 인생을 내던질 만큼 좋아 보이는 보석 모양을 만들 수 있을 것이기 때문이다.

지르코늄의 또 다른 재미난 용도 한 가지도 지르콘과 관련이 깊다. 지르콘은 아주아주 천천히 돌아가는 시계 같은 용도로 사용할 수 있다. 지르콘에 박혀 있는 불순물들을 잘 연구하면 그것으로 달, 혜성, 소행성, 운석, 행성 등등이 생겨난 나이를 추측할 수 있기 때문이다.

지구의 나이가 46억 년이라거나 지구가 생기고 얼마 안 되어 달도 생겼다는 이야기는 백과사전만 검색해 봐도 쉽게 알 수 있다. 그런데 어떻게 46억 년 전 같은 머나먼 과거에 벌어진 일을 확신할 수 있는 것일까? 46억 년 전에 살았던 외계인이 남긴 역사책을 우리가 찾아보고 알게 된 지식은 아니지 않은가?

이런 것을 알아낼 때, 과학자들은 우라늄-납 연대 측정법을 사용한다. 먼 옛날 어떤 돌이 처음 생겨날 때, 용암이 녹아 흐르고 돌의 재료가 되는 온갖 물질들이 뜨거운 죽처럼 흘러 다니다가 굳어서 처음 돌이 될 때, 우연히 지르코늄과 산소가 뭉친 덩어리도 거기에 끼어드는 수가 있다. 그러면 미세한 크기이기는 하지만 가짜 보석 지르콘 같은 조각이 생긴다. 그리고 그 속에 가끔 불순물로 우라늄이 포함될 때가 있다. 하지만 납이 포함되는 경우는 드물다. 납 원자는 지르코늄과 산소 사이에 쉽게 끼어들지 못하는 성질을 갖고 있기 때문이다.

그런데 우라늄은 방사성 물질이어서 일정한 속도로 방사선을 내뿜고 서서히 다른 물질로 변하는 특징이 있다. 대략 45억 년이 지나면 우라늄 2개 중 1개가 납으로 변하는 정도의 아주 느린 속도다.

그렇다면 지르콘 속에서 납이 발견되었다면 그것은 무슨 뜻일까? 그 납은 원래부터 있던 납이 아니라 지르콘 속에 갇혀 있던 우라늄이 시간이 흘러 납으로 변한 것이다. 그러므로 지르콘 속에 들어 있는 우라늄과 납의 비율을 조사하면 모든 것이 녹았다가 굳은 뒤에 얼마나 시간이 지났는지를 추측할 수 있다. 만약 지르콘 속에 우라늄이 대부분이고 납이 조금이라면 아직 시간이

과자 봉지를 뜯으며

별로 흐르지 않은 것이다. 지르콘 속에 불순물로 끼어든 우라늄이 그대로 잘 남아 있다는 뜻이기 때문이다. 반대로 지르콘 속 불순물 중에 우라늄은 별로 없고 납이 많다면, 우라늄 대부분이 방사선을 내뿜고 납으로 변했다는 뜻이다. 즉, 그 돌 속에 우라늄이 갇힌 지 굉장히 긴 시간이 흘렀다는 뜻이다.

과학자들은 바로 이렇게 지르콘과 그 속의 납, 우라늄을 정밀하게 측정하는 방법으로 돌이 언제 굳어서 그 모습이 되었는지 시간을 계산해 낸다. 우주에서 떨어진 운석이나 달에서 가져온 월석 같은 돌들도 이런 방법을 사용하면 우주 어딘가에서 언제쯤 생겨난 돌인지, 달이 언제 굳어져서 그곳에 돌이 생겨났는지를 계산해 낼 수 있다.

한국에 있는 호상편마암이라는 돌 중에는 이 방법으로 측정했을 때 대략 19억 년 전에 생겼다는 계산이 나오는 것들도 꽤 있다고 한다. 한국지질자원연구원 지질박물관의 이승배 관장 저서에 따르면 특히 충청남도 아산 지역에 이런 돌이 많다고 한다. 그리고 한국에서는 19억 년 전에 생긴 이 돌을 캐내서 여러 용도로 널리 쓰고 있다고 한다.

호상편마암이라고 하면 어떤 돌인지 잘 그려지지 않을 수도 있는데, 푸르딩딩한 색깔에 하얀 줄무늬가 많이 있는 모양으로, 한국에서 아파트의 정원이나 길가 화단 등에 무척 많이 사용하는 돌이다. 한국 도시에는 너무 흔해서 그런 돌을 뭐라고 하는지조차 신경 쓰지 않고 지나갈 정도로 널려 있는 돌이기도 하다. 아마

이렇게 설명하면 "그런 거 우리 동네에도 많은 것 같은데"라고 누구나 떠올릴 만큼 다들 어디선가 본 적이 있을 것이다.

후지산 같은 화산은 크기가 크고 높기에 주변 사람들이 산신령으로 숭배하거나 대단한 것으로 섬기곤 한다. 그렇지만 막상 후지산이 화산 폭발로 용암을 뿜으며 생겨난 것은 100만 년도 되지 않는다. 오히려 생겨난 뒤에 오랜 세월 비바람을 맞으며 세상을 마주하고 지낸 것은 흔해 빠진 길가의 호상편마암이다. 확률을 따져 보면 한국에서 길 가다 보게 되는 흔하디흔한 호상편마암 중에 몇몇 정도는 19억 년 묵은 돌이 이곳저곳을 거치고 거쳐 지금 내가 보는 길가에 자리 잡았다가 때마침 내 눈에 띈 것일 가능성이 있다.

신기하고 재미난 과학 이야기를 접하다 보면 가끔은 너무 이상해서 믿기 어려울 때가 있는데, 나는 길가의 호상편마암을 보면서 "정말, 그렇다고?" 하는 생각에 빠질 때가 있다. 이런 이야기를 돌이키다 보면 영원에 가까운 시간과 사소한 일상, 별것 아닌 물체와 세상의 가장 깊은 신비가 연결된 것이 잠시 어렴풋하게 느껴지는 것 같기도 하다.

참고 문헌

21. 스칸듐: 야구장 간식을 고르며

박찬휘. "금값 고공행진…금 사 모으는 중앙은행들." 한국경제TV, 06/MAR/2024 (2024).

장민석. "우크라 공군 고백 "러 전투기 40대 격추한 키이우 유령은 허구였다"." 조선일보, 03/MAY/2022 (2022).

Carleton, S., P. A. Seinen, and J. Stoffels. "Metal halide lamps with ceramic envelopes: A breakthrough in color control." Journal of the Illuminating Engineering Society 26, no. 1 (1997): 139-145.

Orna, Mary Virginia, and Marco Fontani. "Discovery of Three Elements Predicted by Mendeleev's Table: Gallium, Scandium, and Germanium." In 150 Years of the Periodic Table: A Commemorative Symposium, pp. 227-257. Springer International Publishing, 2021.

Peng, Xiujing, Ling Li, Miaomiao Zhang, Yu Cui, Xuchuan Jiang, and Guoxin Sun. "Preparation of ultra-high pure scandium oxide with crude product from titanium white waste acid." Journal of Rare Earths 41, no. 5 (2023): 764-770.

USGS. "SCANDIUM, U.S. Geological Survey, Mineral Commodity Summaries, January 2024." USGS Mineral Commodity Summaries (2024).

Wilmot, Matthew R. "Baseball bats in the high tech era: A products liability look at new technology, aluminum bats, and manufacturer liability." Marq. Sports L. Rev. 16 (2005): 353.

22. 타이타늄: 외계인 초코볼을 집어 들며

김가연. "김병만의 눈물 "母, 갯벌 고립돼 숨져…손주들 줄 홍합 놓지 않았다"." 조선일보, 10/JUN/2024 (2024).

뉴시스 편집부. "'약 첨가물' 이산화티타늄 유럽사용 금지?…제약사 촉각." 뉴시스, 12/MAY/2023 (2023).

서승진. "태백시, 폐광 대체산업 '티타늄 광산' 개발에 속도 낸다." 국민일보, 03/JAN/2023 (2023).

Barras, C. D. J., and K. A. Myers. "Nitinol-its use in vascular surgery and other applications." European Journal of Vascular and Endovascular Surgery 19, no. 6 (2000): 564-569.

Corradini, Paolo, Gaetano Guerra, and Luigi Cavallo. "Do new century catalysts unravel the mechanism of stereocontrol of old Ziegler-Natta catalysts?." Accounts of chemical research 37, no. 4 (2004): 231-241.

Duerig, T. "The metallurgy of Nitinol as it pertains to medical devices." In Titanium in medical and dental applications, pp. 555-570. Woodhead Publishing, 2018.

Freese, Howard L., Michael G. Volas, and J. Randolph Wood. "Metallurgy and technological properties of titanium and titanium alloys." Titanium in Medicine 1 (2001): 25-51.

Gerber, Jeanne, Doris Wenaweser, Lisa Heitz-Mayfield, Niklaus P. Lang, and G. Rutger Persson. "Comparison of bacterial plaque samples from titanium implant and tooth surfaces by different methods." Clinical oral implants research 17, no. 1 (2006): 1-7.

Oh, Saewoong, Rassoul Tabassian, Pitchai Thangasamy, Manmatha Mahato, Van Hiep Nguyen, Sanghee Nam, Zhang Huapeng, and Il-Kwon Oh. "Cooling-accelerated nanowire-nitinol hybrid muscle for versatile prosthetic hand and biomimetic retractable claw." Advanced Functional Materials 32, no. 18 (2022): 2111145.

Wagner, Lothar, and Manfred Wollmann. "Titanium and titanium alloys." Structural materials and processes in transportation (2013): 151-180.

23. 바나듐: 생수 맛을 음미하며

강준영. "상징과 이미지로 본 鮮卑 神話의 세계." 한국고대사연구 113 (2024): 191-223.

국사편찬위원회. "조선왕조실록." 국사편찬위원회 조선왕조실록 정보화사업 웹사이트.

김수형. "중국, 북한 밀반입 '미사일 부품 원료' 전량 압수." SBS, 29/JUL/2009 (2009).

김경택, 鄭光龍, 曹容瑄. "海美邑城小考-2005 年度 發掘成果를 中心으로." 고고학 4, no. 2 (2005): 7-38.

박세영. "[인터뷰] "제주삼다수, R&D 늘려 품질 승부…수질 투명 공개"." 아시아투데이, 5/JUL/2022 (2022).

박준석. "[르포] 30년 전 한라산 빗물이 500㎖ 삼다수 페트병에 담겨 1초당 21병씩 쏟아졌다." 한국일보, 16/OCT/2024 (2024).

박설희, 이태관. "국내 시판 국내외 생수와 수돗물의 무기질 함량 비교분석." 환경과학논집 14, no. 1 (2010): 87-96.

신성대. "경상북도 성주 집념의 승리…"프리미엄 항당뇨 기능성 바나듐 참외" 개발."

파이낸스투데이, 15/JUN/2019 (2019).

신수현. "제주삼다수 26년째 생수 1위 '진기록'." 매일경제, 21/OCT/2024 (2024).

이현복. "국내 바나듐 비축 적정성." Mineral and Industry 22, no. 1 (2009): 60-70.

전희윤. "'CES 새내기' 롯데케미칼···탄소포집·미래 배터리 기술로 눈길[CES 2023]." 서울경제, 03/JAN/2023 (2023).

한국경제 편집부. "정몽구는 제2의 헨리 포드···FT, 독자강판 생산 주목." 한국경제, 04/NOV/2011 (2011).

Garcia-Vicente, Silvia, Francesc Yraola, Luc Marti, Elena González-Munoz, Maria Jose Garcia-Barrado, Carles Canto, Anna Abella et al. "Oral insulin-mimetic compounds that act independently of insulin." Diabetes 56, no. 2 (2007): 486-493.

Park, Jong Woong, Ye Chan Shin, Hyun Guy Kang, Sangeun Park, Eunhyeok Seo, Hyokyung Sung, and Im Doo Jung. "In vivo analysis of post-joint-preserving surgery fracture of 3D-printed Ti-6Al-4V implant to treat bone cancer." Bio-Design and Manufacturing 4 (2021): 879-888.

Li, Qichao, Zhenyu Liu, and Qingya Liu. "Kinetics of vanadium leaching from a spent industrial V2O5/TiO2 catalyst by sulfuric acid." Industrial & Engineering Chemistry Research 53, no. 8 (2014): 2956-2962.

Marshall, Virginia R. "The Second Discovery of Vanadium." THE HEXAGON (2004).

Verhoeven, John D., A. H. Pendray, and W. E. Dauksch. "The key role of impurities in ancient Damascus steel blades." Jom 50 (1998): 58-64.

24. 크로뮴: 쌀밥을 한술 뜨며

곽재식. "신비의 풍마동." 미스테리아 40호, 엘릭시르, 31/MAR/2022 (2022).

국방일보 필진. "[국군무기도감] K2 소총 : M16과는 다르다!." 국방일보, 4/AUG/2017 (2017).

박지원, 이가원 등(번역). "열하일기." 한국고전종합DB (1968).

안석. "LG전자, 반 고흐 걸작 '아를의 붉은 포도밭' 장비·비용 등 복원 돕는다." 서울신문, 01/OCT/2021 (2021).

유득공, 진경환 (번역). "서울의 풍속과 세시를 담다 – 경도잡지." 민속원, 30/NOV/2021 (2021).

Cowley, A. C. D. "Lead Chromate-That Dazzling Pigment." Review of Progress in Coloration and Related Topics 16, no. 1 (1986): 16-24.

Jacobs, James A., and Stephen M. Testa. "Overview of chromium (VI) in the environment: background and history." Chromium (VI) handbook (2005): 1-21.

Pandharipande, S. L., Y. D. Urunkar, and Ankit Singh. "Reduction of COD and chromium, and decolourisation of tannery wastewater by activated carbons from agro-wastes." Journal of

Scientific and Industrial Research 71, no. 7 (2012): 501.

25. 망가니즈: 깻잎나물을 무치며

구교운. "대우조선, 고망간 LNG연료탱크 컨테이너선에 세계 최초 탑재." NEWS1, 31/OCT/2022 (2022).

김수진. "장군석(將軍石)." 한국민족문화대백과사전.

김정수. "'심해 노다지' 망간단괴 채광로봇 성능시험." OBS뉴스, 01/AUG/2013 (2013).

김종서 등, 이재호 등(번역). "고려사절요." 한국고전종합DB (1968).

김형규. "루준동 유미코아 亞총괄사장 "모두 LFP 양극재 뛰어들때 하이망간 베팅"." 한국경제, 22/MAR/2024 (2024).

성기영, 민천홍, 김형우, 이창호, 오재원, 홍섭. "심해저 채광로봇 'MineRo'망간단괴 파쇄 성능시험." Ocean and Polar Research 36, no. 4 (2014): 455-463.

성현, 권오돈 등(번역). "용재총화." 한국고전종합DB (1971).

이성원. "'중금속 물' 마신 장병들…군용수도서 비소·망간 검출." 한국일보, 12/OCT/2022 (2022).

이종호. "과학적 도장 기술, '고려비색'을 만들다!." The Science & Technology 5 (2004): 102-103.

최기성. "포스코, 세계 최초 용융 망간합금철 고망간강 생산 상용화." 매일경제, 12/APR/2017 (2017).

최미경, 김은영. "한국인 상용 식품 중 망간 함량 분석." 한국영양학회지 40, no. 8 (2007): 769-778.

Crossgrove, Janelle, and Wei Zheng. "Manganese toxicity upon overexposure." NMR in Biomedicine: An International Journal Devoted to the Development and Application of Magnetic Resonance In Vivo 17, no. 8 (2004): 544-553.

Kim, Soo Jin. "Janggunite, a new manganese hydroxide mineral from the Janggun mine, Bonghwa, Korea." Mineralogical Magazine 41, no. 320 (1977): 519-523.

Nagatomo, Shuichirou, Fujio Umehara, Kouichi Hanada, Yasuyuki Nobuhara, Satoshi Takenaga, Kimiyoshi Arimura, and Mitsuhiro Osame. "Manganese intoxication during total parenteral nutrition: report of two cases and review of the literature." Journal of the neurological sciences 162, no. 1 (1999): 102-105.

Zheng, Wei, Sherleen X. Fu, Ulrike Dydak, and Dallas M. Cowan. "Biomarkers of manganese intoxication." Neurotoxicology 32, no. 1 (2011): 1-8.

26. 철: 도다리쑥국을 기다리며

곽재식. "화성 탐사선을 탄 걸리버." 문학수첩, 07/JUL/2022 (2022).

국사편찬위원회, "삼국사기." 국사편찬위원회 한국사데이터베이스 한국고대사료DB 웹사이트.

국사편찬위원회, "삼국유사." 국사편찬위원회 한국사데이터베이스 한국고대사료DB 웹사이트.

국사편찬위원회, "중국정사조선전." 국사편찬위원회 한국사데이터베이스 한국고대사료DB 웹사이트.

나현범. "윤석열 당선인, 포스코 광양제철소 1고로 방문 '한국 산업 힘찬 견인차 역할 기대'." 아시아투데이, 21/APR/2022 (2022).

노태홍, 서관석. "수집종(蒐集種) 쑥(Artemisia sp.)의 조기 재배 시 생육특성과 화학성분 함량." 한국약용작물학회지 2, no. 1 (1994): 95-100.

이원태, 박종필, 안재호. "다호리유적 묘지의 변천과 사회상." 고고광장 (2024): 1-46.

이철재. "철강산업 탄소중립의 방향과 향후 과제에 대한 고찰." ESG 과학연구 1, no. 1 (2024): 1-12.

이한웅. "[포스코 50년] 8. 종합제철소로 가는 모든 길을 만들라." 매일경제, 15/APR/2018 (2018).

최경민. "탄소발생 공정 모두 수소·전력으로 대체…포스코의 넷제로 전략." 머니투데이, 16/OCT/2024 (2024).

Comelli, Daniela, Massimo D'orazio, Luigi Folco, Mahmud El-Halwagy, Tommaso Frizzi, Roberto Alberti, Valentina Capogrosso et al. "The meteoritic origin of Tutankhamun's iron dagger blade." Meteoritics & Planetary Science 51, no. 7 (2016): 1301-1309.

Okamoto, H. "The Fe-P (iron-phosphorus) system." Bulletin of Alloy Phase Diagrams 11, no. 4 (1990): 404-412.

27. 코발트: 김밥을 말며

국사편찬위원회, "조선왕조실록." 국사편찬위원회 조선왕조실록 정보화사업 웹사이트.

김현아. "핀란드, 2차전지 산업 신흥 클러스터로 부상." 이데일리, 17/DEC/2018 (2018).

이은미. "17·18 세기 한중일 청화발색과 청화기법에 관한 연구." 한국도자학연구 8, no. 1 (2011): 132-145.

이은미. "17·18 세기 한중일 청화발색과 청화기법에 관한 연구-일본 아리타의 청화기법을 중심으로." 한국도자학연구 8, no. 1 (2011): 133-145.

임인철. "[사이언스 온고지신]월성 원전은 보물 창고다." 전자신문, 17/APR/2022 (2022).

한국경제TV 편집부. "[파워인터뷰TheCEO] 한국원자력의학원의 경쟁력···국내 최초 도입 방사선치료기·PET/CT로 암 조기 진단 시대 열어." 한국경제TV, 02/MAY/2019 (2019).

Geist, Edward Moore. "Would Russia's undersea "doomsday drone" carry a cobalt bomb?." Bulletin of the Atomic Scientists 72, no. 4 (2016): 238-242.

Green, Ralph, Lindsay H. Allen, Anne-Lise Bjørke-Monsen, Alex Brito, Jean-Louis Guéant, Joshua W. Miller, Anne M. Molloy et al. "Vitamin B12 deficiency." Nature reviews Disease primers 3, no. 1 (2017): 1-20.

Gulley, Andrew L. "One hundred years of cobalt production in the Democratic Republic of the Congo." Resources Policy 79 (2022): 103007.

Kwak, Chung Shil, June Hee Park, and Ji Hyun Cho. "Vitamin B12 content using modified microbioassay in some Korean popular seaweeds, fish, shellfish and its products." Korean Journal of Nutrition 45, no. 1 (2012): 94-102.

von Kerssenbrock-Krosigk, Dedo. "The "Cadmiologia" of Johann Gottlob Lehmann: A Sourcebook for the History of Preindustrial Glass Furnaces in Central Europe." Journal of Glass Studies (2005): 121-136.

Williams, Peter. "The missing vitamin alphabet." Nutrition & Dietetics 73, no. 2 (2016): 205-214.

28. 니켈: 초콜릿을 조심하길

공상희. "조선후기 백동의 재료 구성과 변화." 문화재 52, no. 3 (2019): 38-55.

국사편찬위원회, "삼국사기." 국사편찬위원회 한국사데이터베이스 한국고대사료DB 웹사이트.

윤준호. "에너지 밀도·급속충전 다 잡았다···SK온의 SF 배터리." 노컷뉴스, 05/MAR/2024 (2024).

정갑주, 안일훈. "18K White Gold 의 백색 색상 개선에 관한 연구." 한국디자인포럼 26, no. 1 (2021): 243-252.

Ahmad, Muhammad Sajid Aqeel, and Muhammad Ashraf. "Essential roles and hazardous effects of nickel in plants." Reviews of environmental contamination and toxicology (2011): 125-167.

Bi, Dong, Roger D. Morton, and Kun Wang. "Cosmic nickel-iron alloy spherules from Pleistocene sediments, Alberta, Canada." Geochimica et Cosmochimica Acta 57, no. 16 (1993): 4129-4136.

Boland, Maeve A. "Nickel: makes stainless steel strong." No. 2012-3024, US Geological Survey (2012).

KOHIYAMA, Masataka, Hiromu KANEMATSU, and Isao NIIYA. "Heavy metals, particularly nickel, contained in cacao beans and chocolate." Nippon Shokuhin Kogyo Gakkaishi 39, no. 7 (1992): 596–600.

Olson, Jonathan W., Nalini S. Mehta, and Robert J. Maier. "Requirement of nickel metabolism proteins HypA and HypB for full activity of both hydrogenase and urease in Helicobacter pylori." Molecular microbiology 39, no. 1 (2001): 176–182.

Sahoo, A., and V. R. R. Medicherla. "Fe-Ni Invar alloys: a review." Materials today: proceedings 43 (2021): 2242–2244.

Ščančar, Janez, Tea Zuliani, and Radmila Milačič. "Study of nickel content in Ni-rich food products in Slovenia." Journal of food composition and analysis 32, no. 1 (2013): 83–89.

Song, Jun Young, and Sun Ig Hong. "Design and characterization of new Cu alloys to substitute Cu–25% Ni for coinage applications." Materials & Design 32, no. 4 (2011): 1790–1795.

Zhou, J., T. R. Ohno, and C. A. Wolden. "High-temperature stability of nichrome in reactive environments." Journal of Vacuum Science & Technology A: Vacuum, Surfaces, and Films 21, no. 3 (2003): 756–761.

29. 구리: 꽃게를 손질하며

신용비, 허일권, 이수진. "국립중앙박물관 소장 조선 전기 금속활자의 조성성분과 통계분석." 박물관 보존과학 28 (2022): 89–108.

심재연. "강원지역 청동유물의 출토 맥락 검토." 고고학 19, no. 2 (2020): 25–40.

이범휘, 김구환, 김주현 등. "한국인 윌슨병의 임상상과 유전자형." Journal of The Korean Society of Inherited Metabolic disease 11, no. 1 (2011): 84–87.

조지원. "[금속시대]① '구리 마술사' LS니꼬동제련, 금속으로 첨단 산업 소재 뒷받침." 조선BIZ, 25/SEP/2018 (2018).

채선희. "'배보다 배꼽' 구형 10원 동전, 595억원 시중 유통." 서울파이낸스, 16/JUL/2014 (2014).

Bardeen, John. "Electrical conductivity of metals." Journal of Applied Physics 11, no. 2 (1940): 88–111.

Chester, G. V., and A. Thellung. "On the electrical conductivity of metals." Proceedings of the Physical Society 73, no. 5 (1959): 745.

Decker, Heinz, Nadja Hellmann, Elmar Jaenicke, Bernhard Lieb, Ulrich Meissner, and Jürgen Markl. "Minireview: recent progress in hemocyanin research." Integrative and Comparative Biology 47, no. 4 (2007): 631–644.

Thị Đỗ, Bích-Tuyển. "Graphic abbreviation of Chinese characters in Vietnam: A case study of "dot and bend" in Sino-Nom texts." Journal of Chinese Writing Systems 4, no. 3 (2020): 245–251.

Thompson, John FH. "Energy and Sustainability—The Story of Doctor Copper and King Coal (Barry Golding and Suzanne D. Golding)." Economic Geology 112, no. 8 (2017): 2061–2061.

Martin, Iain and Nieva, Richard. "Lisa Su Saved AMD. Now She Wants Nvidia's AI Crown." FORBES, 31/MAY/2023 (2023).

30. 아연: 굴전을 부치며

강승희, 박대우, 김민지, 권혁남. "국립고궁박물관 소장 금보의 재질 특성 및 제작 기법 연구." 고궁문화 15 (2022): 153–171.

김흥길. "[김흥길 교수의 경제이야기] 세계의 동전을 만드는 ㈜풍산." 경남일보, 28/MAR/2023 (2023).

박시은. "고려아연-영풍 갈라지면 글로벌 위상도 타격 불가피 [시그널]." 서울경제, 18/SEP/2024 (2024).

박용범. "세계 동전 60% 공급하는 풍산 온산공장 가보니⋯." 매일경제, 29/JUL/2007 (2007).

유득공, 진경환 (번역). "서울의 풍속과 세시를 담다 - 경도잡지." 민속원, 30/NOV/2021 (2021).

유성규. "굴." 한국민족문화대백과사전.

이재성, 전익환, 남효선, 김지만, 정병현, 문정호, 박장식. "용인 민속촌의 방짜유기 (숟가락) 제작과정에서 출현하는 단계별 미세조직에 관한 연구 (초)." 대한금속재료학회 학술대회 개요집 2008, no. 1 (2008): 158–159.

이찬희, 조영훈, 전병규. "마곡사 오층석탑 상륜부 금동보탑의 재질특성과 조성시기 해석." 백제문화 1, no. 52 (2015): 47–69.

주창균. "특집 포커스: 故 현송 주창균 회장." 재료마당 26, no. 2 (2013): 84–87.

최준호. "한 해 29만t 골칫거리 굴 껍데기, 친환경 기술 입으니 '대박'." 중앙일보, 05/JAN/2024 (2024).

Choi, Yong-Jun, Nguyen Thanh Tri, Jeong-Mee Lee, Seok-Joong Kang, and Byeong-Dae Choi. "Evaluation of nutrients during rack and bag culture or suspended culture of Pacific oyster Crassostrea gigas." Korean Journal of Fisheries and Aquatic Sciences 50, no. 3 (2017): 263–269.

Decker, Franco. "Volta and the pile." Electrochemistry Encyclopedia (2005).

Downs, Arthur Channing. "Zinc for paint and architectural use in the 19th century." Bulletin of the Association for Preservation Technology 8, no. 4 (1976): 80–99.

Favier, Alain Emile. "The role of zinc in reproduction: hormonal mechanisms." Biological trace element research 32 (1992): 363–382.

Ganapathy, Sujatha, and Stella L. Volpe. "Zinc, exercise, and thyroid hormone function." Critical reviews in food science and nutrition 39, no. 4 (1999): 369-390.

Hachenberg, Karl. "Brass in Central European instrument-making from the 16th through the 18th centuries." Historic Brass Society Journal 4 (1992): 229-52.

31. 갈륨: 쌈 채소를 씻으며

박근태. "전투기·이지스함 AESA레이더 핵심기술 질화갈륨 전력소자 국산화." 조선비즈, 21/SEP/2022 (2022).

박준우. "중국, 또 자원 무기화…미국과 공급망 갈등 격화." 문화일보, 01/AUG/2023 (2023).

오예진. "'노벨상' 나카무라 슈지 "지재권 제대로 인정하는 美 배워라"." 연합뉴스, 03/DEC/2015 (2015).

장태훈. "[ET단상]AI도 친환경도 GaN 전력반도체." 전자신문, 14/APR/2024 (2024).

정민길, 김동윤, 김상근, 전상미, 나형기. "항공기용 평면형 능동 전자주사식 위상 배열 (AESA) 레이더 프로토 타입 개발." 한국전자파학회논문지 21, no. 12 (2010): 1380-1393.

최지희. "'中 자원 무기화'에 정부, 국내 생산 검토…기업들은 난색." 조선비즈, 07/AUG/2023 (2023).

Bautista, Renato G. "Gallium metal recovery." JOM 41 (1989): 30-31.

Chacko, S., Kavita Joshi, D. G. Kanhere, and S. A. Blundell. "Why do gallium clusters have a higher melting point than the bulk?." Physical review letters 92, no. 13 (2004): 135506.

Cho, Jaehee, Jun Hyuk Park, Jong Kyu Kim, and E. Fred Schubert. "White light-emitting diodes: history, progress, and future." Laser & photonics reviews 11, no. 2 (2017): 1600147.

Papež, Nikola, Rashid Dallaev, Ştefan Ţălu, and Jaroslav Kaštyl. "Overview of the current state of gallium arsenide-based solar cells." Materials 14, no. 11 (2021): 3075.

Schmid, Ulf, Hardy Sledzik, Patrick Schuh, Jörg Schroth, Martin Oppermann, Peter Brückner, Friedbert van Raay, Rüdiger Quay, and Matthias Seelmann-Eggebert. "Ultra-wideband GaN MMIC chip set and high power amplifier module for multi-function defense AESA applications." IEEE Transactions on Microwave Theory and Techniques 61, no. 8 (2013): 3043-3051.

32. 저마늄: 도라지무침을 먹으며

권경원. "해방 소식서 이문세 노래까지…라디오, 국민을 하나로 만들다 [최형섭의 테크놀로지로 본 세상]." 서울경제, 20/DEC/2019 (2019).

김성용. "故강대원 박사 美명예의 전당 헌액." 연합뉴스, 02/MAY/2009 (2009).

김안로, 이한조(번역). "용천담적기." 한국고전종합DB (1971).

이성태, 이영한, 이홍재, 조주식, and 허종수. "경남지역의 토양 및 농작물중 게르마늄 함량." 한국환경농학회지 24, no. 1 (2005): 34-39.

최보훈. "단주기 광섬유 격자 (Fiber Grating) 와 장주기 광섬유 격자의 온도 의존성 비교." 한국정보통신학회논문지 15, no. 8 (2011): 1791-1796.

Bosi, Matteo, and Giovanni Attolini. "Germanium: Epitaxy and its applications." Progress in Crystal Growth and Characterization of Materials 56, no. 3-4 (2010): 146-174.

Haller, E. E. "Germanium: From its discovery to SiGe devices." Materials science in semiconductor processing 9, no. 4-5 (2006): 408-422.

Lewis, Nicholas. "Safety in Numbers: Creating and Contesting the Los Alamos Approach to Supercomputing, 1943 to 1980." (2019).

Sarma, Kaushik Chandra Deva, and Santanu Sharma. "A Review on Evolution of MOSFET Technologies with Special Emphasis on Junctionless Transistor." Advanced Engineering Research and Applications: 14.

Smilie, Paul J., Brian S. Dutterer, Jennifer L. Lineberger, Matthew A. Davies, and Thomas J. Suleski. "Design and characterization of an infrared Alvarez lens." Optical Engineering 51, no. 1 (2012): 013006-013006.

33. 비소: 곶감 사건을 생각하며

국사편찬위원회, "조선왕조실록." 국사편찬위원회 조선왕조실록 정보화사업 웹사이트.

이흥철. "[글로벌24 리포트] 방글라데시 '비소 오염' 여전히 심각." KBS뉴스, 18/OCT/2017 (2017).

캐스린 하쿠프, 이은영 (번역). "죽이는 화학." 생각의힘, 05/DEC/2016 (2016).

Bentley, Ronald, and Thomas G. Chasteen. "Arsenic curiosa and humanity." The Chemical Educator 7 (2002): 51-60.

Bowell, Robert J., Charles N. Alpers, Heather E. Jamieson, D. Kirk Nordstrom, and Juraj Majzlan. "The environmental geochemistry of arsenic-an overview-." Reviews in Mineralogy and Geochemistry 79, no. 1 (2014): 1-16.

Lovett, R. "Arsenic-Life Discovery Debunked-But "Alien" Organism Still Odd." NATIONAL GEOGRAPHIC, 11/JUL/2012 (2012).

국사편찬위원회. "조선왕조실록." 국사편찬위원회 조선왕조실록 정보화사업 웹사이트.

김우현. "'발광'해야 돈 된다…삼성·LG가 푹 빠진 '푸른빛'의 정체는." 매일경제, 13/FEB/2022 (2022).

삼성서울병원 임상영양팀. "[헬시 & 뷰티] 내 몸에 맞는 맞춤 영양소, 제7탄 피부에 좋은 비타민과 무기질 어디까지 아시나요?." 삼성서울병원 웹사이트, 8/JUN/2015 (2015).

유형원, 김성애 등(번역). "동국여지지." 한국고전종합DB (2019).

이종현. "[2023 노벨상] 양자점 대량생산 길 연 현택환 교수 "아쉽지만 받을 만한 사람들이 받았다…삼성에 고마워해야"." 조선비즈, 05/OCT/2023 (2023).

Hu, Yue-Houng, and Wei Zhao. "The effect of amorphous selenium detector thickness on dual-energy digital breast imaging." Medical physics 41, no. 11 (2014): 111904.

Lee, Joo, Nan Koo, and David B. Min. "Reactive oxygen species, aging, and antioxidative nutraceuticals." Comprehensive reviews in food science and food safety 3, no. 1 (2004): 21–33.

Li, Guang-Xun, Hongbo Hu, Cheng Jiang, Todd Schuster, and Junxuan Lü. "Differential involvement of reactive oxygen species in apoptosis induced by two classes of selenium compounds in human prostate cancer cells." International journal of cancer 120, no. 9 (2007): 2034-2043.

Liochev, Stefan I. "Reactive oxygen species and the free radical theory of aging." Free radical biology and medicine 60 (2013): 1-4.

Mufti, Nandang, Tahta Amrillah, Ahmad Taufiq, Markus Diantoro, and Hadi Nur. "Review of CIGS-based solar cells manufacturing by structural engineering." Solar energy 207 (2020): 1146-1157.

Steinbrenner, Holger, and Helmut Sies. "Protection against reactive oxygen species by selenoproteins." Biochimica et Biophysica Acta (BBA)-General Subjects 1790, no. 11 (2009): 1478-1485.

Trofast, Jan. "Berzelius' discovery of selenium." Chemistry International 33, no. 5 (2011): 16.

완도금일수협. "특산물 안내." 완도금일수협 웹사이트.

장미영. "[장미영의 아름다운 우리말] '브로마이드' 대신 '벽붙이 사진'이라 하세요." 매일경제, 10/JUL/2012 (2012).

Gladich, Ivan, Shuzhen Chen, Mario Vazdar, Anthony Boucly, Huanyu Yang, Markus Ammann, and Luca Artiglia. "Surface propensity of aqueous atmospheric bromine at the liquid–gas interface." The journal of physical chemistry letters 11, no. 9 (2020): 3422–3429.

Hellstrom, T. "Brominated flame retardants (PBDE and PBB) in sludge–a problem." The Swedish Water and Wastewater Association, Report No M 113 (2000): 31.

Pacyniak, Erik, Megan Roth, Bruno Hagenbuch, and Grace L. Guo. "Mechanism of polybrominated diphenyl ether uptake into the liver: PBDE congeners are substrates of human hepatic OATP transporters." Toxicological Sciences 115, no. 2 (2010): 344–353.

Thomas, V. M., J. A. Bedford, and R. J. Cicerone. "Bromine emissions from leaded gasoline." Geophysical Research Letters 24, no. 11 (1997): 1371–1374.

Wang, Zhi, and Simo O. Pehkonen. "Oxidation of elemental mercury by aqueous bromine: atmospheric implications." Atmospheric Environment 38, no. 22 (2004): 3675–3688.

Wisniak, Jaime. "Antoine-Jerôme Balard. The discoverer of bromine." Revista CENIC. Ciencias Químicas 35, no. 1 (2004): 35–40.

36. 크립톤: 포장마차 앞에 서서

권순택. "北, 核재처리 끝냈다…"지난달말 완료…核무기 개발의사"." 동아일보, 13/JUL/2003 (2003).

대한민국 정부. "계량법 [시행 1961. 5. 10.] [법률 제615호, 1961. 5. 10., 제정]." 법제처 국가법령정보센터 (1961).

여인선. "고효율 조명용 광원의 기술 동향." 전기의세계 47, no. 7 (1998): 33–42.

이재호. "한국, 러시아수입 73%가 에너지." 내일신문, 04/MAR/2022 (2022).

Holste, Kristof, Patrick Dietz, Steffen Scharmann, Konstantin Keil, Thomas Henning, Daniel Zschätzsch, M. Reitemeyer et al. "Ion thrusters for electric propulsion: Scientific issues developing a niche technology into a game changer." Review of Scientific Instruments 91, no. 6 (2020).

Kim, Dae-Jin, Yong-Kee Kim, Je-Kil Ryu, and Hyun-Jung Kim. "Dry cleaning technology of silicon wafer with a line beam for semiconductor fabrication by KrF excimer laser." Japanese journal of applied physics 41, no. 7R (2002): 4563.

Maestro, Marcello. "Going metric: How it all started." Journal of the History of Ideas 41, no. 3 (1980): 479–486.

Sant'Ambrogio, Giuseppe, and Pierre Dejours. "On the origin of the Metric System." Physiology 10, no. 1 (1995): 46–49.

Su, Leanne L., Thomas A. Marks, and Benjamin A. Jorns. "Investigation into the efficiency gap between krypton and xenon operation on a magnetically shielded Hall thruster." In 37th Int.

Electr. Propuls. Conf., pp. p-366. IEPC, 2022.

37. 루비듐: 곰취나물과 밥을 비비며

송종욱. "경주 양성자가속기 활용, 심장질환 진단 의약품 'Sr-82' 국내 최초 생산." 영남일보, 22/FEB/2022 (2022).

정인선. "[과학의날 특집] 방사성 의약품으로 국민 건강 지킨다." 대전일보, 20/APR/2022 (2022).

홍영신, 김경수. "산나물류의 무기성분 함량 분석." Food Science and Preservation 25, no. 3 (2018): 330-336.

Baym, Gordon, and Christopher J. Pethick. "Ground-state properties of magnetically trapped Bose-condensed rubidium gas." Physical review letters 76, no. 1 (1996): 6.

Camparo, James. "The rubidium atomic clock and basic research." Physics today 60, no. 11 (2007): 33-39.

Ertan, Bengü. "Rubidium extraction." atmosphere 1 (2021): 3.

Hwang, Hansub, Andrew Byun, Juyoung Park, Sylvain de Léséleuc, and Jaewook Ahn. "Optical tweezers throw and catch single atoms." Optica 10, no. 3 (2023): 401-406.

Martin, Kyle W., Gretchen Phelps, Nathan D. Lemke, Matthew S. Bigelow, Benjamin Stuhl, Michael Wojcik, Michael Holt, Ian Coddington, Michael W. Bishop, and John H. Burke. "Compact optical atomic clock based on a two-photon transition in rubidium." Physical Review Applied 9, no. 1 (2018): 014019.

Mudd, Gavin M., and Simon M. Jowitt. "Growing global copper resources, reserves and production: Discovery is not the only control on supply." Economic Geology 113, no. 6 (2018): 1235-1267.

Weeks, Mary Elvira. "The discovery of the elements. XIII. Some spectroscopic discoveries." Journal of Chemical Education 9, no. 8 (1932): 1413.

Wynar, Roahn, R. S. Freeland, D. J. Han, C. Ryu, and D. J. Heinzen. "Molecules in a Bose-Einstein condensate." Science 287, no. 5455 (2000): 1016-1019.

38. 스트론튬: 솜사탕을 건네주며

권예슬. "6·25 전사자 유해발굴 10년째…신원확인 결정적 단서는." 동아일보, 21/JUN/2018 (2018).

뉴스와이어 편집부. "LG전자, TV사업 40년·누적 TV생산 2억대 돌파." 뉴스와이어,

30/MAR/2006 (2006).

한광범. "해수 내 스트론튬-90 분석, 더 고도화했다···분석장비 상용화." 이데일리, 27/AUG/2023 (2023).

Burton, Robert A., and Paul Alan Cox. "Sugarbeet culture and mormon economic development in the Intermountain West." Economic botany (1998): 201–206.

Eggleston, Gillian. "History of sugar and sweeteners." In Chemistry's Role in Food Production and Sustainability: Past and Present, pp. 63–74. American Chemical Society, 2019.

Karim, B. F. A., and D. G. Gillam. "The efficacy of strontium and potassium toothpastes in treating dentine hypersensitivity: a systematic review." International Journal of Dentistry 2013, no. 1 (2013): 573258.

Martínez, Samuel. "From hidden hand to heavy hand: sugar, the state, and migrant labor in Haiti and the Dominican Republic." Latin American Research Review 34, no. 1 (1999): 57–84.

Méar, François O., Pascal G. Yot, Alexander V. Kolobov, Michel Ribes, Marie-Françoise Guimon, and Danielle Gonbeau. "Local structure around lead, barium and strontium in waste cathode-ray tube glasses." Journal of non-crystalline solids 353, no. 52–54 (2007): 4640–4646.

Marcy, Micah J., Gregory T. Carling, Alyssa N. Thompson, Barry R. Bickmore, Stephen T. Nelson, Kevin A. Rey, Diego P. Fernandez, Matthew Heiner, and Bradley R. Adams. "Trace element chemistry and strontium isotope ratios of atmospheric particulate matter reveal air quality impacts from mineral dust, urban pollution, and fireworks in the Wasatch Front, Utah, USA." Applied Geochemistry 162 (2024): 105906.

Nedobukh, Tatiana Alexeevna, and Vladimir Sergeevich Semenishchev. "Strontium: source, occurrence, properties, and detection." Strontium Contamination in the Environment (2020): 1–23.

Poggi, E. Muriel. "The German sugar beet industry." Economic Geography 6, no. 1 (1930): 81–93.

Potvliet, Mich. "Comparison of Results in Desugarization with the Steffen Lime, Barium, and Strontium Processes." Industrial & Engineering Chemistry 13, no. 11 (1921): 1041–1042.

Schroeder, Henry A., Isabel H. Tipton, and Alexis P. Nason. "Trace metals in man: strontium and barium." Journal of chronic diseases 25, no. 9 (1972): 491–517.

Weeks, Mary Elvira. "The discovery of the elements. X. The alkaline earth metals and magnesium and cadmium." Journal of Chemical Education 9, no. 6 (1932): 1046.

Yun, Hyun-Do, Kyung-Lim Ahn, Seok-Joon Jang, Bae-Su Khil, Wan-Shin Park, and Sun-Woo Kim. "Thermal and mechanical behaviors of concrete with incorporation of strontium-based phase change material (PCM)." International Journal of Concrete Structures and Materials 13 (2019): 1–12.

김경택. "[과학자가 해설하는 노벨상] 100경분의 1초 뛰어넘는 '젭토초' 바라본다." 동아사이언스, 17/OCT/2023 (2023).

김길수. "스웨덴 북부 광산도시 '키루나', 자원 포기 못해…도시 통째로 옮겨." 글로벌이코노믹, 18/DEC/2017 (2017).

김순기. "플라스마 이용한 반도체 코팅 소재 국산화 첫 성공." 전자신문, 29/AUG/2019 (2019).

Bussoli, M., T. Desai, Dimitri Batani, B. Gakovic, and Milan Trtica. "Nd: YAG laser interaction with titanium implant surfaces for medical applications." Radiation Effects & Defects in Solids 163, no. 4–6 (2008): 349–356.

Marshall, James L., and Virginia R. Marshall. "Rediscovery of the elements: Ytterby Gruva (Ytterby Mine)." Journal of Chemical Education 78, no. 10 (2001): 1343.

Moeller, Therald, and Howard E. Kremers. "The Basicity Characteristics of Scandium, Yttrium, and the Rare Earth Elements." Chemical Reviews 37, no. 1 (1945): 97–159.

Savitskiĭ, E. M., Vera Fedorovna Terekhova, and O. P. Naumkin. "Physico-chemical properties of the rare-earth metals, scandium, and yttrium." Soviet Physics Uspekhi 6, no. 1 (1963): 123.

Sjöberg, Susanne, Bert Allard, Jayne E. Rattray, Nolwenn Callac, Anja Grawunder, Magnus Ivarsson, Viktor Sjöberg, Stefan Karlsson, Alasdair Skelton, and Christophe Dupraz. "Rare earth element enriched birnessite in water-bearing fractures, the Ytterby mine, Sweden." Applied Geochemistry 78 (2017): 158–171.

Zezell, Denise Maria, Heloisa Gomes D. Boari, Patricia Aparecida Ana, Carlos de Paula Eduardo, and Glen Lynn Powell. "Nd: YAG laser in caries prevention: a clinical trial." Lasers in Surgery and Medicine: The Official Journal of the American Society for Laser Medicine and Surgery 41, no. 1 (2009): 31–35.

40. 지르코늄: 과자 봉지를 뜯으며

Ali, Imran, Gunel Imanova, Teymur Agayev, Anar Aliyev, Tonni Agustiono Kurniawan, and Mohamed A. Habila. "Radiation-catalytic activity of zirconium surface during water splitting for hydrogen production." Radiation Physics and Chemistry 224 (2024): 112002.

Erker, Gerhard. "Homogeneous Single-Component Betaine Ziegler–Natta Catalysts Derived from (Butadiene) zirconocene Precursors." Accounts of Chemical Research 34, no. 4 (2001): 309–317.

Forno, Ilaria, Paolo Claudio Priarone, Luca Settineri, and Marco Actis Grande. "Surface

characterization and machinability of zirconium alloys in view of jewelry application."
Advanced Materials Research 941 (2014): 18–25.

Kumagai, Yuta, Masahide Takano, and Masayuki Watanabe. "Reaction of hydrogen peroxide
with uranium zirconium oxide solid solution–Zirconium hinders oxidative uranium dissolution."
Journal of Nuclear Materials 497 (2017): 54–59.

Nahar, Gaurav, and Valerie Dupont. "Hydrogen production from simple alkanes and oxygenated
hydrocarbons over ceria–zirconia supported catalysts." Renewable and Sustainable Energy
Reviews 32 (2014): 777–796.

Schärer, Urs, and Claude J. Allègre. "Uranium–lead system in fragments of a single zircon
grain." Nature 295, no. 5850 (1982): 585–587.

Silver, Leon T., and Sarah Deutsch. "Uranium–lead isotopic variations in zircons: a case study."
The Journal of Geology 71, no. 6 (1963): 721–758.

Sinn, Hansjoerg, and Walter Kaminsky. "Ziegler–Natta catalysis." In Advances in organometallic
chemistry, vol. 18, pp. 99–149. Academic Press, 1980.

먹고사는 일에 닿아 있는 금속 열전

1판 1쇄 펴냄 2024년 12월 6일

지은이 | 곽재식

펴낸이 | 박미경
펴낸곳 | 초사흘달
출판신고 | 2018년 8월 3일 제382-2018-000015호
주소 | (11624) 경기도 의정부시 의정로40번길 12, 103-702호
이메일 | 3rdmoonbook@naver.com
네이버포스트, 인스타그램, 페이스북 | @3rdmoonbook

ISBN 979-11-989656-0-8 03430